生态环境部生物多样性保护专项

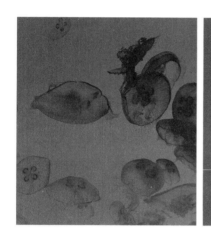

中国生物遗传资源进出境调查报告（2018）

王　诺　臧春鑫　杨　光　主　编

ZHONGGUO SHENGWU YICHUAN ZIYUAN JINCHUJING
DIAOCHA BAOGAO

中国财经出版传媒集团

经济科学出版社
Economic Science Press

图书在版编目（CIP）数据

中国生物遗传资源进出境调查报告.2018/王诺，臧春鑫，
杨光主编.—北京：经济科学出版社，2019.4
ISBN 978－7－5218－0468－3

Ⅰ.①中…　Ⅱ.①王…②臧…③杨…　Ⅲ.①生物多样性－
生物资源保护－研究报告－中国－2018　Ⅳ.①X176

中国版本图书馆 CIP 数据核字（2019）第 073688 号

责任编辑：周秀霞
责任校对：王苗苗
版式设计：齐　杰
责任印制：王世伟

中国生物遗传资源进出境调查报告（2018）
王　诺　臧春鑫　杨　光　主　编
经济科学出版社出版、发行　新华书店经销
社址：北京市海淀区阜成路甲 28 号　邮编：100142
总编部电话：010－88191217　发行部电话：010－88191522
网址：www. esp. com. cn
电子邮件：esp@ esp. com. cn
天猫网店：经济科学出版社旗舰店
网址：http：//jjkxcbs. tmall. com
北京季蜂印刷有限公司印装
880×1230　16 开　15.75 印张　470000 字
2019 年 7 月第 1 版　2019 年 7 月第 1 次印刷
ISBN 978－7－5218－0468－3　定价：54.00 元
（图书出现印装问题，本社负责调换。电话：010－88191510）
（版权所有　侵权必究　打击盗版　举报热线：010－88191661
QQ：2242791300　营销中心电话：010－88191537
电子邮箱：dbts@ esp. com. cn）

课题组及编写组成员

王　诺　臧春鑫　杨　光
程　蒙　李鹏英　朱　蕊　栾春许　李斐琳　王　雪　朱文娟

目　　录

第一章　总论 ··· 1

　　第一节　中国开展的生物多样性保护 ··· 2

　　第二节　生物多样性与遗传资源进出境调查 ·· 5

　　第三节　生物遗传资源进出境调查的结论及建议 ····································· 14

第二章　《生物多样性公约》的履行及影响 ··· 18

　　第一节　《生物多样性公约》的历史和现状 ··· 18

　　第二节　《生物多样性公约》对不同领域的影响 ····································· 22

　　第三节　中国履行《生物多样性公约》 ··· 26

第三章　农业 ·· 30

　　第一节　行业介绍 ··· 30

　　第二节　进出境数据分析 ··· 36

　　第三节　案例分析 ··· 42

　　第四节　政策建议 ··· 49

第四章　林业 ·· 53

　　第一节　行业介绍 ··· 53

　　第二节　进出境数据分析 ··· 57

　　第三节　案例分析 ··· 103

第五章　中医药 ··· 114

　　第一节　行业介绍 ··· 114

　　第二节　进出境数据分析 ··· 118

　　第三节　案例分析 ··· 140

第六章　其他类资源进出口分析 ·· 151

　　第一节　动物皮革类 ·· 151

　　第二节　动物毛和羽毛类 ··· 170

　　第三节　动物骨类资源进出境分析 ·· 183

　　第四节　动物繁殖材料 ··· 196

　　第五节　海洋和观赏动物类 …………………………………………………… 211

附录 ………………………………………………………………………… 225
参考文献 ………………………………………………………………………… 243

第一章 总 论

生物多样性是指陆地、海洋、内陆水域等各种生态系统及其内部生态过程的复杂性，以及生态系统内部各种生物体之间的差异性。生物多样性包括物种内部、物种之间和生态系统的多样性[①]。

地球是人类赖以生存的家园，地球的生物资源多样性是人类赖以生存的条件，是社会经济可持续发展的战略资源，是生态安全和粮食安全的重要保障。生物多样性不仅提供给人类食品、洁净水、药物、木材、能源和工业原料等多种生产生活必需品，而且提供固碳释氧、涵养水源、土壤保持、净化环境、养分循环、休闲旅游等多方面的生态服务。因此，人们越来越认识到，生物多样性是对当代和后代人具有巨大价值的全球财富。与此同时，人类活动对物种和生态系统的威胁日益巨大，物种的灭绝正以惊人的速度发展。

中国是世界上生物多样性最丰富的十二个国家之一。中国地域辽阔，拥有复杂多样的生态系统类型。动植物资源极为丰富，其中高等植物种数居世界第三位，脊椎动物种数占世界总种数的13.7%。中国生物遗传资源丰富，是水稻、大豆等重要农作物的起源地，也是野生和栽培果树的主要起源和分布中心。同时，中国也是生物多样性受到严重威胁的国家之一。生物多样性的丧失导致严重的后果，引起不断恶化的健康问题、不容乐观的食品安全风险、日益增加的脆弱性以及不断减少的发展机会等[②]。

保护生物多样性是衡量一个国家生态文明水平和可持续发展能力的重要标志。我国作为最早加入《生物多样性公约》的国家，长期将生物多样性保护作为生态文明建设的重要内容，纳入各部门各地区的有关规划计划之中并有效实施。作为负责任的大国，中国积极履行《生物多样性公约》及其议定书，获得国际社会的认可。习近平总书记在十九大报告中提出："实施生态系统保护和修复重大工程，构建生态廊道和生物多样性保护网络……"这表明了中国政府对生物多样性问题的重视程度与积极行动的态度。

因此，对生物多样性保护关系到中国社会经济发展全局，关系到当代及子孙后代的福祉，对于建设生态文明和美丽中国具有重要的意义，同时有助于提高生物多样性保护与经济发展的结合度，促进生态文明建设和经济社会可持续发展。

本书主要立足生物多样性的调查、编目及信息系统的建立，从我国生态保护和生物资源可持续利用的角度，对生物资源进出境的变化进行长期监测，同时分析进出境活动对生物多样性将产生怎样的影响。重点关注濒危、野生与家养等生物资源研究及保护，最终提出有针对性和可行性的，基于生物资源进出境的保护对策与技术建议。

---

① Secretariat of the Convention on Biological Diversity. Handbook of the convention on biological diversity including its Cartagena Protocol on biosafety [EB/OL]. 3 rd edition, 2017 – 07 – 15. https: //www. Cbd. int/doc/handbook/cbd-hb-all-en. pdf.

② 中华人民共和国环境保护部：《中国履行生物多样性公约第四次国家报告》，中国环境科学出版社 2014 年版。

第一节　中国开展的生物多样性保护

一、生物多样性的概念与研究领域

生物多样性是生物及其与环境形成的生态复合体以及与此相关的各种生态过程的总和，是重要的战略资源，也是新兴生物产业的重要基础，是人类生存的物质基础。地球上所有的生命形式，包括生态系统、动物、植物、真菌、微生物和遗传多样性，共同组成了生物多样性。生态系统、物种和遗传资源的应用也共同造福人类。由于人口增长和人类经济活动的加剧，在利用生物资源的同时，致使生物多样性受到了严重的威胁，引起了国际社会的普遍关注。

生物多样性科学的研究起源于 1995 年，主要开始于两个国际计划，即 2000 年生物系统学议程（Systematics Agenda 2000）和国际生物多样性计划（Diversitas）。生物多样性科学，不仅重视解决生物多样性保护问题，同时更加强调保护的科学基础，如生物多样性的起源和维持机制、分类和编目、变化和监测等方面[①]。

目前国内外对生物多样性的研究，主要集中在以下七个方面：

（1）生物多样性的调查、编目及信息系统的建立；

（2）人类活动对生物多样性的影响；

（3）生物多样性的生态系统功能；

（4）生物多样性的长期动态监测；

（5）物种濒危机制及保护对策的研究；

（6）栽培植物与家养动物及其野生近缘的遗传多样性研究；

（7）生物多样性保护技术与对策。

未来的研究特别强调生物多样性格局、起源和变化及其驱动因素，生物多样性保护的社会和生态科学基础，生物多样性与生态系统服务对全球变化的响应等方面[②]。

二、生物多样性的保护与可持续发展

保护生物多样性的实质就是保护和持续利用生物资源。随着人类活动的扩展与频繁，近年来，出现诸如栖息地破坏、环境污染、人类过度开发利用和外来物种入侵等威胁，使得生物多样性正在以前所未有的速度丧失。因此，生物多样的保护与可持续利用，成为紧迫的任务，也是最终实现可持续发展目标的保证。

生物资源是一种有生命资源，只要得到合理的保护，就可以实现可持续开发、利用与发展；反之，就会造成资源枯竭。生物多样性保护的内容，主要包括保护各个生物物种的基本生态过程和各生命维持系统；保存物种遗传多样性；保护物种多样性和生态系统的可持续利用。目前国际上开展比较深入的研究，主要集中在物种多样性的保护与研究，其次是生态系统多样性，而对遗传多样性的研究开展得相对较少。

---

① 马克平：《保护生物学、保护生态学与生物多样性科学》，载于《生物多样性》2016 年第 2 期。

② Larigauderie A，Prieur – Richard AH，Mace GM，2012：Biodiversity and ecosystem services science for a sustainable planet：the DIVERSITAS vision for 2012 – 20. Current Opinion in Environmental Sustainability，4，101 – 105.

目前在生物多样性保护的工作中，遇到很多问题与挑战，包括生物多样性保护法律法规与体系建设尚不完善，生物物种资源的调查与编目任务繁重，同时生物多样性的监测与预警体系缺失。生物多样性投入普遍不足，最根本的原因是没有认识到在大量投入的同时，也会产生巨大的环境、经济与社会效益。这需要将生物多样性价值纳入经济决策体系。

保护的基本原则：

保护优先。在经济社会发展中优先考虑生物多样性保护，采取积极措施，对重要生态系统、生物物种及遗传资源实施有效保护，保障生态安全。

持续利用。禁止掠夺性开发生物资源，促进生物资源可持续利用技术的研发与推广，科学、合理和有序地利用生物资源。

公众参与。加强生物多样性保护宣传教育，积极引导社会团体和基层群众的广泛参与，强化信息公开和舆论监督，建立全社会共同参与生物多样性保护的有效机制。

惠益共享。推动建立生物遗传资源及相关传统知识的获取与惠益共享制度，公平、公正分享其产生的经济效益[1]。

生态系统与生物多样性经济学（The Economics of Ecosystems and Biodiversity，TEEB）是生物多样性与生态系统服务价值评估、示范和政策应用的综合方法体系，为生物多样性保护和可持续利用提供了新的思路和方法，该方法被广泛认为是遏制生物多样性丧失的可行手段[2]。TEEB 在 2007 年被首次提出，自 2008 年以来得到了联合国环境规划署的支持。

TEEB 的总体目标是通过经济手段为生物多样性相关政策的制定提供理论依据和技术支持。具体目标包括：

提升全社会对生物多样性价值的认知；开发生物多样性和生态系统服务价值评估的方法与工具；开发将生物多样性与生态系统服务价值纳入决策、生态补偿、自然资源有偿使用的指标体系和工具与方法；通过经济手段，推动生物多样性的主流化进程，从而提高生物多样性保护效果。

TEEB 的应用共分三步：（1）认识生物多样性价值，揭示生物多样性为人类福祉提供的服务；（2）示范生物多样性价值（包括评估价值和宣传价值），揭示生态系统服务和生物多样性在经济发展中的重要作用；（3）捕获生物多样性价值（政策应用），将生物多样性价值纳入区域发展规划和相应政策，使其主流化。

目前国际上开展了大量生物多样性和生态系统服务价值评估工作，但并没有产生预期的影响，主要存在如下问题：首先，由于方法不确定、价值认识不足和数据缺失等，导致评估结果的可信度和权威性不足；其次，没有将利益相关方全部纳入进来，缺乏有效的沟通，导致评估过程与结果很难被他们接受和采纳；最后，没有针对政策需求，在时间连续性及空间的可比性上存在不足，导致科学与政策脱节，评估结果难以应用于管理。今后 TEEB 研究应重点关注以下几个方面：在国际上，生物多样性需要全球、各国及各级部门开展跨行业和跨区域的合作，共享研究经验与成果，形成一套被大多数人接受、相对成熟的 TEEB 理论框架与方法框架。在 TEEB 项目开展之初，应将利益相关方（政府、科研院所、企业、民众等）充分纳入进来，保证他们的知情权和参与权，为评估与结果应用奠定基础。同时在国家研究中，加强科学研究与政策应用的衔接，保证评估结果的科学性与实用性。对中国来说，中共十八大报告、十八届三中全会等明确提出了加快生态文明建设，用制度保护生态环境，这为 TEEB 的发展奠定了基础，也提出了更高的要求。我国应该充分利用这些契机，一方面完善相关理论方法，分层次（生态系统、物种、基因）、分尺度（国家、省、地方）构建适合中国国情的 TEEB 方法体系（标准体系、工具

---

① 中华人民共和国生态环境部：《关于印发〈中国生物多样性保护战略与行动计划〉（2011～2030 年）的通知》，http://www.zhb.gov.cn/gkml/hbb/bwj/201009/t20100921_194841.htm。

② 杜乐山等：《生态系统与生物多样性经济学（TEEB）研究进展》，载于《生物多样性》2016 年第 6 期。

或技术方法、操作程序等）；另一方面，应结合现有的森林资源清查等数据，定期评估生态系统服务价值并作为考核地方发展和干部政绩的一项重要指标；同时，利用 TEEB 理念推动生态补偿制度、有偿使用制度等政策的完善，促进地区间公平与自然资源的有序使用。

三、中国生物多样性现状及受到的威胁

中国是世界上生物多样性最丰富的国家之一，拥有森林、灌丛、草甸、草原、荒漠、湿地等地球陆地生态系统，以及黄海、东海、南海、黑潮流域大海洋生态系；拥有高等植物 34 984 种，居世界第三位；脊椎动物 6 445 种，占世界总种数的 13.7%；已查明真菌种类 1 万多种，占世界总种数的 14%。我国生物遗传资源丰富，是水稻、大豆等重要农作物的起源地，也是野生和栽培果树的主要起源中心。据不完全统计，我国有栽培作物 1 339 种，其野生近缘种达 1 930 个，果树种类居世界第一。我国是世界上家养动物品种最丰富的国家之一，有家养动物品种 576 个①。

部分生态系统功能不断退化。我国人工林树种单一，抗病虫害能力差。90% 的草原不同程度退化。内陆淡水生态系统受到威胁，部分重要湿地退化。海洋及海岸带物种及其栖息地不断丧失，海洋渔业资源减少。

物种濒危程度加剧。据估计，我国野生高等植物濒危比例达 15%～20%，其中，裸子植物、兰科植物等高达 40% 以上。野生动物濒危程度不断加剧，有 233 种脊椎动物面临灭绝，约 44% 的野生动物呈数量下降趋势，非国家重点保护野生动物种群下降趋势明显。

遗传资源不断丧失和流失。一些农作物野生近缘种的生存环境遭受破坏，栖息地丧失，野生稻原有分布点中的 60%～70% 已经消失或萎缩。部分珍贵和特有的农作物、林木、花卉、畜、禽、鱼等种质资源流失严重。一些地方传统和稀有品种资源丧失。

专栏 1-1　中国药用植物的迁地保护

药用植物资源是我国生物多样性的重要组成部分，也是中医学防病治病的物质基础，药用植物资源的可持续利用关系到全人类的福祉。保护药用植物资源既是生物多样性保护需要，也是我国中药行业可持续发展的需要。迁地保护是生物遗传资源就地保护的有益补充，是重建和恢复野外种群提供重要的种质资源和遗传基因库，特别是对于因生境退化、丧失和土地利用方式改变等原因而受威胁的物种，迁地保护是其唯一有效保护手段。

现代药用植物园主要采用活体保存、种子保存和组织培养离体保存方式，建立药用植物种质资源库，对药用植物进行收集、鉴定、保存其全部遗传信息，从而达到长期有效地保存药用植物种质资源的目的。活体保存以大田种植及温室活体保存为主；种子保存针对以种子繁殖为主且种子具有耐贮性的草本植物，采用低温干燥和常温干燥进行保存；作为活体及种子保存补充的离体保存，主要适用于野生珍稀濒危药用植物。以广西药用植物园为例，目前建设有用于药用植物种质保存的包括排灌设施齐全的大田库、控湿保温型温室、控温型组织培养离体保存室、常/低温种子保存室和繁育苗圃等设施，并针对不同药用植物生长习性及其种质保存特点等选择相应的多种方法结合的保存手段等。

开展药用植物保护研究的近 60 年来，我国药用植物资源迁地保护取得显著的成果。我国迁地栽培高等植物总数达到 16 351 种（含种下分类单元，下同），其中药用植物占 42.50%（6 949 种），隶属于276 科，1 936 属。已迁地保护药用占到了我国已知药用植物总量的 50.44%，其中受威胁的药用植物有

①　中华人民共和国生态环境部：《关于印发〈中国生物多样性保护战略与行动计划〉（2011～2030 年）的通知》，http://www. zhb. gov. cn/gkml/hbb/bwj/201009/t20100921_194841. htm。

762 种，被认定为中国特有的药用植物有 2 125 种。截至 2010 年，已知迁地保护药用植物数量的植物园是华南植物园（2 863 种），其次是广西药用植物园（2 478 种）。

我国迁地保护菊科药用植物的数量最多，其次是豆科。菊科是我国药用植物分布数量最多的一个科，共 1 044 种，目前仅迁地保护 371 种。菊科植物通常都具有较高的观赏价值，具有易成活、易培育的特点，如艾蒿、秋英、万寿菊、百日菊、大丽菊等在植物园和专业药用植物园中都比较常见。我国专业的药用植物园对豆科药用植物保护较多，豆科药用植物共 691 种，已保护 364 种，其中有 353 种迁地栽培在专业的药用植物园中，其中紫藤、云实、含羞草和苦参是豆科药用植物中保护最好的物种。

迁地保护兰科药用植物的体系最完善、保育技术最先进，我国兰科药用植物共 378 种，其中 189 种有迁地栽培，占兰科药用植物总数的 50%。兰花是兰科植物的通称，在我国有悠久的栽培历史，3 000 多年前《诗经》中就有"鸮"的记载。"鸮"即今天兰科的绶草，中药名盘龙参（《滇南本草》），这应是全世界有关兰科植物的最早记载。石斛、天麻和白芨是兰科中传统的药用植物，最早见于东汉的《神农本草经》。兰科植物为多年生草本，陆生、附生或腐生。陆生及腐生的常具根状茎或块茎，有须根；附生的具有肥厚根被的气生根。附生型兰科植物是指附生于树干或岩石上的一类植物，其大多生于热带地区，大部分种类具有假鳞茎，作为贮藏营养的器官，这也是许多药用附生型兰科植物的入药部位。迄今为止，我国的 70 余属、500 余种附生型兰科植物中，仅 17 属有化学成分研究的报道，其中一些还不属于中国附生型兰科植物。我国地生型兰科植物有 67 属，180 余种，其中 36 属 86 种作为药用，对其化学成分及药理活性研究的仅涉及其中 16 属，共计 26 种，主要集中在开唇兰属、白及属、绶草属和芋兰属的一些种类。目前仍有 70% 以上的地生型兰科植物未进行化学成分及药理活性研究。天麻属植物为典型的腐生兰，常年生长在地下，靠蜜环菌侵入其皮层组织提供水和养料，与蜜环菌共生互利。我国在 1965 年左右就已经掌握了天麻的生活习性并开展了人工种植的研究。由于兰花具有较高的观赏价值，同时对生态环境要求较为严格，兰科植物作为国家重点保护的野生植物受到高度重视，并成立了兰科植物专属的保护区和种子种苗繁育中心，如广西雅长兰科植物自然保护区和国家兰科植物种质资源保护中心（深圳）等，主要负责野生兰科植物的保护、开发、利用和野生植物回归生态等研究。

资料来源：阙灵：《中药资源迁地保护调查与评估方法研究》，中国中医科学院硕士研究生论文，2018 年。

第二节 生物多样性与遗传资源进出境调查

随着经济全球化与世界贸易自由化的深入，在贸易与进出境中出现的环境问题日益凸显，其中涉及到生物多样性与可持续发展方面的内容。《生物多样性公约》及《生物安全议定书》等多边环境协议与 WTO 相关规则的关系、遗传资源的获取与惠益分享、传统知识的保护、转基因生物体的贸易规则等问题已经成为发达国家和发展中国家关注的焦点之一。

1994 年生效的《生物多样性公约》是全球范围内第一个提出涵盖全部物种的生物多样性概念的公约，包括基因资源、物种和生态系统，其积极意义在于肯定了贸易自由化追求生物资源经济价值的合理动机。当今各种生物技术创造出的生物资源使用价值，借助贸易自由化过程中商品和服务在国际间的流动使资源配置更有效率。生物技术相对享有优势的国家必然会更专精于生物资源使用价值的提升，从而创造出更多的财富①。

生物多样性的长期动态监测是生物多样性保护与可持续发展重要内容之一，具体包括初步建立生物多样性监测、评估与预警体系、生物物种资源出入境管理制度以及生物遗传资源获取与惠益共享制度。我国先后组织了多项全国性或区域性的物种调查，建立了数据库，出版了《中国植物志》《中国动物志》《中国孢子植物志》以及《中国濒危动物红皮书》等物种编目志书。同时，各相关部门也相继开展了各自领域物种资源科研与监测工作，建立了相应的监测网络和体系，取得了一定的成绩。

本书通过对我国生物资源和遗传资源进出境的调查入手，从生物多样性保护与可持续发展的角度监测生物物种资源的出入境情况，利用获取的数据建立相应的数据库，在客观真实的分析基础上，得出相应的结论并提出政策建议。

一、生物遗传资源进出境调查的内容与意义

生物遗传资源进出境问题，从贸易的角度考察对生物多样性造成的各种正面及负面影响，确保明确本国的生物资源的进出口状况以及由此引发的生物多样性方面的问题，使之得以从全面保护的角度寻求各国对物种使用价值、存在价值和遗产价值的认同。即使用价值所保留的是创造贸易利益的生物资源，存在价值是指纯粹知道某些生物仍然存在这项信息所能创造的社会效用，遗产价值则是这一代为了将这项生物资源留给下一代所愿意支付的代价。具体关注的诸如基因资源的进出口、可持续使用问题、利益均等分配、技术转让与生态安全等。

二、生物遗传资源进出境数据获取与介绍

本书以生物多样性保护与可持续发展为目标，从进出境调查与数据信息监测的角度，共涉及农业、林业、海洋类、药用植物资源以及其他类（包括动物皮革、动物毛与羽毛、动物骨类、动物繁殖材料等）生物资源。

海关进出口数据库中的 HS 编码为海关商品编号（俗称税号），是国际贸易中商品归类的重要依据。我国目前使用 10 位的 HS 编码，其中前 6 位代码与世界海关组织制定的协调制度中商品编码完全一致，而第 7、第 8 位代码是根据我国关税统计和贸易管理的需求增加的。另外，部分税号根据实际操作需要衍生出第 9、第 10 位编码。

我们的海关进出口数据中的海关 HS 编码 8 位数据，物种分类是按照 10 位 HS 编码分类。本次调查农业数据共计统计物种 110 类：按照 8 位 HS 编码将物种数据进行合并，合并后数据分类为，禽畜物种 44 类、水产物种 20 类、苗木花卉物种 7 类、粮食作物物种 24 类以及经济作物物种 14 类，且单独一个未列明活植物，我们归类为其他植物。林业数据共统计物种 80 类：按照 8 位 HS 编码将物种数据进行合并，合并后数据分类为，珍稀濒危动物 32 类、其他动物 12 类、原木 19 类、苗木 1 类、观赏植物 16 类。

其中，我们特别整理了中药资源的数据。我国中药类生物资源丰富，涉及 172 个 10 位 HS 编码，能明确统计其贸易量和金额。本书的统计数据涉及 161 个 10 位海关编码、104 个 8 位海关编码和 2 个 4 位海关编码，其中中药材及饮片的数据涉及 76 个 8 位海关编码和 2 个 4 位海关编码，中药材提取物的数据涉及 27 个 8 位海关编码。由于海关在统计植物提取物数据时，未区分药用植物和非药用植物，且非药用植物提取物的占比较少，故中药提取物的数据用植物提取物的进出口数据代替。

本项研究中其他类型资源共统计物种 120 类：按照 8 位 HS 编码将物种数据进行合并统计，包括与

---

① 陈军等：《生物多样性与贸易自由化》，载于《能源环境保护》2005 年第 6 期。

动物皮革相关的 75 类、与羽毛类材料相关的 22 类、与动物骨类相关的 8 类、与动物繁殖材料相关的 7 类、与海洋和观赏动物类相关的 8 类。

同时，统计数据根据贸易额度（人民币度量），贸易状态（进口与出口），进口与出口对象所在的国家、我国省份以及口岸分类等进行分类统计。

（一）农业生物资源进出境数据描述

为了解我国农业生物资源进出境的现状，分析农业生物资源进出境的特点和问题，进而逐步对生物遗传资源的现状、价值、流失风险等内容进行研究。本书收集了农业生物资源进出口的海关数据，其中包含我国与其他国家农业生物资源的进出口量和进出口额，不同省份农业生物资源的进出口量和进出口额，不同口岸农业生物资源的进出口量和进出口额。

参考商务部主办的全国农产品商务信息公共服务平台、中华人民共和国农业农村部分类标准对农业生物资源进行分类，分为畜禽、水产、粮食作物、经济作物、苗木花卉、其他植物等六大类，按照用途可分为种用、食用、非种用等。在全球化发展的今天，农业资源对外贸易规模不断扩大，基于 2015 ～ 2016 年的海关进出口数据，结合相关研究，分析近年来我国农业资源进出口贸易现状、贸易结构等，以期对保护农业资源多样性和建立多边利益分配框架提供决策参考。

为了更好地对农业生物资源进出境数据进行分析，将已有农业生物资源数据分为畜禽、水产、粮食作物、经济作物、苗木花卉、其他植物等六大类，并按照用途分为种用、食用、非种用等。其中包含 96 个畜禽物种，41 个水产物种，36 个苗木花卉物种，32 个粮食作物物种，50 个经济作物物种。本书所使用的海关数据 HS 编码为 8 位，而物种分类是按照 10 位 HS 编码分类的，所以数据分析中按照 8 位 HS 编码将物种数据进行合并，其中包含 44 个畜禽物种，20 个水产物种，7 个苗木花卉物种，24 个粮食作物物种，14 个经济作物物种，且未列名活植物（06029099）没有更细的分类，故单独作为一个种类，即其他植物。

（二）林业生物资源进出境数据描述

为了解我国林业生物资源进出境现状，通过分析林业生物资源进出境的特点和问题，对生物遗传资源的现状、价值、流失风险等内容进行研究，本书收集了林业生物资源进出境海关数据，数据包括我国与其他国家林业生物资源的进出口量和进出口额，不同省份林业生物资源的进出口量和进出口额，不同口岸林业生物资源的进出口量和进出口额。

林业生物资源主要包括野生动物资源和野生植物资源，为了更好地对林业生物资源进出境情况进行分析，将已有林业生物资源数据分为珍稀濒危动物、珍稀濒危植物、其他动物、原木类、苗木类、观赏植物共六类。其中包含珍稀濒危动物 287 个物种，珍稀濒危植物 23 个物种，其他动物 82 个物种，原木 37 个物种，苗木类 12 个物种，观赏植物 72 个物种。本书所使用的海关数据 HS 编码为 8 位，而物种分类是按照 10 位 HS 编码分类的，所以数据分析中按照 8 位 HS 编码将物种数据进行合并，合并后包含珍稀濒危动物 32 类，珍稀濒危植物 11 类，其他动物 12 类，原木 19 类，苗木类 1 类，观赏植物 16 类。其中，珍稀濒危动物和其他动物的数据有部分重合，珍稀濒危植物和观赏植物的数据有部分重合。

（三）中药资源进出境数据描述

中药资源作为我国重要的生物资源之一，是我国生物多样性保护工作的重点。根据第三次全国中药资源普查，我国药用资源种类达 12 807 种，2015 版《中华人民共和国药典》一部收载中药材和饮片 618 种、植物油脂和提取物 47 种，成方制剂和单味制剂 1 493 种，品种合计 2 598 种。为了摸清我国中药资源进出境的现状，进一步研究制定我国中药资源的保护政策，本书对药用生物资源的进出境的种类、数量、金额、国家、口岸等进行了统计分析。

中药遗传资源进出境数据包括中药材及饮片、提取物、保健品和中成药四种形式，涉及中药资源商品的出口和进口金额、数量及具体种类，以及中药资源不同种类的出口和进口的国家。我国中药类生物资源丰富，有 172 种具有 10 位 HS 编码，能明确统计其贸易量和金额。本书的统计数据涉及 161 个 10 位海关编码、104 个 8 位海关编码和 2 个 4 位海关编码，其中中药材及饮片的数据涉及 76 个 8 位海关编码和 2 个 4 位海关编码，中药材提取物的数据涉及 27 个 8 位海关编码。由于海关在统计植物提取物数据时，未区分药用植物和非药用植物，且非药用植物提取物的占比较少，故中药提取物的数据用植物提取物的进出口数据代替。

（四）其他种类生物资源数据描述

1. 动物皮革相关生物资源。本书重点收集了与动物皮革相关的 75 个 HS 编码数据，包含 2015～2016 年我国与其他国家的交易额和交易量、我国在不同口岸的交易额和交易量、我国不同省份对外贸易量等。75 个 HS 编码涉及生物种类包括牛、马、绵羊、羔羊、山羊、阿斯特拉罕羔羊、喀拉科尔羔羊、波斯羔羊、爬行动物、猪、水貂、狐、兔、灰鼠、白鼬、貂、狐、獭、猞猁、其他或未列明物种等共 20 种。

2. 动物羽毛类相关生物资源。本书重点收集了与羽毛类材料相关的 22 个 HS 编码（8 位）数据，包含 2015～2016 年我国与其他国家的交易额和交易量、我国在不同口岸的交易额和交易量、我国不同省份对外贸易量等。22 个 HS 编码涉及生物种类包括猪、马、羊、山羊、喀什米尔山羊、獾、兔、骆驼、鸟类等动物、其他或未列明动物。

3. 动物骨类相关生物资源。本书重点收集了与动物骨类相关的 8 个 HS 编码数据，包含 2015～2016 年我国与其他国家的交易额和交易量、我国在不同口岸的交易额和交易量、我国不同省份对外贸易量等。8 个 HS 编码涉及生物种类包括牛、羊、龟、鲸、珊瑚、软体、甲壳或棘皮动物、墨鱼以及其他未列明动物等。

4. 动物繁殖材料相关生物资源。本书重点收集了与动物繁殖材料相关的 7 个 HS 编码数据，包含 2015～2016 年我国与其他国家的交易额和交易量、我国在不同口岸的交易额和交易量、我国不同省份对外贸易量等。7 个 HS 编码涉及生物种类包括牛、鱼、鸡等其他动物的精液、胚胎或受精用的禽蛋等。

5. 海洋与观赏动物类生物遗传资源。为了解我国海洋和观赏动物生物遗传资源进出境的现状，分析海洋和观赏动物生物资源进出境的特点和问题，进而逐步对海洋生物遗传资源的现状、价值、流失风险等内容进行研究，报告收集了海洋和观赏动物生物资源进出口海关数据。

本书重点收集了与海洋和观赏动物类相关的 8 个 HS 编码数据，包含 2015～2016 年我国与其他国家的交易额和交易量、我国在不同口岸的交易额和交易量、我国不同省份对外贸易量等。8 个 HS 编码涉及生物种类有：鲸、海豚、鼠海豚、海牛、儒艮、海豹、海狮、海象、观赏鱼、鲀、食用爬行动物、未列名爬行动物等，共 12 种。

三、生物遗传资源进出境分类数据的分析结论

（一）农业

1. 从进出口总量与进出口总额分析。我国农业资源的进出口量在 2016 年后有较为明显的提升，总体增幅达 45.21%，而进出口总额则呈下降趋势；同时，我国农业资源仍以资源出口为主，净出口量和进出口额都进一步扩大，增幅分别为 60.85% 和 213.41%。具体来看，2016 年出口量相较进口量有较为

明显的提升，增幅达 51.47%，但出口额相对进口额下降幅度较小，仅 0.06%，进口额降幅达 19.52%。

植物类农业生物资源的进出口量增加较快，近年来增长率前十名的均为谷物，其中，种用食用高粱、种用其他小麦及混合麦等作物进出口总量增长率相对较高，而动物类增长较慢。结合进出口量分析发现，种用食用高粱、其他种用稻谷近两年以出口为主，贸易顺差，种用大麦、种用燕麦、其他小麦及混合麦等作物则以进口为主，贸易逆差。

中国虽然是玉米的第二大产地，但其进口量仍然很高。中国、日本、韩国等亚洲地区为玉米的主要需求地，而巴西、美国、阿根廷和乌克兰构成了主要的供给侧。中国是小麦的第一大产地，并且 2013 年进入了主要进口国行列，说明我国对小麦的需求很庞大，需要对美国、加拿大、澳大利亚、法国、俄罗斯等主要出口国格外关注，以保证国内需求。

2. 从主要贸易国家与地区分析。从主要贸易国家和地区看，与我国进行农业贸易总额较大的国家，依次为韩国、日本、澳大利亚、美国等，中国香港地区作为世界贸易港口及中国内地重要的贸易伙伴和出口市场，也是主要贸易对象，且进出口量也相对较多。另外，从进出口量来看，荷兰也属于贸易大国。

3. 从种类与个别品种分析。从种类看，近两年其他植物和苗木花卉的进出口总量占比相对较高，水产、畜禽和经济作物的进出口总额占比则相对较高，其中其他植物、水产、粮食作物主要以出口为主，其他植物净出口量较多，水产则是净出口金额较多；苗木花卉、畜禽和经济作物则以进口为主，苗木花卉净进口量较多，畜禽的净进口金额则较多。从用途看，种用的农业生物资源居多，进出口量和进出口总额都较多。

从 2003 年开始，我国农作物种子的贸易规模不断扩大，其中蔬菜类种子是中国进口与出口最多的大类品种。近年蔬菜类种子的出口额增长显著，贸易状况由逆差转为顺差。种用稻谷是中国具有出口竞争优势的农作物种子，其出口主要集中于东南亚国家，出口规模还有进一步扩大的空间。我国主要进口蔬菜类种子和花卉类种苗。中国农作物种子主要从美国、日本、德国、荷兰等国家进口。以种用稻谷为主的粮食作物种子多销往越南、印度尼西亚等东盟国家；蔬菜类种子、花卉类种苗和非粮食大田作物种子多销往日本、美国、韩国等发达国家。

（二）林业

林业资源的进出境分析，除考虑总体情况外，本书从数据层面进行了分类，分别从珍稀濒危动物、其他动物和珍稀濒危植物三类进行具体分析。

1. 从进出口总量与进出口总额分析。林业生物资源进口量，2015 年为 3 784.6 万吨，2016 年为 3 385.4 万吨，同比减少 10.5%；林业生物资源出口量，2015 年为 188.9 万吨，2016 年为 281.9 万吨，同比增加 49.2%。林业生物资源进口额，2015 年为 79.6 亿美元，2016 年 80.5 亿美元，同比增长 1.1%；林业生物资源的出口额，2015 年为 10.2 亿美元，2016 年为 10.9 亿美元，同比增长 6.9%。进出口总量，2015 年为 3 973.5 万吨，2016 年为 3 667.3 万吨。进出口总额，2015 年为 89.8 亿美元。2016 年为 91.4 亿美元。2015 年净进口额为 69.4 亿美元，2016 年净进口额为 69.6 亿美元。我国林业生物资源呈现贸易逆差。

从珍稀濒危动物进口量和出口量看，相比 2015 年，2016 年的数据略有下降，其中进口量下降了 3.8%，出口量下降了 0.26%。但从进出口额来看，珍稀濒危动物的进出境保持贸易顺差，且 2016 年贸易顺差拉大。2016 年出口额为 31 103.61 万美元，2015 年出口额为 31 001.93 万美元，出口额增加了 0.32%，由此可见，我国单位珍稀濒危动物的出口成本提高。

野生动物资源中除了珍稀濒危动物，还包括部分其他动物。与 2015 年相比，2016 年其他动物进口量略微增长，进口额略微下降，出口量下降，出口额上涨，出口贸易总额大于进口贸易总额，呈现贸易顺差，且 2016 年贸易顺差变大。其他动物进口量，2016 年比 2015 年增长了 21.7%，从 1 664.21 吨增加到 2 024.74 吨；其他动物出口量，2016 年比 2015 年减少了 6.6%，由 179 158.61 吨较少到 167 344.29 吨。其他动物出口额，由 51 728.73 万美元增加到 56 585.27 万美元，增加了 9.4%。整体来看，2016 年其他动物的平均进口成本下降，平均出口成本增加。

珍稀濒危植物，2016 年比 2015 年的进口量增加，进口额减少，出口量和出口额都有所增加。整体来看出口贸易总额大于进口贸易总额，呈现贸易顺差，且 2016 年贸易顺差变大。2015 年珍稀濒危动物进口量为 267 388.23 吨，2016 年进口量为 315 499.84 吨，增长率为 18.0%；2015 年进口金额为 16 709.59 万美元，2016 年进口金额为 13 315.98 万美元，减少了 20.3%；2015 年出口量为 1 601 386.07 吨，2016 年出口量为 2 442 787.91 吨，增长率为 52.5%；2015 年出口金额为 18 178.32 万美元，2016 年出口金额为 18 994.80 万美元，增长率为 4.5%。

2. 从贸易国家与地区分析。从进口量来看，我国珍稀濒危动物资源的进口来源国主要有孟加拉国、蒙古国、新西兰、澳大利亚、吉尔吉斯斯坦、荷兰等国家，其中从孟加拉国进口量为 5 236.5 吨，占比 48.4%。从进口额来看，进口额排名前十位的是孟加拉国、新西兰、荷兰、老挝、澳大利亚、印度尼西亚、德国、津巴布韦、美国、葡萄牙。2016 年我国珍稀濒危动物资源的出口地主要是中国香港和日本，其中出口到中国香港的数量占比为 76.02%，出口到日本的数量占比为 23.52%，出口到其他国家和地区的数量占比仅为 0.47%。从出口额来看，中国内地出口到香港的金额占比 51.82%，出口到日本的金额占比为 44.09%，出口到其他国家的金额占比仅为 4.09%。其他国家主要包括美国、加拿大、韩国、泰国、阿联酋和英国。

其他动物资源最大的来源国为越南，进口量为 815.45 吨，占总进口量的 38.6%，排名前十名的国家和地区有中国台北单独关税区、加拿大、印度尼西亚、老挝、菲律宾、丹麦、美国、南非、法国。除此之外，我国还从德国、荷兰、墨西哥、日本等国家进口少量的其他动物资源。2016 年其他动物资源进口金额最大的国家为老挝，进口金额为 918.28 万美元，占总进口金额的 19.1%，排名前十的国家还有加拿大、美国、丹麦、津巴布韦、南非、越南、法国、智利、芬兰。十个国家的进口金额共 4 204.31 万美元，占总进口金额的 87.6%。2016 年我国出口到各国（地区）的其他动物资源共 167 344.29 吨，出口金额共 56 585.27 万美元，主要出口地区为中国香港、中国澳门和美国。其中从出口数量来看，出口到中国香港占比 92.9%，中国澳门占比 6.8%，从出口金额来看，中国香港占比 84.56%，美国占比 6.38%，中国澳门占比 6.19%。美国的出口数量占比不足 1%，说明我国出口到美国的其他动物资源单位价格较高。

珍稀濒危植物 2016 年进口量超过千吨的进口来源国有 11 个国家，其中排名前五的分别为荷兰、乌干达、埃塞俄比亚、美国、马来西亚。其中荷兰的进口量为 247 342.94 吨，占总进口量的 76.41%。2016 年珍稀濒危植物进口金额超过百万美元的进口来源国有 17 个国家，其中排名前五的分别为日本、荷兰、美国、马来西亚、加拿大。2016 年珍稀濒危植物出口量最大的为中国香港，为 1 924 705.91 吨，占比 79.1%，其次为日本、荷兰、美国、韩国、印度、中国澳门。2016 年出口额超过百万美元的出口国家和地区有 17 个，排名前五的分别为日本、荷兰、美国、韩国、中国香港。其中，出口到日本的金额为 5 547.91 万美元。

3. 从种类与个别品种分析。珍稀濒危动物，2015 年进口量超过百万吨的珍稀濒危动物排名前五的是其他活鱼，其他马（改良种用除外），改良种用其他牛，其他改良种用哺乳动物，活、鲜、冷、冻、干、盐腌、盐渍或熏制的蜗牛及螺。2016 年进口量超过百万吨的珍稀濒危动物排名前五的是其他活鱼，其他马（改良种用除外），其他驴（改良种用除外），活、鲜、冷、冻、干、盐腌、盐渍或熏制的蜗牛及螺，淡水观赏鱼。2016 年中国进口淡水观赏鱼的数量为 209.17 吨，2015 年进口量为 140.95 吨，增长率达到 48.4%。观赏鱼进口数量增加，一方面可能是因为人民生活水平逐步提高，精神文化生活不断丰富，从而使得观赏鱼需求量增加，同时，国家提倡供给侧改革，为满足市场需求，观赏鱼养殖业发展迅速。

其他动物，2016 年其他动物资源进口量同比增长幅度最大的是其他灵长目动物（改良种用除外），同比变化率为 156.5%。同比减少最多的是改良种用猛禽，同比变化率为 -100%，改良种用鳄鱼苗的同比变化率为 -99.84%，近 100%。2016 年其他动物资源出口量同比增长最大的是食用爬行动物，变化率为 216.63%，同比减少最大的是改良种用猛禽，变化率为 -100%。

珍稀濒危植物，2016 年进口量同比增长最大的是无根插枝及接穗植物，同比增长 96.02%，未列名休眠的鳞茎、块茎、块根、球茎、根颈及根茎同比减少最多，变化率为 -89.54%。2016 年出口量同比增长最大的是未列名活植物，同比增长 72.37%，生长或开花的鳞茎、块茎、块根、球茎、根颈及根茎，菊同比减少最多，变化率为 -39.57%。2016 年珍稀濒危植物进口量同比变化最大的是无根插枝及接穗植物，变化率为 96.02%，其进口额仅增长 1.75%，进口额同比增加最大的是鲜的制花束或装饰用的不带花及花蕾的植物枝、叶或其他，为 33.76%，其进口量增长位居第二，同比增长 20.96%。出口量同比增长最大的是未列名活植物，为 72.37%，出口额仅增长 0.36%，出口金额同比增长最大的是草本花卉植物种子，为 20.49%，出口量增长排名第二，同比增长 35.96%。

（三）中药资源

1. 从进出口总量与进出口总额分析。2015 年中药资源进口量为 143 409.44 吨，2016 年进口量为 143 980.96 吨，同比减少 3.09%，2015 年中药资源出口量为 721 285.67 吨，2016 年出口量为 825 672.61 吨，同比增加 14.47%。2015 年中药资源进口额为 55 453.79 万美元，2016 年的进口额为 49 528.44 万美元，同比减少 1.07%，2015 年中药资源出口额为 345 914.33 万美元，2016 年的出口额为 825 672.61 万美元，同比减少 8.31%。虽然我国的中药资源处于贸易顺差地位，但与 2015 年相比，中药资源的进口单价增加，出口单价下降，且出口单价的下降幅度远高于进口单价的增加幅度。

与 2015 年相比，2016 年中药材及饮片的进口量几乎没有变化，但出口量增加了 18.38%；进口额和出口额均会出现一定幅度下跌，进口额下降了 17.80%，出口额下降了 3.31%；进口单价与出口单价均出现下滑，进口单价同比下滑 16.30%，出口单价同比下滑 18.32%。

2016 年进口量排前十的中药材及饮片（按海关编码）分别是珊瑚及类似品；软体、甲壳或棘皮动物壳、墨鱼骨，甘草，其他蓖麻子等。2016 年出口量排名前十的中药材及饮片（按海关编码）是未磨的姜、未列名主要用作药料的植物及某部分、肉桂及肉桂花、已磨的姜、枸杞等。

2. 从贸易国家与地区分析。2016 年我国从 112 个国家（地区）进口中药材及饮片，出口中药材及饮片至 161 个国家（地区）。从日本进口中药材及饮片的数量最多，进口量为 19 001 419 千克，其次是印度尼西亚。进口量主要来源国家有日本、哈萨克斯坦、印度尼西亚、埃塞俄比亚、乌兹别克斯坦、缅甸、澳大利亚、泰国、马达加斯加和印度，来源于这十个国家的中药材及饮片进口量之和为 89 541 007 千克，占我国进口总量的 72.52%。

2016 年我国出口中药材及饮片数量最多的国家为巴基斯坦，出口量达 89 892 323 千克，占 2016 年出口总量的 11.81%。2016 年我国出口中药材及饮片数量前十的国家（地区）分别是巴基斯坦、孟加拉国、美国、中国香港、荷兰、日本、韩国、阿联酋、马来西亚和沙特阿拉伯，出口至这十个国家（地区）的数量之和达 556 740 329 千克，占我国出口总量的 73.15%。

3. 从种类与个别品种分析。2016 年中药材及饮片进口单价最高的品种为番红花，达 1 832.80 美元/千克，其次为其他未列名人参，进口单价为 345.06 美元/千克。进口单价最高的十个品种依次是番红花、其他未列名人参，沉香，兽牙、兽牙粉末及废料，胶黄耆树胶，西洋参，其他鲜人参，鹿茸及粉末，乳香没药及血竭和鱼胶。

2016 年中药材及饮片出口单价最高的品种为冬虫夏草，达 17 547.22 美元/千克，其次是鹿茸及粉末，出口单价为 149.98 美元/千克。出口单价最高的十个品种依次为冬虫夏草，鹿茸及粉末，斑蝥，其他未列名人参，肉豆蔻、肉豆蔻衣及豆蔻，西洋参，三七，贝母，未列名配药用腺体及其他动物产品和其他鲜人参。

（四）其他类型资源

1. 动物皮革类资源。我国是世界上公认的皮革大国，原皮资料丰富，庞大的人口基数奠定了庞大的消费基础，因此我国既是皮革、皮鞋及其他皮革制品的生产大国，也是原料皮资源大国，也是出口创汇大国，还是皮革制品消费大国。总体看来，2015～2016 年我国皮革行业保持贸易顺差。进口量是出口量的 30 倍左右；进口额约是出口额的 9 倍。2015～2016 年我国皮革行业保持贸易顺差。从数据上看，2015～2016 年动物皮革类资源的进口量和进口额远大于出口量和出口额。2015 年动物皮革的进口量是出口量的 35 倍多，进口额约是出口额的 8 倍；2016 年动物皮革的进口量是出口量的 28.8 倍，进口额是出口额的 10 倍。其中，牛皮是皮革加工业的重要原料，我国是目前世界上公认的牛皮消费第一大国，如 2013 年，我国牛皮消费量达到 230 万吨，其中 40%左右来自进口。

我国皮革的前三大进口国分别是美国、澳大利亚和巴西；主要出口中国香港和韩国；广东省是我国皮革进出口贸易的主要省份，是进出口交易量最大的省份；皮革的进口贸易主要通过青岛和厦门海关，出口贸易主要通过深圳和天津海关。

2015 年我国皮革类物品向 106 个国家进行出口，出口量超过 2 000 吨的有 6 个，占出口国家数的 5.7%，6 个国家的出口量占皮革类物品总出口量的 72.77%，出口额占总出口额的 79.32%。中国香港的出口量和出口额最大，中国香港出口量占总出口量的 30.51%，中国香港出口额占总出口额的 56.39%。2015 年我国皮革类物品向 119 个国家进行进口，进口量超过 5 000 吨的有 11 个，占进口国家数的 9.24%，11 个国家的进口量占皮革类物品总进口量的 75.21%，进口额占总进口额的 57.94%。美国的进口量和进口额最大，美国进口量占总进口量的 21.14%，美国进口额占总进口额的 18.48%。美国是我国最大的皮革原料进口国，其次是澳大利亚和巴西。

2. 动物毛和羽毛类资源。2015 年和 2016 年我国动物毛和羽毛类物品的进出口均表现为进口量远大于出口量。2015 年进口量是出口量的 5.47 倍，进口额是出口额的 3.24 倍；2016 年的进口量是出口量的 4.76 倍，进口额是出口额的 3.54 倍。从 2015～2016 年数据来看，我国动物毛和羽毛类有进口量减少、出口量增加的趋势。其中 2016 年进口量比 2015 年减少 15 079.5 吨，2016 年出口量比 2015 年增加 4 806.04 吨。相比 2015 年，2016 年我国动物毛和羽毛类物品进口量同比增长变化幅度最大的是制刷用山羊毛、新增猪鬃和未梳兔毛；2016 年我国动物毛和羽毛类物品出口量同比增长变化幅度最大的是未梳兔毛。

2015 年、2016 年，我国动物毛和羽毛类物品分别向 102 个、94 个国家（地区）进行出口。2015 年，出口量超过 1 000 吨的国家是 10 个，前三名为美国、越南和德国；2016 年，出口超过 1 000 吨的国家是 11 个，前三名为美国、德国和越南。同时，2015 年、2016 年，我国动物毛和羽毛类物品分别从 56 个国家（地区）进口。2015 年，进口量超过 5 000 吨的国家有 8 个，前三名为澳大利亚、新西兰和南非，其中澳大利亚的进口量最多，超过 17 万吨，占我国动物毛和羽毛类总进口量的近 60%。2016 年，进口量超过 5 000 吨的国家是 8 个，前三名仍为澳大利亚、新西兰和南非。

3. 动物骨类资源。2015 年和 2016 年，我国动物骨类资源的进口量高于出口量，进口额高于出口额。2015 年我国动物骨类进口量是出口量的 3.69 倍，进口额是出口额的 4.43 倍；2016 年进口量是出口量的 4.25 倍，进口额是出口额的 4.10 倍。与 2015 年相比，我国动物骨类资源的进出口量和进出口额稍有下降。其中 2016 年的进口量占 2015 年的 98.51%；2016 年的出口量是 2015 年的 85.61%；进出口额的变化与进出口量变化相似。2016 年进口额比 2015 年降低了 9.51%，2016 年出口额比 2015 年降低了 2.03%。

　　2015 年我国进口五种、出口四种动物骨类资源，其中珊瑚及类似品，软体、甲壳或棘皮动物壳，墨鱼骨的进口量和出口量均最大。2016 年我国进出口动物骨类资源中增加其他骨粉及骨废料。珊瑚及类似品、软体、甲壳或棘皮动物壳，墨鱼骨的进出口量仍占主导。2015 年我国动物骨类资源主要出口 35 个国家，出口量超过 50 吨的有 7 个。出口韩国的动物骨类资源最多。2015 年我国动物骨类物品从日本、澳大利亚、孟加拉国等 63 个国家进口，其中 9 个国家的进口量超 1 000 吨，从日本的进口量最大，从澳大利亚的进口额最大。

　　4. 动物繁殖材料。2015 年和 2016 年，我国动物繁殖材料的进口量低于出口量，进口额远高于出口额。2015 年的进口量是出口量的 0.6 倍，进口额是出口额的 9.3 倍；2016 年进口量是出口量的 0.7 倍，进口额是出口额的 7.9 倍。与 2015 年相比，我国动物繁殖材料进出口量有明显降低，进口额略微降低，出口额有略微增长。

　　2015 年我国进口动物繁殖材料种类共六种，其中其他鱼产品进口量大，2015 年其他鱼产品进口量为 2 146.085 吨，动物精液（牛的精液除外）最少，为 0.026 吨。与 2015 年相比，我国 2016 年出口动物繁殖材料种类少了一种牛的精液，其他五类物品出口数量有略微变化，其他鱼产品仍旧为出口主要物品。

　　2015 年我国动物繁殖材料共出口 15 个国家，出口量在 10 吨以上的有 7 个，其中日本的出口量和出口额最大，出口量 2 053.97 吨，出口额 269.09 吨。我国动物繁殖材料从 28 个国家进口，进口量大于 1 吨的有 16 个国家，从日本的进口量最大，达到 554.39 吨，从美国的进口额最大，达到 2 289.79 万美元。2016 年我国向 12 个国家出口动物繁殖材料，出口量排第一的与 2015 年相同，依旧是日本。2016 年我国向 24 个国家进口动物繁殖材料，与 2015 年相比，进口国家数减少了 4 个。

　　5. 海洋和观赏动物类。2015 年和 2016 年，我国海洋和观赏动物的进口量高于出口量，进口额远高于出口额。2015 年的进口量是出口量的 3.9 倍，进口额是出口额的 8.5 倍；2016 年进口量是出口量的 2.2 倍，进口额是出口额的 5.3 倍。

　　2015 年我国出口海洋和观赏动物有四种，分别为其他观赏鱼、未列名爬行动物、活鲀、食用爬行动物。其中食用爬行动物和活鲀出口量占比量大。与 2015 年相比，我国 2016 年出口海洋和观赏动物种类相同，四类物品出口数量均有所增加。2015 年我国进口海洋和观赏动物种类共 7 种，其中食用爬行动物和未列名爬行动物进口量大，2015 年食用爬行动物进口量为 513.914 吨，未列名爬行动物的进口量为 374.857 吨。2016 年我国进口海洋和观赏动物种类与 2015 年相同，进口量最大的仍为食用爬行动物，进口量为 1 154.718 吨。

　　从进口国家分析看，最大进口量和最大进口额国家与 2015 年相同，2016 年最大进口量国家为越南，最大进口额国家仍为俄罗斯联邦。2015 年，我国海洋和观赏动物出口 22 个国家，出口量在 1 吨以上的有 9 个，其中韩国的出口量和出口额最大；从 24 个国家进口，进口量大于 10 吨的有 8 个国家，其中从越南的进口量最大，达到 237.56 吨，从俄罗斯联邦的进口额最大，达到 2 051.06 万美元。

　　2016 年我国向 22 个国家出口海洋和观赏动物，与 2015 年出口国家数相同，但是增加了卢森堡、菲律宾和约旦，没有向格鲁吉亚、西班牙和荷兰出口。出口量排前三位的与 2015 年相同，依旧是韩国、日本和越南。2016 年我国向 30 个国家进口海洋和观赏动物，与 2015 年相比，进口国家数增加 6 个。2016 年进口量超过 10 吨的国家共 8 个，8 个国家的进口量占总进口量的 98.82%，进口额占总进口额的 94.60%。

第三节　生物遗传资源进出境调查的结论及建议

生物遗传资源是人类社会赖以生存和发展的物质基础，也是国家重要的战略物资，具有巨大的现实和潜在的经济、生态、文化价值。生物遗传资源进出境问题，需要从保护优先、持续利用和公众参与、惠益共享三个角度去考虑。本书通过对我国生物资源和遗传资源进出境的调查入手，从生物多样性保护与可持续发展的角度监测生物物种资源的进出境情况，希望能够发现生物资源在贸易过程中的使用价值情况，同时考察在商品与服务的国际间流动中，资源配置是否有效率。

本书重点关注濒危、野生与家养等生物资源研究及保护，最终提出有针对性和可行性的，基于生物资源进出境的保护对策与技术建议。并且进一步思考在资源进出口中的可持续利用问题，利益均等分配问题以及技术转让与生态安全问题等。

一、生物遗传资源进出境调查的三大特点

本书开展生物多样性与遗传资源进出境调查，具有三大基本特点。

一是全面的海关进出境数据基础。本书从进出境调查与数据信息监测的角度，涉及农业、林业、海洋类、药用植物资源以及其他类生物资源。其中，农业生物资源进出境数据包括我国与其他国家农业生物资源的进出口量和进出口额，不同省份农业生物资源的进出口量和进出口额，不同口岸农业生物资源的进出口量和进出口额；林业生物资源主要包括野生动物资源和野生植物资源，涉及珍稀濒危动物包含32类，其他动物12类，珍稀濒危植物11类，原木包含19类，苗木类包含1类，观赏植物包含16类；中药遗传资源进出境数据的包括中药材及饮片、提取物、保健品和中成药四种形式；其他种类生物资源数据包括动物皮革相关生物资源，羽毛类相关生物资源，动物骨类相关生物资源，动物繁殖材料相关生物资源，海洋与观赏动物类生物遗传资源。

二是多角度挖掘海关进出境数据。对生物遗传资源的总量、变化和分类等多个角度深入挖掘进出境数据。总量分析重点关注近些年我国生物遗传资源的进出口总量与进出口总额的情况；变化分析重点关注进出口总量和总金额增长率，找出增长率位列前十的主要生物遗传资源；分类分析包括主要贸易国家与地区分析和种类与个别品种的对比分析，分别找出与我国进行农业贸易、林业贸易、中药资源和其他资源贸易总额较大的国家或者地区，详细列出我国对这些国家在生物遗传资源的贸易情况的变动。

三是鲜活的案例分析。本书结合当前国内外经济形势和我国生物遗传资源进出境现状，选择相应的案例进行具体分析。在具体分析对农业、林业、海洋类、药用植物资源以及其他类生物资源现状和问题的基础上，选取一些鲜活案例来分析，更加具有针对性。

二、生物遗传资源进出境调查的结论和建议

本书深入调查中国生物遗传资源进出境的状况，报告显示，中国生物多样性总体形势目前不容乐观，生物资源流失和丧失的趋势仍未有效遏制，资源底数不清，监测监管能力不足，法律法规标准体系尚不健全，管理体制机制不顺等，保护工作仍然任重道远。

（一）中国生物资源综合价值被低估，生物多样性总体形势不容乐观

生物资源是人类文明生存和发展的基石，随着生态环境的不断恶化，人类对优质生态资源的需求也

不断高涨。良好的生态环境可以带动和促进经济的发展，生态环境的改善越明显，这种带动作用就越大。

传统的资源环境价值观是以传统劳动价值论作为依据的，由于生态资源没有附加劳动，所以不具有价值。资源环境价值理论经历了漫长的发展和演变，我国直到 20 世纪 80 年代资源环境价值的评估方法才被明确提出，但是在很长的一段时间内环境资源的价值究竟如何衡量和量化一直没能解决。但随着城市的不断扩张，城市人口规模的骤增，生态资源的价值和作用正在变得越来越重要。但是由于生态资源价值长期以来被认为是可再生、可循环的公共资源、长期不被重视，造成人类的滥用和破坏，造成我国生物资源综合价值仍被低估，生物多样性的总体形势不容乐观。

（二）中国地区间生物资源摸底不清，未能有效支撑当地产业选择与发展

我国生物物种资源种类多、数量大、分布广，是世界生物物种资源最丰富的国家之一。但目前，我国地区间的生物资源摸底不清，有些资源出口附加值低，且企业间存在过度竞争，生物资源丰富的地区未能有效支撑当地产业的选择和发展。

比如中药资源，从中药资源出口产品结构可知，以中药材及饮片类的低技术含量的加工原材料出口为主，即使是经过粗加工的提取物出口也占比很少，而有专利技术的中成药和保健品出口更是很难突破。虽然植物提取物的出口近年来快速增加，但仍以"汁液及浸膏"或"天然产物制成的苷及盐"等附加值较低的粗提物为主。近年来，尽管中药资源出口的总额呈现出增长趋势，相比作为原料的中药提取物和饮片增加较为显著，但附加值较高的中成药出口增长缓慢。在国家政策鼓励出口的背景下，对中药材出口没有实行专营和保护，中药材出口存在过度竞争，行业门槛低，任何个人或企业都可以从事中药出口，有的企业根本没有经营中药的资质，也没有 GMP 认证，这些企业仅负担流通带来的成本，对于环境、资源并不承担任何责任，这些小企业的出口直接压低了中药的出口价格，结果就是导致恶性竞争，破坏资源，损失效率。

（三）贸易规则对生物价值的关注不足，国际贸易中生物资源尚未有效配置

生物资源的多样性在人类的进化史上起了巨大的推动作用，给人类提供了丰富的物质资源。然而生物资源的滥用以及对贸易经济利益最大化的需求，对生物的栖息环境及生物多样性造成了极大的破坏，地球上的生物资源也以空前的速度消失。我国部分生物遗传资源存在稀缺性与大量出口和过度利用的矛盾，造成遗传资源不断丧失和流失。一些农作物野生近缘种的生存环境遭受破坏，栖息地丧失，野生稻原有分布点中的 60% ~70% 已经消失或萎缩。部分珍贵和特有的农作物、林木、花卉、畜、禽、鱼等种质资源流失严重。一些地方传统和稀有品种资源丧失。同时，物种濒危程度加剧。据估计，我国野生高等植物濒危比例达 15% ~20%，其中，裸子植物、兰科植物等高达 40% 以上。野生动物濒危程度不断加剧，有 233 种脊椎动物面临灭绝，约 44% 的野生动物数量呈下降趋势，非国家重点保护野生动物种群下降趋势明显。

作为生物多样性重要组成部分的野生动植物资源也遭到了巨大的破坏，许多物种已经灭绝或濒临灭绝，这也使濒危物种的保护问题日益引起全世界的关注。保护濒危物种，除了需要国内边检、海关和森林公安部门的有效合作外，实现国际贸易中资源的合理配置，在很大程度上依赖两国或多国间的密切合作。

（四）生态多样性变化与生态安全评估有待加强，缺少实时监测预警系统

我国生物多样性和生态安全评估方面还较薄弱，从生物多样性组分的状态和趋势、生物多样性受威胁的因素、生态系统的完整性和服务功能、资源的可持续利用方面缺少实时监测预警。为了预防我国生

物物种资源的流失，应建立健全生物物种资源监测机制，及时掌握重要生物物种资源的动态变化，保障生物物种资源安全、生态环境安全、促进生物物种资源持续快速协调健康发展。因此，迫切需要建立生物遗传资源进出境的可视化地图和检测预警体系，直观地显示出资源总量、价值变化、流向分析等，及时掌握口岸生物物种资源动态变化。

（五）亟须大数据方法弥补传统分析中存在的数据滞后和难以获得等问题

生物多样性大数据资源是国家重要战略资源，也关乎国家生态安全和生态文明建设。现代生物科技的迅速发展已经使生物生态数据呈现爆炸式增长，进入"大数据时代"。海量数据的整理整合和开放共享对于生物资源的研究、利用和保护至关重要，海量的生物多样性信息为生物多样性科学研究提供了有力支撑，极大促进生物多样性保护规划与资源管理、生物多样性对全球变化的响应、外来种入侵态势预测等方面的研究。生物多样性大数据与生物资源本身一样，已成为国家战略资源，成为国际科技和产业竞争热点和战略制高点。

然而从全球生物多样性在线数据资源分布看，国际生物信息的主要数据库由美国的国家生物技术信息中心和欧洲生物信息研究所等控制，亚洲整体上属于数据贫乏的区域。尽管中国在亚洲处于生物多样性信息学发展比较好的国家，但信息资源整合度低、数据的碎片化、共享程度有限等，阻碍了信息的深度挖掘和有效利用。而且在生物遗传资源大数据运用过程中，还存在一些关键核心科技问题：一是数据来源多种多样，格式不统一；二是不同的研究内容需要不同的模型工具和数据；三是引入大数据与人工智能技术是生物多样性信息学研究的重要实践，如何将传统模型方法与大数据智能模型方法相结合；四是数据产品的展示与可视化直接关系到成果的应用，如何有效地利用可视化平台等。

三、生物遗传资源进出境调查的建议

上述问题的存在，影响了我国生物遗传资源管理和生物多样性保护工作的有效性，必须要采取有针对性的举措，最大限度地实现生物遗传资源进出境安全，保护生物多样性。

（一）加大宣传力度，完善公众参与机制

我们要从源头抓起，加强公众宣传与参与，提高全社会生物物种资源的保护意识，充分发挥多个相关部门的影响力，采取多种不同方式，加强人们对生物多样性的了解和认识，提高全民生物多样性保护意识。一是要开展多种形式的生物多样性保护宣传教育活动，引导公众积极参与生物多样性和物种资源保护。要通过广播、电视、报纸、杂志等新闻媒体，开展生物物种资源保护和管理宣传教育，广泛普及科学知识，树立生物物种资源保护意识。二是围绕生物多样性保护建立科普宣教基地，在社会范围内大力提倡绿色消费，让保护生态成为企业、单位以及个人的习惯性、自觉性行为。三是要完善公众参与机制，扩大环境信息公开范围，健全社会监督机制，鼓励民间环保组织依法开展保护活动，鼓励通过举报和信息通报等方式加强对非法携带和邮寄等方式的监控。

（二）制定专项规划，做好生物资源编目和监测工作

制定专项科研计划，加强生物物种资源基础理论、保护技术和开发利用研究，制定摸底和资源编目专项工作规划，同时开展全国范围内的生物遗传资源进出境状况监测。

开展调查摸底、做好资源编目工作，重点是开展动植物特有种、我国起源的栽培植物、家畜家禽及其野生亲缘种、变种、品种和品系，以及具有重要经济、科研价值或潜在用途的野生药用、观赏动植物和微生物等物种资源的整理和编目，完善重点保护生物物种目录，建立国家生物物种资源协调交流机制、全国统一的数据库系统，实现信息网络联通和信息资源共享。开展全国生物遗传资源进出境状况调查和监测，并对其种类、数量、变化趋势等进行具体对比分析，数据的逐年积累，便于职能部门更好地掌握进出境生物遗传资源的流动概况，为今后相当长一段时期内的生物遗传资源及其产品的进出境管理工作提供数据支撑和科学的指导，同时为协调生物遗传资源输出与引入之间的矛盾提供合理的建议。

（三）提升资源保护能力，实现贸易资源有效配置

提升生物遗传资源保护能力，防止生物遗传信息的流失，实现贸易资源的有效配置，重点做好三方面的工作。

一是加大生物多样性惠益分享的基础工作力度，严格落实《加强生物遗传资源管理国家工作方案（2014～2020年）》的相关要求，逐步制定生物遗传资源获取与惠益分享管理法规，细化具体流程、制定示范合同。二是加强迁地保护能力建设，建设一批区域生物遗传资源库和种质资源库，开展濒危种、特有种和重要生物遗传资源的收储。做好生物物种资源迁地保护和保存，建设一批离体保护设施和生物物种资源基因核心库。三是加强生物物种资源对外合作管理。对外提供生物物种资源，涉及生物物种资源的对外合作项目，要签订有关协议书，明确双方的权利、责任和义务，对外合作项目必须严格遵守我国有关规定。

（四）完善法制建设，确保生物多样性与生态安全

建立健全生物多样性保护法律体系，将生物多样性保护的部门性和地方性有机融合，最大限度地实现区域生物多样性的保护和资源的可持续利用。

一是健全生物物种资源对外输出审批制度。进一步建立审批责任制和责任追究制，强化生物物种资源对外输出的管理和监督。建立国家生物物种资源联络机制，对外提供及国外机构和个人在我国境内获取生物物种资源，必须按程序报经国务院有关行政主管部门同意，并将有关进出口资料信息抄报国务院环境保护部门。二是完善生物物种资源进出境查验制度。建立生物物种资源进出境查验制度，对进出境管制物种进行备案、登记，建立国家管制遗传资源国家保藏库，加强对生物物种资源进出境的监管。进出境检验检疫机构、海关要按各自职责对进出境的生物物种资源严格检验、查验，对非法进出境的生物物种资源，要依法予以没收。三是重点提升职能部门口岸检验查验能力。一方面增加对口岸基础设施和查验、监测设备的配置投入，提高设备设施的科技含量，加大一线工作人员的培训力度，增强查验人员业务素养，提高进出境查验技术水平，另一方面加强技术研发创新，与国际标准衔接，研究制定生物遗传资源进出境管理的国家标准或行业标准。

（五）构建大数据平台，加强生物资源信息全方位整合

在生物大数据时代背景下，生物多样性信息数据是国家重要战略资源，也是国家生态安全和生态文明建设的重要保障，建设国家生物多样性与生态安全综合信息服务平台具有时代的紧迫性和必要性。

努力构建中国生物多样性大数据平台，包括基于宏观与微观生物生态数据协同整合的大数据库，支持生物多样性和生态系统多源数据整合和共享的标准以及数据集成应用的方法，实现古生物化石数据与遗传组学数据、生理与性状数据、物种多样性、生态系统多样性等跨学科数据融合，与地理、气象、遥感、环境、国民经济等跨领域数据整合，形成完整的共享数据集或栅格化图集。通过建设数字化和网络化的植物园、标本馆，在现代空间科学技术和通信网络技术的基础上应用数字地图、遥感影像、实验观测、数字建模等手段，以多形式、多时相、多比例及不同的空间分辨率对生物多样性资源进行全方位表达、描述和分析，为科学家、决策者和公众提供科学研究、资源管理和科普教育的数字化平台。

第二章 《生物多样性公约》的履行及影响

联合国环境署于 1988 年 11 月召开了生物多样性特设专家工作组会议，探讨一项生物多样性国际公约的必要性。此后不久，1989 年 5 月建立了技术和法律特设专家工作组，以拟定一个保护和可持续使用生物多样性的国际法律文件。专家要考虑"发达国家和发展中国家分担费用和分享利益的需要以及支持当地居民创造性的方式和方法"。1992 年 5 月 22 日内毕罗会议通过了《生物多样性公约协议文本》，该工作组随之终结。随后《生物多样性公约》在世界社会对可持续发展的承诺日益增长的情况下缔结。

第一节 《生物多样性公约》的历史和现状

一、《生物多样性公约》

《生物多样性公约》（Convention on Biological Diversity，以下简称《公约》）是一项保护地球生物资源的国际性公约。于 1992 年 6 月 1 日由联合国环境规划署发起的政府间谈判委员会第七次会议在内罗毕通过，于 1992 年 5 月在内罗毕最后定稿，并于 1992 年 6 月 5 日在里约热内卢召开的联合国环境与发展会议（UNCED）上公布于世由各国签署，当时的缔约国有 157 个。《公约》于 1993 年 12 月 29 日开始生效，到 2016 年共有 196 个缔约方。《公约》确立了三个主要目标：生物多样性的保护，其组成部分的可持续使用，以及公平合理地分享利用遗传资源产生的利益。实施手段包括遗传资源的适当取得及有关技术的适当转让，但需要估计对这些资源和技术的一切权利，以及提供适当资金。《公约》第 15 条规定：遗传资源具有国家主权，能否获取取决于资源提供国政府和国家法律；获取遗传资源须征得资源提供国的"事先知情同意"，并在"共同商定条件"下，确定惠益分享方案。此外，第 8（j）条也提出尊重、保存和维持土著与地方社区拥有的、能够体现生物多样性保护和可持续利用的传统知识、创新和实践，并促进其利用与惠益分享。这在国际层面为遗传资源获取和惠益分享提供了原则性规定。如今，该《公约》是解决生物多样性问题的重要国际文件。

中国于 1992 年 6 月 11 日签署《生物多样性公约》，于 1992 年 11 月 7 日批准，是最早签署和批准《生物多样性公约》的缔约方之一。《公约》自 1999 年 12 月 20 日起适用于中国澳门特区，2011 年 5 月 9 日起适用于中国香港特区。在墨西哥坎昆举行的《生物多样性公约》第十三次缔约方大会宣布，中国获得 2020 年《生物多样性公约》第十五次缔约方大会主办权。据了解，定于 2020 年举行的《生物多样性公约》第十五次缔约方大会将制定生物多样性保护战略计划，并确定 2030 年生物多样性保护目标。中国将以举办大会为契机，展示生态环境保护成就，与国际社会共谋全球生态文明建设之路，为全球生物多样性保护作贡献。

《公约》的履行机制主要通过缔约方大会（Conference of Parties，COP）及其大会决定。COP 作为公约的最高决策机构，自 1993 年 12 月《公约》生效以来，缔约方大会是公约的管理机构，并通过其在定期会议上所通过的决定推动公约的实施。迄今为止，缔约方大会已召开 12 届常会和一届特别会议（后者分两个部分举行，通过了生物安全议定书）。1994 年至 1996 年期间，缔约方大会每年召开一次常会。自那时起，会议的召开频率有所降低，并在 2000 年程序规则变动后，现在改成每两年召开一次。第十三届缔约方大会（COP 13）于 2016 年 12 月在墨西哥坎昆举行。第十四届缔约方大会（COP 14）将于 2018 年第一季度在埃及召开。纵观决定的数量，从 COP‑1 的 13 项决定增加到 COP‑13 的 34 项决定，这体现了随着时间的推移，履约工作也逐渐得到广泛而深入的展开。

中国作为《公约》最早的缔约国之一，中国政府高度重视公约的履行工作。2010 年成立了"2010 国际生物多样性年中国国家委员会"，并审议通过了《中国生物多样性保护战略与行动计划（2011 ~ 2030 年）》，作为未来二十年我国生物多样性保护的行动纲领。2011 年，"2010 国际生物多样性年中国国家委员会"更名为"中国生物多样性保护国家委员会"，由 25 个部门组成，作为生物多样性保护的工作机制，统筹协调生物多样性保护工作。此外，国家一级还设立了由生态环境部牵头、20 多个相关政府部门参加的公约履约协调机制——中国履行《生物多样性公约》工作协调组，专门负责协调和推进国内履约工作。协调组办公室设在环保部生态司。为加强生物物种资源的保护和管理，2004 年又建立了物种资源部际联席会议制度。目前中国已颁布了《中国生物多样性国情报告》，制定并实施了《中国生物多样性保护行动计划》，开始着手制定遗传资源获取与惠益分享的有关政策、法规。

中国的生物多样性保护也得到了国际社会的广泛关注和大力支持，并开展了许多卓有成效的国际合作活动。

二、《卡特赫纳生物安全议定书》

生物安全是《生物多样性公约》的目标之一。这一概念所指的是各国必须保护人类卫生和环境免受现代生物科技产品对其可能造成的有害影响，同时亦承认现代生物科技在提高人类生活质量方面具有极大的潜力，特别是在满足食物、农业及卫生保健这些必不可少的需要方面。《公约》对与生物多样性保护和持续利用之相关技术的使用和转让关系（包括生物科技）提出了规定（例如，第 16 条第 1 段和第 19 条第 1、2 段）。而另一方面，在第 8（g）条和第 19 条第 3 段中，《公约》本着减少对生物多样性造成威胁的所有可能之总体目标，同时也考虑到人类卫生所面临的风险，力求确立适当的程序以提高生物科技的安全。第 8（g）条的规定与缔约方应采取的国家级措施有关；而第 19 条第 3 段则为解决生物安全问题而须制定的有法律约束力的国际文件奠定了基础。

第二次会议于 1995 年 11 月召开，《公约》缔约方大会设立了一个生物安全全权特设工作组，以制定一份《生物安全协定草案》。该议定书的主要重点是就那些对生物多样性保护和持续利用项目有不利影响的现代生物科技所产生的任何活的变态生物在跨国运送方面的有关事项提出规定。经过多年的谈判，议定书最后定稿，称之为《生物多样性公约——卡塔赫纳生物安全议定书》，并于 2000 年 1 月 29 日在蒙特利尔召开的缔约方大会特别会议上正式通过。

《生物多样性公约——卡塔赫纳生物安全议定书》于 2003 年 9 月 11 日生效，现有缔约方 166 个。议定书是在迅速发展的现代生物技术产生的改性活生物体（Living Modified Organisms，即通常所说的转基因生物体，简称 LMOs）不断增加，其处理和使用可能对生物多样性的保护和可持续利用产生不利影响的大背景下产生的，议定书的目标是遵循公约和《关于环境与发展的里约宣言》的有关规定和原则，协助确保在安全转移（特别是越境转移）、处理和使用凭借现代生态技术获得的、可能对生物多样性保护和可持续使用产生不利影响的改性活生物体领域内采取充分的保护措施，同时顾及对人类健康所构成的风险。

议定书的最高权力和决策机构是缔约方会议，还设有生物安全信息交换所、遵约委员会等附属机构。公约针对第 27 条下的 LMOs 越境转移产生的损害的赔偿责任与补救问题、关于直接用作食品、饲料等的 LMOs 的处理、运输、包装和标识等问题设立了工作组，并针对风险评估与风险管理问题等设立了技术专家组。全球环境基金为议定书的活动提供资金。议定书的秘书处设在加拿大蒙特利尔。

2010 年 10 月召开的公约缔约方大会第五次会议通过了《卡塔赫纳生物安全议定书关于赔偿责任与补救的名古屋—吉隆坡补充议定书》。

中国政府代表团参与了议定书谈判的全过程，并于 2000 年 8 月 8 日签署了议定书。国务院于 2005 年 4 月 27 日正式核准中国加入议定书，议定书于 2005 年 9 月 6 日对中国生效，2011 年 5 月 9 日起适用于中国香港特区，目前尚不适用于中国澳门特区。

中国政府高度重视议定书的履行工作。作为履行公约的牵头部门，生态环境部专门成立国家生物安全管理办公室。中华人民共和国农业农村部、质检总局、中华人民共和国国家林业局、中华人民共和国卫生部和科技部等履约相关部门也都成立了专门管理机构。1999 年，当时的国家环保部联合其他相关部门制定了《中国国家生物安全框架》，提出了中国转基因生物安全管理的政策体系、法规体系和能力建设的国家方案。

中国政府十分重视在开发利用现代生物技术的同时，逐步加强和完善对生物安全的管理。1993 年以来，中国先后发布了《基因工程安全管理办法》《农业生物基因工程安全管理实施办法》《烟草基因工程研究及其应用管理办法》《人类遗传资源管理暂行办法》《农业转基因生物安全管理条例》《农业转基因生物进口安全管理办法》《农业转基因生物安全评价管理办法》《农业转基因生物标识管理办法》《转基因食品卫生管理办法》《进出境转基因产品检验检疫管理办法》等管理办法，初步建立了中国转基因生物安全管理的政策体系和法规体系。

《生物安全议定书》的缔结是人类在环保和贸易方面向前迈出的意义重大的一步，它是一个迅速成长的全球工业，即生物科技工业所需解决的问题提供了一个国际性的条例架构，用以调解贸易和环境保护的各自需要。这份议定书为有利于环境的生物技术的应用创造了一个基础环境，从而使各个缔约国能在最大限度地降低生物技术对环境和人类健康可能造成的风险的同时，尽可能从生物技术所提供的潜力中获得最大惠益。

三、《关于获取遗传资源并公正和公平分享其利用所产生惠益的名古屋议定书》的诞生

（一）《关于获取遗传资源并公正和公平分享其利用所产生惠益的名古屋议定书》（简称《名古屋议定书》）诞生过程

建立遗传资源获取和惠益分享国际制度的努力最早开始于 1998 年召开的《公约》第四次缔约方大会，此次会议决定建立一个地区平衡的获取与惠益分享（Access and Benefit - Sharing，ABS）专家组。2000 年召开的《公约》第五次缔约方大会正式设立了 ABS 工作组，专门开展 ABS 国际制度的谈判。2002 年召开的《公约》第六次缔约方大会则通过了不具法律约束力的《关于获取遗传资源并公正和公平分享其利用所产生惠益的波恩准则》（简称《波恩准则》）。在发展中国家的推动下，2002 年召开的联合国全球可持续发展高峰会议通过了《约翰内斯堡执行计划》，会议要求各国在《公约》的框架下建立一项具有法律约束力的旨在加强生物遗传资源公平惠益分享的国际制度，资源利用者应当为保护生物多样性投入资金，并承担相应的惠益分享义务。

2002 年召开的第 57 届联合国生物多样性大会进一步要求《公约》缔约方在《波恩准则》基础上，

谈判建立具有法律约束力的遗传资源获取和惠益分享国际制度。2005年召开的联合国全球可持续发展高峰会议也重申了这一要求。此后，《公约》缔约方大会第七、八、九次会议先后通过决定，要求ABS工作组完成ABS国际制度文本谈判，并制定了谈判路线图。2010年10月18~29日在日本名古屋召开的《公约》缔约方大会第十次会议最终形成并通过了《名古屋议定书》①。

（二）《名古屋议定书》签署情况回顾

《名古屋议定书》从2011年2月开放签署至签署截止日，共有92个国家签署②。议定书于2014年10月12日正式生效。目前已有87个国家批准加入《名古屋议定书》，78个国家成为《名古屋议定书》缔约方。我国于2016年6月8日批准加入《名古屋议定书》，并于9月6日正式成为《名古屋议定书》缔约方。

（三）《名古屋议定书》主要内容

1. 《名古屋议定书》框架。《名古屋议定书》共包括36条和1个附件。第1~4条为规范性条款，分别是目标、用语、范围和与其他国际协定的关系。第5~7条分别提出惠益共享和获取的程序和内容，包括公平和公正的惠益分享、遗传资源的获取和与遗传资源相关的传统知识的获取。第8~12条对相关事宜进行了简单说明，包括特殊考虑、为保护和可持续利用做贡献、全球多边惠益分享机制、跨界合作、与遗传资源相关的传统知识。第13~17条提出了国家联络点、信息交换所、国内立法和监管的有关要求。第18~24条对缔约方、非缔约方的共同协商条件、示范合同、行为准则、能力、技术转让等做出了有关规定。第25~36条对议定书运行机制包括财务机制和资源、组织框架、签署、生效、退出等做出了规定。

2. 《名古屋议定书》内容评述。《名古屋议定书》重申"国家对其自然资源拥有主权"，进一步提出了遗传资源的提供国争取惠益分享的程序和形式，规定了遗传资源及与遗传资源相关的传统知识获取需经过遗传资源提供国的"事先知情同意"，并且为保证上述规则有效实施制定了政策工具和管理机制。该议定书是生物遗传资源获取和惠益分享的国际法，各国可以依据《名古屋议定书》制定国内法律法规，完善本国生物遗传资源获取和惠益分享的机制。对于悬而未决的问题，《名古屋议定书》要求其缔约方探讨通过建立全球多边惠益分享机制予以解决的可能性。

《名古屋议定书》主要对"利用遗传资源""利用与遗传资源相关的传统知识"以及"利用所产生的惠益"等行为进行规定。"利用遗传资源"是指对遗传资源的遗传和（或）生物化学组成进行研究和开发，包括《公约》第2条所定义的生物技术，即使用生物系统、活生物体或其衍生物的任何技术应用，以制作或改进特定用途的产品或工艺过程。《公约》第8（j）条规定"依照国家立法，尊重、保存和维持土著和地方社区体现传统生活方式而与生物多样性的保护和持久使用相关的知识、创新和做法，并促进其广泛应用，有此等知识、创新和做法的拥有者认可参与其事并鼓励公平地分享因利用此等知识、创新和做法而获得的惠益"，《名古屋议定书》第5条第5款和第7条进一步对遗传资源相关的传统知识及其产生的惠益的获取和共享进行了规范。

---

① 薛达元：《〈名古屋议定书〉的主要内容及其潜在影响》，载于《生物多样性》2011年第1期。
② 徐靖、李俊生、薛达元等：《〈遗传资源获取与惠益分享的名古屋议定书〉核心内容解读及其生效预测》，载于《植物遗传资源学报》2012年第5期。薛达元：《实现〈生物多样性公约〉惠益共享目标的坚实一步：中国加入〈名古屋议定书〉的必然性分析》，载于《生物多样性》2013年第6期。武建勇、薛达元、赵富伟等：《从植物遗传资源透视〈名古屋议定书〉对中国的影响》，载于《生物多样性》2013年第6期。

第二节 《生物多样性公约》对不同领域的影响

一、《生物多样性公约》对农业的影响

（一）农业资源

农业遗传资源属于国家战略性基础资源，具有产权、经济、生态、文化、伦理等多元化价值。农业遗传资源一方面具有外在的生物资源属性，即"物"的存在；另一方面具有内在的遗传信息属性，具有无形性、非物质性特征。农业遗传资源的价值须通过两者的结合来实现。农业遗产资源对于国家粮食安全和生态文明建设具有重要意义，既是物种遗传多样性发展的基础，又是国家种业发展的保障，同时也是人类社会可持续发展的重要力量。[①]

在世界各地，世代居住的农牧民以多样化的自然资源为基础，通过因地制宜的生产实践活动，创造、发展、管理着许多独具特色的农业系统和景观。这些在本土传承的知识和传统经验基础上所建立起来的农业文化遗产巧夺天工，充分反映了人类及其文化多样性和与自然环境之间深刻关系的演进历程。这些系统不仅提供了优秀的景观，维护和适应重大的全球农业生物多样性、传统知识系统与适应型生态系统。不仅于此，这些系统还持续为数以百万计的穷人和小农户提供了多样性的商品与服务、粮食与生计安全。

为了保护并支持这些世界农业文化遗产系统，联合国粮食及农业组织（FAO）于2002年启动了全球重要农业文化遗产（GIAHS）的保护和适应性管理项目。该项目不仅促进了公众对其的理解与认识，还提高了国家与世界对农业遗产系统的认可。该提倡也是为了向农民家庭、小农户、原住民和当地社区提供有保障的社会文化、经济及环境相关产品与服务的农业与农村一体相结合的可持续发展方法。

（二）农业生物多样性相关的法律文件

2000年，《生物多样性公约》缔约方大会通过了农业生物多样性工作计划。2008年，缔约方大会深入评估了实施农业生物多样性工作计划的进展情况，并对今后的工作做出了一系列决议。中国生物多样性履约国家战略已完成《中国重点生态功能保护区规划纲要》《全国生物资源保护与利用纲要》，接下来的任务是对优先领域的相关行业（农业、林业、水利、海洋、医药等）提出指导意见和规范措施。例如，《中国农业生物多样性保护行动纲要》就要对农业的产业行为提出相应的规定，在某一特定的生态功能区，指出哪些农业措施是必须实行的，哪些农业措施是限制使用的，哪些农业措施是鼓励的。

2001年，联合国粮农组织（FAO）组织制定并通过了《粮食与农业植物遗传资源国际条约》（下文简称"ITPGRFA"），该条约旨在多边的基础上，保护粮食和农业植物遗传资源并促进这些资源的可持续利用与惠益共享，是与《生物多样性公约》相辅相成的条约。ITPGRFA于2004年6月生效。截至2017年2月，ITPGRFA缔约方已达到143个。其中包括很多遗传资源丰富、以农业为主的发展中国家，如印度、巴西、阿根廷等发展中国家，以及包括美国在内的许多发达国家。中国在生物多样性领域在国际上持有积极的姿态，先后加入了与生物多样性有关的一系列国际公约，包括《生物多样性公约》（CBD）、《湿地公约》（RAMSAR公约）、《华盛顿公约》（CITES）、《自然与文化遗产公约》、《联合国防治荒漠

[①] 刘旭霞、张亚同：《论农业遗传资源权的保护》，载于《知识产权》2016年第8期。

化公约》（UNCCD）等。但尚有两个公约没有加入，一个是《粮食与农业植物遗传资源国际条约》（IT-PGRFA），另一个是《保护野生动物迁徙物种公约》（CMS）。

中国作为一个农业大国，需要源源不断地从国外获取粮食与农业遗传资源，以确保我国的农业生产和社会经济的可持续发展。中国虽然拥有丰富的生物多样性，并保存了40多万份作物种质资源，但是，就目前中国种植的大田农作物种类来看，原产于中国的种类并不多，迫切需要从国外获得作物品种资源包括原产的野生近缘种类。而加入ITPGRFA，就可以在全世界挖掘和利用这些资源。当然，通过贡献中国的丰富植物遗传资源，也能对全球粮食和农业生产做出重大贡献，成为双赢或者多赢，这对中国、对全世界都是有利的。

二、《生物多样性公约》对林业的影响

森林占地球表面30%，其作用除了保障粮食安全和提供防护外，还对抗击气候变化、保护生物多样性至关重要，同时它也是原住民的家园。每年森林面积减少1 300万公顷，而旱地不断退化则导致360万公顷的土地荒漠化。由人类活动和气候变化引起的毁林和荒漠化，为可持续发展带来重大挑战，并影响到千百万人的生计和脱贫努力。目前正在努力对森林进行管理，抗击荒漠化。

（一）林业碳汇

《联合国气候变化框架公约》（UNFCCC）将"汇"定义为：从大气中清除温室气体、气溶胶或温室气体前体的任何过程、活动或机制。碳汇是指从大气中清除二氧化碳的过程、活动或机制。林业碳汇则是指通过实施造林再造林和森林管理、减少毁林等活动，吸收大气中的二氧化碳并与碳汇交易结合的过程、活动或机制。

在减缓全球温室气体效应问题上，林业碳汇与生物多样性保护成相辅相成的关系。《马拉喀什协定》首次阐释了二者之间的关系，即"实施林业碳汇的土地利用、变化以及林业经营活动，应当有助于生物多样性保护和实现自然资源的可持续利用"。作为减缓温室气体效应的有效途径，林业碳汇对生物多样性的恢复及保护作用已经达成全球共识。但是，如果没有很好地对碳汇项目进行规制，林业碳汇也会对生物多样性产生不良影响。研究表明，人为地破坏生物多样性所导致生物释放出二氧化碳的总量已经超过人类活动产生的二氧化碳量的20%以上。林业碳汇项目中的不同林业行为，会对生物多样性产生相应的正面或负面影响。这是人类行为对生物多样性的影响。

（二）森林生物多样性监测

《生物多样性公约》第七条要求各缔约国承担本国生物多样性编目和监测，并定期向缔约国大会提交生物多样性现状报告。1991年，由国际生物学联盟（IUBS）、联合国教科文组织（UNESCO）和国际地圈－生物圈计划（IGBP）等国际组织共同发起的国际生物多样性科学计划（An International Programmeof Biodiversity Science，DIVERSITAS），目的是建立一个国际性的非政府的保护计划。1996年，DIVERSITAS确定了"生物多样性对生态系统功能过程的影响""生物多样性起源维持和变化""系统学编目与分类""生物多样性监测"和"生物多样性保护、恢复和持续利用"等5个核心组分。"生物多样性的监测"作为生物多样性研究的5个核心项目之一，也是"中国生物多样性行动计划"和《中国二十一世纪议程》的重要内容。面向21世纪的中国生物多样性保护我国的生物多样性监测正处于刚起步的状态。对森林生物多样性监测虽然还有很多重要的工作要做，但过去几十年的动植物物种编目已为今天的监测打下了一定的基础。和农业生态系统及海洋生态系统物种编目和监测相比，森林生态系统的基础最好。因此我们应当从森林生物多样性监测工作着手，带动全国生物多样性监测工作。

我国森林资源清查，是以省为单位，每 5 年为一个周期，采用臭氧技术系统布设 41.5 万个地面每年固定样地和 284 万个遥感判读样地，在同一时间内，按照统一的要求查清各省（自治区、直辖市）和全国森林资源现状，掌握其消长变化。清查成果内容丰富、信息广泛、数据可靠，是反映全国和省级森林资源状况最权威的数据。目前，中国已完成八次森林资源清查。

三、《生物多样性公约》对我国中医药产业的影响

中医药绝大部分来自生物，截至如今，直接和间接用于医药的生物已超过 3 万种。可以说，保护生物多样性就等于保护了人类生存和社会发展的基石，保护了人类文化多样性基础，就是保护人类自身。

中医药产业是我国独特的传统产业，在国民经济中占有重要地位。中医药产业发展的物质基础——中药资源主要是生物资源（来源于植物、动物、微生物的中药材占所有中药材种类总数的 99%）。中国是中药资源生物多样性最为丰富的国家之一，是传统中药资源的提供大国，也是潜在的使用大国。我国对外出口的中药资源超过 1 400 种，涉及 170 个国家（地区）；从国外进口的中药材则超过 100 种，其中包括肉豆蔻、白豆蔻、乳香、没药、西洋参、血竭等常用或名贵中药材，而且随着国内中药资源的枯竭，我国从周边国家进口或引种的中药材数量和种类不断增加。加入《名古屋议定书》势必对我国中药遗传资源的保护和利用产生重要影响，但如何评价由此带来的重要影响还需要深入研究和分析。

《名古屋议定书》中提出了"衍生物"的概念，即"生物或遗传资源的遗传表达或新陈代谢产生的、自然生成的生物化学化合物，即使不具备遗传功能单元"。由于目前认为中药有效成分主要是生物化学化合物，因此中药资源也可以在"衍生物"的范围内开展相关工作。除此之外，《名古屋议定书》还包括了与遗传资源相关的传统知识，这与中医药文献资料和传统经验完全一致。

生物多样性公约的惠益分享机制给中医药行业带来了很多积极作用：第一，有效遏制我国中药资源及其相关传统知识的非法流失；第二，促进我国中药资源管理水平提升；第三，促进中药资源新品种的选育与保护；第四，合法利用他国药用生物遗传资源[①]。但是，中药遗传资源和中医药传统知识的会议分享是以跨国界的行为为主，目前还没有强制性的国际公约，合同机制作用仍然受限。

鉴于中医药的国际影响力有限，首先寻求国内立法的保护才是务实之选。虽然它不能真正解决对中药遗传资源的跨国界生物海盗行为，但是这种对资源利用行为主张惠益分享的做法，于整个中医药法律保护体系而言，仅属于其中维护利益的途径之一，不是也不应是该领域的保护制度赖以依据的重心。中医药的知识产权保护需要着重考虑先建立以积极性手段为基础的制度框架，在寻求国内制度有效维护的基础上，再去探索国际性保护机制的构建。CBD 公约在国际层面率先做出了尝试，虽然存在局限性，但作为一部影响甚广的国际性公约，它仍然体现出了平衡传统持有人与当代利益者之间关系的努力，同时也对下一步如何借助合同实现公平基础上的惠益分享提出了法律期待[②]。

四、《生物多样性公约》对其他生物资源的影响

（一）对海洋资源的影响

我国位于太平洋西岸，大陆岸线长 1.8 万公里，面积 500 平方米以上的海岛 6 900 多个，内水和领海面积 38 万平方公里。根据《联合国海洋法公约》有关规定和我国的主张，我国管辖的海域面积约 300 万平方公里。此外，我国在国际海底区域获得了具有专属勘探权和优先开发权的 7.5 万平方公里多

---

① 杨光、徐靖、池秀莲等：《〈名古屋遗传资源议定书〉对我国中医药发展的影响》，载于《中国中药杂志》2018 年第 2 期。

② 王艳翚、宋晓亭：《〈生物多样性公约〉对中医药保护作用之考量》，载于《时珍国医国药》2016 年第 12 期。

金属结核矿区和 1 万平方公里多金属硫化物矿区，在南北极建立了长城、中山、昆仑、黄河科学考察站。当前，国家管辖范围以外海洋生物多样性养护与可持续利用问题成为国际海洋事务的热点问题。2006～2008 年，我国实施了近海近岸海洋生物调查。通过调查基本摸清了中国海洋生物的家底，出版了《中国海洋物种和图集》。该专著收录了中国海洋生物 28 000 余种，汇编了 18 000 余种五种形态图。

作为发展中的海洋大国，我国在海洋有着广泛的战略利益。随着经济全球化的发展和开放型经济的形成与深化，海洋作为国际贸易与合作交流的纽带作用日益显现，在提供资源保障和拓展发展空间方面的战略地位更为突出。

中国各级海洋行政主管部门把海洋生物多样性保护要求纳入涉海相关战略和计划，采取多种保护措施并且取得了明显的成效。例如完善海洋生物多样性保护法律法规。形成了以《中华人民共和国海洋环境保护法》为中心，配套条例和地方各级海洋环境保护行政法规为辅助的海洋环境法律体系。2012 年国务院批准了《国家海洋事业发展"十二五"规划》《全国海洋功能区划（2011～2020）》和《全国海岛保护计划（2011～2020）》都将海洋生物多样性保护放在了十分突出的地位。

立法的同时，中国每年均开展国家级的海洋生物多样性调查和检测，基本掌握了海洋保护区生物多样性动态。为了加强海洋保护区网络建设，国家海洋局还出台了《海洋特别保护区管理办法》，建立了保护区评审委员会制度，修订了《海洋特别保护区功能分区和总体规划编制技术原则》。

（二）对其他动物附属品的影响

在海关进出境数据的分类中有一些包括动物皮革、毛和羽毛、骨骼和繁殖材料的数据。根据《生物多样性公约》此类动物、植物的附属品应当属于"衍生物"。《名古屋议定书》中提出了"衍生物"的概念，即"生物或遗传资源的遗传表达或新陈代谢产生的、自然生成的生物化学化合物，即使不具备遗传功能单元"。衍生物是制药、个人护理用品、食品等诸多产业的重要原料，也是生物海盗行为"窃取"的主要目标。衍生物适用于获取与惠益分享制度，满足了遗传资源提供国的诉求，符合发展中国家的利益。《名古屋议定书》实质上拓展了遗传资源的概念，使其延展至"生物或遗传资源的遗传表达或新陈代谢产生的、自然生成的生物化学化合物"。

对于"衍生物"的保护需要得到国家的重视，这既是对生态的保护，也是可持续发展的必经之路。例如，白人殖民者与印第安人的毛皮贸易，与直接抢占印第安人的土地和资源相比，与之进行商业贸易，尤其是毛皮贸易（Furl Trade），并不排斥印第安人，而且还需要印第安人的合作，因此毛皮贸易被认为是唯一在不损害印第安人利益的前提下开发美国西部的方式，而印第安人也从中获得了经济上的好处。大规模的皮毛贸易需要大量且稳定的供应所能捕获的野生动物，加上竞争者之间的激烈争夺，白人殖民者奉行"焦土政策"（scorched earth policy）尽一切努力猎捕可做商贸用途的野生动物。这就导致了当地海狸数量的锐减。"在 1600 年，圣劳伦斯河一带的海狸就被捕完了；在 1610 年，哈得逊河上海狸还很常见，到 1640 年，它就在这一带和马萨诸塞海岸一带都绝迹了；到 17 世纪末，新英格兰的海狸几乎完全绝迹了；到 1831 年，海狸在北部大草原上也灭绝了，捕猎的方向转向太平洋地区。……到 19 世纪 40 年代，北美的海狸皮捕猎永远地结束了。"[①] 通过印第安贸易的例子，我们要以此为戒，尽管动物的衍生品皮毛、骨骼制品等的需求量很大，各个国家需要对本国的优势品种进行立法保护。经济发展是一个国家强大的标志，但是可持续发展才是一个国家能够立足世界的支撑。

生物多样性保护与履行《生物多样性公约》简报 2005 年第 2 期生物安全动态中介绍了国际邮件作为外来有害生物入侵重要途径之一：2005 年第一季度，南京出入境检验检疫局从入境国际邮件、快件中，查获违禁产品 181 批次，与 2004 年同期相比增长近 3 倍。其中，国家明令禁止入境的植物及其产

---

① 林森：《野生动物保护若干理论问题研究》，中央民族大学博士学位论文，2013 年。

品 51 批次，同比增长近 6 倍；来自疯牛病疫区的化妆品 96 批，是 2004 年同期的 12 倍；截获植物疫情 2 种 1 批次。事实表明，国际邮件是外来有害生物入侵的重要途径之一。

有的单位在引进动植物及其产品、植物种子、动物精液等小批量物品时，也采取国际快件的方式。由于这些邮寄物品绝大多数未经检验检疫处理，也没有按法律规定报经国家有关部门审批，因此，进境邮件、快件中，夹带违禁物品和有害生物呈倍增态势。[①]

第三节　中国履行《生物多样性公约》

中国自从加入《生物多样性公约》《联合国气候变化框架公约》《联合国防治荒漠化公约》《国际湿地公约》《濒危野生动植物种国际贸易公约》以来，就积极开展了相应的履约工作。由于公约的制定是根据主题、部门或领域分开执行，因此建立协同履约机制、提高履约效率，减少国家履约负担，达到履约协同一致性，建立良好的协同履约机制就成为我国履约发展的必然趋势。

2020 年《生物多样性公约》第十五届缔约方大会将由中国主办，并将为全球下一阶段（2020 ~ 2030 年）的生物多样性保护制定规划和方向。我国将通过新的全球生物多样性战略计划，为 2021 ~ 2030 年全球生物多样性保护设计目标与路线图，展示我国生态文明建设成就，分享创新、协调、绿色、开放、共享的发展理念。

一、中国履行公约的状况

在各个部门和领域的积极参与下，我国提前实现《生物多样性公约》2020 年目标。在 2017 年 5 月 22 日，第 24 个国际生物多样性日举行的专题宣传活动中，国家环保部副部长黄润秋透露，全国森林覆盖率提高到 21.66%，草原综合植被盖度达 54%。各类陆域保护地面积达 17 万多平方公里，约占陆地国土面积的 18%，提前实现《生物多样性公约》要求到 2020 年达到 17% 的目标。

我国是遗传资源大国，加入《生物多样性公约》《名古屋议定书》《卡塔赫纳生物安全议定书》对我的生物资源的保护以及惠益共享起到了积极的推动作用。我国应进一步完善生物多样性保护法律法规和监测、评估与预警体系、生物物种资源出入境管理、生物遗传资源获取与惠益共享等制度；开展爱知生物多样性目标评估，加快《中国生物多样性保护战略与行动计划（2011 ~ 2030 年）》推进实施；围绕"一带一路"倡议，开展与东南亚、中亚有关国家的生态修复、遗传资源获取与惠益共享等领域的对外援助示范项目；推动生物多样性主流化，开展企业参与生物多样性保护示范；进一步加强生物多样性履约基础政策研究，积极参与生物多样性和生态系统服务政府间科学政策平台，加强外来入侵物种和转基因生物安全管理。

根据惠益分享机制，我国需要加强公约参与进程对策研究与谈判能力，密切关注环境国际公约谈判进程，深入研究资金机制、遵约机制、技术援助机制等发展趋势以及各国采取的相应措施，提出应对策略；加强环境国际公约基础研究，强化谈判重要议题专项研究，积极参加环境国际公约相关国际谈判，在缔约规则制定和缔约谈判过程中争取主动，有效维护国家利益。同时，加强谈判队伍建设，提高谈判人员的能力和水平[②]。

---

① http://www.cnhubei.com/200510/ca915463.htm。
② 李宏涛、杜譞、程天金等：《我国环境国际公约履约成效以及"十三五"履约重点研究》，载于《环境保护》2016 年第 10 期。

（一）政府完善生物多样性保护相关法律体系

1988 年，我国颁布了《中华人民共和国野生动物保护法》；经国务院批准，国家林业局、农业部于 1999 年发布了《国家重点保护野生植物名录（第一批）》。颁布的《野生药材资源保护管理条例》明确了国家重点保护管理的 42 种药材。

进一步制定并完善生物多样性保护的相关法律，包括野生动物保护法、森林法、草原法、畜牧法、种子法以及进出境动植物检疫法等；颁布了一系列行政法规，包括自然保护区条例、野生植物保护条例、农业转基因生物安全管理条例、濒危野生动植物进出口管理条例和野生药材资源保护管理条例等。相关行业主管部门和部分省级政府也制定了相应的规章、地方法规和规范。

（二）政府发布实施系列生物多样性保护规划与计划

2010 年，中国政府发布并实施了《全国主体功能区规划》和《中国生物多样性保护战略与行动计划（2011～2030 年）》。国务院还批准实施了《全国生物物种资源保护与利用规划纲要》《中国水生生物资源养护行动纲要》《全国重要江河湖泊水功能区划（2011～2030）》《全国海洋功能区划（2011～2020 年）》《全国湿地保护工程"十二五"实施规划（2011～2015 年）》《全国海岛保护规划（2011～2020）》《全国畜禽遗传资源保护与利用规划》等一系列规划，推动了生物多样性保护工作。开展了生态省、市、县创建活动，已有 15 个省（区、市）开展生态省建设，13 个省颁布生态省建设规划纲要，1 000 多个县（市、区）开展生态县建设，建成 1 559 个国家生态乡镇和 238 个国家级生态村；启动全国水生态文明城市建设试点工作，首批确定 46 个全国水生态文明城市建设试点，使生物多样性纳入当地经济社会发展规划中。

例如，2010 年我国发布了《全国主体功能区规划》将国土空间划分为优化开发、重点开发、限制开发及禁止开发四类主体功能区；将 25 个重点生态功能区列入国家层面的限制开发区域，区域内限制进行大规模高强度的工业化城镇化开发，以保护和修复生态环境、提供生态产品为首要任务。针对生物多样性丧失的严峻形势，我国 2011 年发布实施了《中国生物多样性保护战略与行动计划》，中国从建设生态文明高度制定构建了比较全面的国家生物多样性保护目标体系。

（三）积极建设生物多样性基础调查、科研和检测能力

先后组织了多项全国性或区域性的物种调查，建立了相关据库，出版了《中国植物志》《中国动物志》《中国孢子植物志》以及《中国濒危动物红皮书》等物种编目志书。各相关部门相继开展了各自领域物种资源科研与监测工作，建立了相应的监测网络和体系。

专栏 2-1 中药资源普查工作开展

新中国成立以来，我国开展过三次大型全国中药资源普查，根据第三次中药资源普查的相关数据，我国中药资源有 12 807 种，其中药用植物 11 146 种，药用动物 1 581 种，药用矿物 80 种，这些资源构成我国中药资源的主要来源。但由于自然和人为的原因，物种数量在急剧减少。《中国植物红皮书》收载的 398 种（2014 年）濒危植物中，药用植物达 168 种，占到了 42%；列入国家重点保护动物名录的药用动物有 162 种。世界自然基金会 2004 年 1 月发表报告声明，人们对药用植物的采集和消费使世界上 20% 的已知药用植物面临灭绝的危险，自然野生资源蕴含量不断减少，珍稀濒危物种不断增加。实现中药资源可持续发展必将有效推动我国生态文明的建设。

2011 年以来，中央财政已累计安排补助资金 6.9 亿元，通过"国家基本药物所需中药原料资源调

查和监测"等项目组织实施中药资源普查试点工作，开展第四次全国中药资源普查。普查支持开展807个县的中药资源普查等工作，汇总得到全国近12 000多种药用资源的种类和分布等信息。在全国中药资源普查的基础上，构建全国性中药资源动态监测网络，建立全国性中药资源动态监测网络和市场需求动态分析评估系统，完善监测预警及信息服务功能。规划建设包括由1个中心平台、65个监测站和807个监测点构成的中药资源动态监测信息和技术服务体系。目前中心平台和19个监测站已经基本建成，19个监测站已可以提供监测信息服务，其他监测站点的建设工作正在有序推进；成立了服务体系的技术专家委员会，形成了覆盖全国主要中药材产区的技术服务队伍。

（四）就地保护与迁地保护

根据国际《生物多样性公约》所述，生物资源的保护方式主要有两种：一种是就地保护，指保护生态系统和自然生境，维持和恢复物种在其自然环境中的生存；另一种是迁地保护，指将物种迁移到它们的自然生境之外进行保护。

就地保护（In-situ conservation）是指以建立保护区的形式对野生中药资源及其栖息地进行整体保护。我国的自然保护区主要分为以下几个类型：自然生态系统类型、森林生态系统类型、草原与草甸生态系统类型、荒漠生态系统类型、内陆湿地和水域生态系统类型、海洋和海岸生态系统类型、野生生物类、野生动物类型、野生植物类型、自然遗迹类、地质遗迹类型、古生物遗迹类型。

我国建立了以自然保护区为主体，风景名胜区、森林公园、自然保护小区、农业野生植物保护点、湿地公园、沙漠公园、地质公园、海洋特别保护区、种质资源保护区为补充的就地保护体系。截至2013年底，全国建立自然保护区2 697个，面积约146.3万平方公里，自然保护区面积约占全国陆域面积的14.8%；建立森林公园2 855处，规划面积17.4万平方公里；建立国家级风景名胜区225处、省级风景名胜区737处，面积约19.4万平方公里，占中国陆域面积的2.0%；建立自然保护小区5万多处，面积1.5万多平方公里；建成国家级农业野生植物保护点179个；已建湿地公园468处；建立国家级海洋特别保护区（海洋公园）45个，总面积6.68万平方公里；建立国家级水产种质资源保护区368个，面积15.2万多平方公里。

迁地保护（Ex-situ conservation）是指以将生物物种迁移到种质资源库或其他区域进行集中保护的一种方式。迁地保护是保护中药资源最为实用和普遍的手段。迁地保护对拯救和保护珍稀濒危植物，保证生物物种的存在具有重要意义。迁地保护主要有以下几种情况：一是将药用植物的有效繁殖体，如药材种子、组织培养苗、实生苗、DNA等放入相应的种质资源库进行保护；二是将药用植物整体转移到药用植物园进行保护。迁地保护与就地保护相比技术含量更高，更加强调人类在生物保护中的作用，与人类社会活动息息相关。

（五）建立生物多样性保护工作机制

我国成立了履行《生物多样性公约》工作协调组和生物物种资源保护部际联席会议，建立了生物多样性和生物安全信息交换机制，初步形成了生物多样性保护和履约国家协调机制。各相关部门根据工作需要，成立了生物多样性管理相关机构。一些省级政府也相继建立了生物多样性保护的协调机制。

二、未来工作的展望与愿景

我国作为最早加入《生物多样性公约》的国家之一，积极履行公约义务，做出的努力和取得的进步，都得到了国际广泛认可。虽然仍面临一些问题，例如生物多样性保护与资源开发之间的矛盾、体制建设不完善、社会参与程度不高等问题依然存在。未来我国将构建生态廊道和生物多样性保护网络，加强生物多样性调查观测和科学研究，强化生物多样性保护监管，加大宣传力度，促进全社会共同参与生物多样性保护，作为未来的工作方向与重点。

（一）继续推进法制化完善进程

法制化是制度安排第一步也是最重要的一步。完善生物多样性保护相关政策、法规和制度。继续推动专门领域的法制化进程，完善生物多样性保护的相关法律法规，以及相应的产业法制建设；加强各个行业的国际标准、行业标准的修订工作。

例如，重点制定研究促进自然保护区及周边社区环境友好产业发展政策，探索促进生物资源保护与可持续利用的激励政策。研究制定加强生物遗传资源获取与惠益共享、传统知识保护、生物安全和外来入侵物种等管理的法规制度。完善生物多样性保护和生物资源管理协作机制，充分发挥中国履行《生物多样性公约》工作协调组和生物物种资源保护部际联席会议的作用。将生物多样性保护内容纳入国民经济和社会发展规划和部门规划，推动各地分别编制生物多样性保护战略与行动计划。建立相关规划、计划实施的评估监督机制，促进其有效实施。

（二）加强生物多样性保护能力建设

加强生物多样性保护科研能力建设，完善学科与专业设置，加强专业人才培养。开展生物多样性保护与利用技术方法的创新研究。进一步加强生物多样性监测能力建设，提高生物多样性预警和管理水平。加强生物物种资源出入境查验能力建设，研究制定查验技术标准，配备急需的查验设备。

（三）坚持以就地保护为主，迁地保护为辅

强化就地保护生物多样性就地保护，合理开展迁地保护。坚持以就地保护为主，迁地保护为辅，两者相互补充。合理布局自然保护区空间结构，强化优先区域内的自然保护区建设，加强保护区外生物多样性的保护并开展试点示范。

建立自然保护区质量管理评估体系，加强执法检查，不断提高自然保护区管理质量。研究建立生物多样性保护与减贫相结合的激励机制，促进地方政府及基层群众参与自然保护区建设与管理。对于自然种群较小和生存繁衍能力较弱的物种，采取就地保护与迁地保护相结合的措施，其中，农作物种质资源以迁地保护为主，畜禽种质资源以就地保护为主。加强生物遗传资源库建设。继续实施天然林资源保护、退耕还林、退牧还草、"三北"防护林及长江流域等防护林建设、京津风沙源治理、岩溶地区石漠化综合治理、湿地保护与恢复、自然保护区建设、水土流失综合治理等重点生态工程，启动生物多样性保护重大工程。

（四）可持续利用是可持续发展的保证

促进生物资源可持续开发利用。把发展生物技术与促进生物资源可持续利用相结合，加强对生物资源的发掘、整理、检测、筛选和性状评价，筛选优良生物遗传基因，推进相关生物技术在农业、林业、生物医药和环保等领域的应用，鼓励自主创新，提高知识产权保护能力。生物技术是一个有作为的领域，尤其是民营部门利用生物技术，可能在生物安全方面对开发和保护人类资源及机构能力建设方面将做出贡献。从分子水平上深入认识生物可以持续地为人类的健康、农业、环境和经济带来利益。这些相互关联的利益必然引起对实施议定书的挑战。

随着全球贸易自由化的推进，生物技术将受经济利益驱使而逐渐扩散，输入生物技术的国家不仅应根据自身的社会、经济状况拟定知识产权保护办法，还必须审慎地甄别各种新技术和改良品种的环境影响，以达成保护生物多样性的目标，实现境内生物资源的可持续利用。

第三章 农 业

第一节 行业介绍

一、农业概念及发展现状

农业是生产植物、动物、微生物产品及产后加工的产业，是自然再生产和经济再生产相结合的产业。农业生产是由农业生态系统、农业技术系统和农业经济系统组合而成的复合系统。

（一）农业概念

在学术界，农业的狭义概念一般有两种：一是包括水稻、花生、玉米、甘蔗、蔬菜、花卉等粮食、经济作物和水果生产；二是包括植物栽培业和动物饲养业。农业的广义概念，学术界也是看法不一，总结起来，主要包括以下几种：

一是流传较为广泛的传统概念，包括农林牧副渔，只是内涵略有差异，有些学者认为表示各产业及产品的构成及内在联系，有些学者则认为还包括"山水林田路"综合治理和农田水利建设等农业建设项目。

二是认为农业指以市场为导向，以效益为中心，打破地域、行业、经营体制界限，利用先进技术和生产设备，实现农林牧副渔协调发展。

三是认为农业是农工商综合体，是在专业化分工和协作基础上将农业生产前和生产后各部门组成统一有机体的社会化农业。

四是综合各家观点及当前经济社会发展水平提出的大农业概念，即现代农业概念，指"自然、社会、经济"系统，内涵包括三个层次：第一，提高农业地位和增加相关投入；第二，通过结构调整实现资源合理配置和多层次开发利用；第三，通过合理布局实现农林牧副渔协调发展。

（二）农业生产

国家统计局官方数据显示，2016 年，大部分农产品种植面积和产量都有所下降，仅水产品产量增长，具体来看，2016 年粮食种植面积 11 303 万公顷，比上年减少 31 万公顷。其中，小麦种植面积 2 419 万公顷，增加 5 万公顷；稻谷种植面积 3 016 万公顷，减少 5 万公顷；玉米种植面积 3 676 万公顷，减少 136 万公顷。棉花种植面积 338 万公顷，减少 42 万公顷。油料种植面积 1 412 万公顷，增加 8 万公顷。糖料种植面积 168 万公顷，减少 6 万公顷。

2016 年粮食产量 61 624 万吨，比上年减少 520 万吨，减产 0.8%。其中，夏粮产量 13 920 万吨，减产 1.2%；早稻产量 3 278 万吨，减产 2.7%；秋粮产量 44 426 万吨，减产 0.6%。全年谷物产量 56 517 万吨，比上年减产 1.2%。其中，稻谷产量 20 693 万吨，减产 0.6%；小麦产量 12 885 万吨，减产

1.0%；玉米产量 21 955 万吨，减产 2.3%。

2016 年棉花产量 534 万吨，比上年减产 4.6%。油料产量 3 613 万吨，增产 2.2%。糖料产量 12 299 万吨，减产 1.6%。茶叶产量 241 万吨，增产 7.4%。

全年肉类总产量 8 540 万吨，比上年下降 1.0%。其中，猪肉产量 5 299 万吨，下降 3.4%；牛肉产量 717 万吨，增长 2.4%；羊肉产量 459 万吨，增长 4.2%；禽肉产量 1 888 万吨，增长 3.4%。禽蛋产量 3 095 万吨，增长 3.2%。牛奶产量 3 602 万吨，下降 4.1%。年末生猪存栏 43 504 万头，下降 3.6%；生猪出栏 68 502 万头，下降 3.3%。

2016 年水产品产量 6 900 万吨，比上年增长 3.0%。其中，养殖水产品产量 5 156 万吨，增长 4.4%；捕捞水产品产量 1 744 万吨，下降 1.0%。

2016 年木材产量 6 683 万立方米，比上年下降 7.0%。

2016 年新增耕地灌溉面积 118 万公顷，新增节水灌溉面积 211 万公顷[①]。

（三）农产品进出口情况

农业部国际合作司官网数据显示，截至 11 月份，2017 年我国农产品进出口额 1 818.5 亿美元，同比增长 9.8%。其中，出口 677.0 亿美元，增长 3.1%；进口 1 141.5 亿美元，增长 14.2%；贸易逆差 464.5 亿美元，增长 35.3%。

分种类看，谷物、棉花、食用油籽、食用植物油、畜产品等都是贸易逆差，以进口为主，蔬菜、水果、水产品则是贸易顺差，以出口为主。其中，谷物共进口 2 370.0 万吨，同比增长 15.3%，进口额 59.2 亿美元，增长 12.2%。出口 148.3 万吨，增长 1.6 倍；出口额 7.1 亿美元，增长 56.9%；净进口 2 221.7 万吨，增长 11.2%。其中，小麦进口 421.6 万吨，同比增长 32.4%。出口 14.2 万吨，增长 40.7%；玉米进口 237.3 万吨，同比减少 21.6%。出口 8.0 万吨，增长 27.9 倍；大米进口 359.6 万吨，同比增长 15.3%。出口 112.8 万吨，增长 2.2 倍；大麦进口 828.2 万吨，同比增长 80.0%。出口 83.4 吨，增长 88.3%；高粱进口 489.9 万吨，同比减少 24.1%。出口 3.4 万吨，增长 42.7%；玉米酒糟（DDGs）进口 38.5 万吨，同比减少 87.2%；木薯（主要是干木薯）进口 735.3 万吨，增长 15.4%。

棉花进口 125.3 万吨，同比增长 17.7%；进口额 21.6 亿美元，增长 44.3%。此外，棉花替代性产品棉纱进口 179.5 万吨，同比增长 1.5%。棉花棉纱简单合计进口 304.8 万吨，增长 7.6%。

食糖进口 215.6 万吨，同比减少 24.2%；进口额 10.2 亿美元，减少 3.5%。

食用油籽进口 9 200.5 万吨，同比增长 15.8%，进口额 387.9 亿美元，增长 17.8%；出口 96.1 万吨，增长 24.1%，出口额 14.3 亿美元，增长 12.8%；贸易逆差 373.6 亿美元，增长 18.0%。其中，大豆进口 8 599.0 万吨，增长 15.8%；油菜籽进口 441.9 万吨，增长 32.9%。

食用植物油进口 666.9 万吨，同比增长 12.2%，进口额 50.9 亿美元，增长 17.0%；出口 17.6 万吨，增长 84.6%，出口额 2.1 亿美元，增长 55.8%；贸易逆差 48.8 亿美元，增长 15.8%。其中，棕榈油进口 451.2 万吨，增长 18.8%；菜油进口 69.8 万吨，增长 9.3%；葵花油和红花油进口 66.2 万吨，减少 17.8%；豆油进口 62.1 万吨，增长 18.6%。

蔬菜出口 139.7 亿美元，同比增长 5.1%；进口 4.8 亿美元，增长 0.6%；贸易顺差 134.9 亿美元，增长 5.3%。

水果出口 61.5 亿美元，同比减少 1.4%；进口 56.9 亿美元，增长 7.2%；贸易顺差 4.6 亿美元，减少 50.8%。

畜产品进口 232.4 亿美元，同比增长 9.0%；出口 57.0 亿美元，增长 12.3%；贸易逆差 175.4 亿美

---

① 国家统计局官网。

元，增长 8.0%。其中，猪肉进口 110.5 万吨，减少 26.6%；猪杂碎进口 116.4 万吨，减少 14.4%；牛肉进口 62.0 万吨，增长 18.8%；羊肉进口 22.1 万吨，增长 8.6%；奶粉进口 97.2 万吨，增长 26.0%。

水产品出口 189.6 亿美元，同比增长 1.3%；进口 103.4 亿美元，增长 20.8%；贸易顺差 86.2 亿美元，减少 15.1%。

二、农业生物多样性

广义上的农业资源是农业自然资源和农业经济资源的总称。农业自然资源是指农业生产可以利用的自然环境要素，如土地资源、水资源、气候资源和生物资源等。农业经济资源是指直接或间接对农业生产发挥作用的社会经济因素和社会生产成果，如农业人口和劳动力的数量和质量、农业技术装备、包括交通运输、通信、文教和卫生等农业基础设施等。

此处我们只分析农业生物资源。

（一）农业生物多样性概念

农业生物多样性于 1995 首次提出，是指所有农作物、牲畜、野生近缘种及授粉者、害虫、寄生生物、共生生物、竞争者等相互作用的生物。在中国，则是由郭辉军等学者率先提出，当时提出概念为从品种、半栽培种和采集管理种，到具有多物种的农业生态系统以及由此而形成的农地景观和相关的技术、文化、政策的总和。

农业生物多样性概念分为狭义和广义，狭义概念沿用生物多样性公约对生物多样性概念的界定，将农业生物多样性分为遗传多样性、物种多样性和生态系统多样性 3 个层次，广义概念则指与农业生产相关的全部生物多样性，具体分类见表 3-1。

农业生物遗传多样性方面，以水稻为例，狭义概念仅包括水稻不同品种间的遗传变异，广义还包括野生稻等野生近缘种的遗传多样性、有转入农业生物潜力的其他物种的遗传多样性。

农业生物物种多样性方面，以植物生产为例，狭义概念仅包括农业种植的植物物种，广义概念则还包括可以成为农业生产对象的潜在植物物种资源。例如，很多中草药物种日益成为栽培对象，园林绿化中改造和利用的物种越来越多，这种关联物种也涵盖在广义概念之列。

农业生态系统多样性方面，狭义概念仅包括农田生态系统、放牧生态系统、农牧结合生态系统、淡水养殖生态系统等开展农业生产的生态系统。广义概念则还包括生产以外的区域，是以农业生产体系为核心的整个相关区域或流域的相互关系和整体格局。以农田为例，农田周边植被和田埂作为作物天敌的繁殖和栖息场所，水土保持林或者天然林作为农田灌溉水来源，河流下游或者出海海口可能会受到农田排水影响，这些也都涵盖在农业生态系统广义概念以内。

表 3-1　　　　　　　　　　　　　　农业生物多样性概念

多样性层次	狭义的基本范畴	广义的拓展范畴
农业生物遗传多样性	农业生物本身的遗传多样性，如各种水稻的传统农家种和现代高产种，包括杂交稻	农业生物相关近缘种、野生种以及有潜在转化利用可能的其他生物基因，如野生稻、Bt 抗虫基因、抗除草剂基因等
农业生物物种多样性	目前农业生产用的目标物种，如牛、羊、鸡、鸭、稻、麦、棉、豆等	农业生产关联物种以及可能利用的潜在物种，如中草药、自然水产资源、病虫害及其天敌、土壤生物、野菜

续表

多样性层次	狭义的基本范畴	广义的拓展范畴
农业生态系统多样性	农业生产体系的布局，如农田、菜地、果园、鱼塘的布局；农业生产涉及的生态系统，如农田、牧场、鱼塘生态系统	农业生产生态系统，以及涉及农业流域的自然水域生态系统、天然林生态系统，包括从上游水保林到下游出海口富营养化污染区的整体系统

（二）农业生物多样性的意义

农业生物多样性是以自然生物多样性为基础，以人类的生存和发展为动力而形成的人与自然相互作用的生物多样性系统，是生物多样性的重要组成部分，它是人与自然相互作用和相互关系的一个重要方面和桥梁。

农业生物多样性是粮食生产系统的基础，并为人类社会提供文化、精神、宗教和美学价值。已有研究表明，石油农业所提倡的单一品种大面积种植、化肥农药的高投入、抗病育种等正在危害人类健康、环境质量和生物多样性的维持，并非现代农业的根本出路。在现代农业框架下，只有农业生物多样性才是构建持续、稳定、健康、高产的农田生态系统，持久控制有害生物的金钥匙。《千年生态系统评估报告》指出："在农业占主导地位的景观中，生物多样性的维持是保护整个景观多样性的重要内容，并且如果管理得当，可通过生物多样性提供的多种生态系统服务来提高农业产量和促进农业的可持续发展"。因此，农业生物多样性对保障全球粮食安全和农业可持续发展至关重要。

首先，农业生物多样性是粮食生产系统的基础，能为人类提供必备产品（如食物、药物、燃料、纤维）并增加农民收益。一些研究表明，农业生物多样性的合理搭配能明显提高粮食产量、控制作物病害和增加农民收益。如在云南10县进行的多种作物间作模式（烟叶—玉米、甘蔗—玉米、土豆—玉米、小麦—蚕豆）与单一作物栽培模式的田间对比试验发现，与同季单作模式相比，间作可以增加33.2% ~ 84.7%的作物产量，并使土地当量比达到1.31 ~ 1.84。对浙江省稻鱼共生系统的研究表明，尽管稻田养鱼系统与水稻单作系统的水稻产量及其稳定性大致相当，但一方面农民获得了额外的渔业收益；另一方面，由于水稻同鱼类的互惠互利关系，稻鱼共生系统比水稻单作系统少施用68%的杀虫剂和24%的化肥。鲍姆格特纳（Baumgärtner）等也指出农业生物多样既可以通过提供稳定的作物产量来降低农民的风险，又可以通过降低其提供公共产品生态服务（如CO_2贮存）的不确定性为社会提供保障。其次，农业生物多样性具有重要的调节功能。诸多研究表明，农业生物多样性控制病虫草害的效果显著。莱图尔诺（Letourneau）等利用元分析统计法对45篇论文中涉及的552个对照试验研究发现，较之于物种多样性的作物系统，物种多样性高的系统其植食动物数量明显减少、天敌数量明显增加、作物损害程度更低、主要作物产量略低（可能由于间作其他作物或非农作物，使主要作物的种植密度降低引起）。因此，植物多样性能显著抑制害虫、增加天敌数量、减少作物损害和提高粮食产量，总体上对农业有利。

农业生物多样性还能促进养分循环，净化水资源，因而具有支撑环境的功能。郭水良等指出某些杂草具有良好的保持水土、净化水体、改良土壤等功能。合理配置不同种类的植物如豆科植物、禾本科植物，由于其对土壤利用不同，可保持土壤肥力的持续性。例如，在缺氮土壤上间作豆科作物，因为豆科作物的固氮作用能提高主要作物的产量。在富氮缺磷土壤上间作玉米和大豆的试验数据显示，玉米、大豆分别增产43%和26%，其作用机理是不同作物的种间根际效应。此外，农业生物多样性是农耕文化的"活化石"，传统农业系统是民族智慧的结晶、人与自然和谐的典范，具有重要的文化导向性和旅游开发价值。对农业文化遗产地的保护与各种开发利用，是当前保护与利用农业生物多样性文化功能的很好例证。冯建孟等研究也表明，不同民族的宗教文化对应不同稻作品种多样性的保存和维持水平。

为了防治农作物的害虫，害虫的天敌生物物种成为利用对象，例如利用赤眼蜂防治水稻螟虫，利用白僵菌防治松毛虫等。农田土壤中的各种微生物、蚯蚓、蚂蚁、白蚁、线虫等生物物种对农作物生产起到重要的作用。园艺作物经常需要依赖授粉动物，包括蜜蜂、苍蝇、飞蛾、蝴蝶、甲虫、蝙蝠、蜂鸟等。又如在渔业方面，无论是淡水养殖还是海产养殖被人工养殖的物种越来越多，例如鳄鱼、鲟鱼、龙虾、鲍鱼都成为养殖对象，捕捞的物种就更多了。因此广义的农业生物物种多样性不仅包括已经被驯化了的生产目标物种，也包括农业生产中的各类关联物种。无论是目标物种还是关联物种的名录都在急剧扩展之中。

（三）农业生物多样性的影响因素

一是自然环境背景因素。很多地理因子对农业生物多样性起基础性的影响，如地形地貌、土壤等。有资料显示，农业景观的异质性和水热条件的再分配会受到坡向、坡度、坡位等地形因子的不同组合的影响，继而导致农业生物多样性的丰富度水平及分布格局亦受到影响；作物产量和物种多样性水平会受到不同理化性质的土壤类型的影响，作物品种之间的合理搭配将对改善土壤理化性质、保持土壤肥力并提高作物产量起到积极作用。近年来，有关气候变化对农业生物多样性的影响研究越来越得到重视。有研究表明，气候变化会对作物病虫害的发病率和传播方式、作物的物候期产生一定影响，从而造成生态紊乱、入侵植物的分布范围变广、入侵速率加快等，进而影响各个地区的生物多样性水平。经过对喀麦隆南部的研究，学者发现，不确定性的作物病虫害发病率与气候变异有很大的关系，为了应对气候变异，农民积极采用了预测种植方式、提前或滞后作物收获、调整病虫害管理策略和改变土地利用方式等方法。

二是农业生产活动因素。为了维护现代农业系统生产力的稳定性，目前主要采用单一作物品种大面积种植，以及化肥农药、灌溉、高产品种等高投入的方法。大量研究表明，由于农村生活与生产方式的不断转变，导致施肥方式、耕作与轮作措施变得不合理，进而导致作物栖息地的消失、退化与破碎化；过于单一化的栽培与驯养模式可能导致种植资源逐渐消失，并且增加病虫害风险；化学农药的过量施用将会加剧农业环境污染；地膜、节水灌溉技术等对生境的变化和农田景观结构产生了负面影响。以上都可能是导致农业生物多样性水平降低的重要原因。农业生物多样性受转基因植物的影响既重大又复杂。聂呈荣等人将其分为了三个层次（遗传多样性、物种多样性、生态系统多样性）和两种观点（负面作用、促进作用）进行综合评述。但也有研究认为，引入转基因植物并不会显著影响作物品种的遗传多样性水平，传统农业育种计划对作物基因多样性形成的风险要大于引入转基因植物。基于以上情况，虽然就目前而言，转基因植物对农业生物多样性影响的负面报道居多，但仍言之过早，需要更多的研究和理论支撑。

三是社会文化因素。社会文化因素对农业生物多样性的影响受到了广泛关注，这些因素主要包括文化习俗、宗教传统、饮食习惯、社会经济、市场需求等。国外研究表明，文化背景、文化价值观、甚至是不同民族的饮食习惯或口味偏好等都会影响当地农作物品种的多样性。卢宝荣等和冯建孟等也指出上述社会文化因素以及国家或地方政策等会制约农民对作物品种的保留及其多样性的维持。此外，农村妇女在保护农业生物多样性中起着重要作用，她们在作物种子的加工、贮存、交换等管理工作以及选种和留种方面起主导作用，从而确保了许多地方品种的延续。

四是生物入侵的影响。植物外来种将影响农业生物多样性的各个层次。目前中国已经识别出 529 种外来入侵物种，这些入侵种主要来源于南美和北美，类型主要包括陆生植物、无脊椎动物和微生物。陈慧丽等综合已有研究发现，植物入侵对土壤生物多样性影响的格局不同且影响机制复杂多样，认为外来植物与土著植物凋落物的质与量、根系特征、物候等多种生理生态特性的差异可能是形成这种格局多样性和影响机制复杂性的最主要原因。辛伯洛夫（Simberloff）研究也指出，生物入侵是影响生物多样性分布与丰富度的 5 个主要全球性因素之一，但目前人们对生物入侵如何直接造成这一影响的关注程度仍然不够，只要加快制定相关有效政策和管理措施，完全可以防止或减少生物入侵对生物多样性的影响。

（四）农业生物多样性保护措施

一是迁地保护。早期对农业生物多样性特别是作物品种遗传多样性的保护，通常采用迁地保护的策略。迁地保护方法包括种子储藏、花粉储存、田间基因库或种质圃、试管内器官或细胞保存、植物园和树木园以及 DNA 储藏等。20 世纪 80 年代中期，通过在全球范围内建立各类大型种质库对主要农作物品种资源进行收集、整理、评价与保护，使得世界主要农作物的迁地保护已取得了巨大成功。中国十分重视农作物种质资源的收集与保护，目前已初步建成长期库、复份库、中期库相配套的种质资源保存体系。至 2007 年底，建成国家级贮存种质长期库及复份库各 1 座，国家中期库 10 座，地方中期库 29 座；建成国家级田间种质圃 30 个，国家试管苗圃 2 个，共保存农作物种质材料超过 80 万份，使中国大多数农作物种质资源得到保护。

二是就地保护。尽管迁地保护更有利于作物品种的储存和种质资源的管理，但也存在诸如种质库中的资源丧失环境适应性进化和产生新遗传变异的机会，某些作物的种子无法保存，种质库的容量有限，很难达到"取之于民、用之于民"等不足。就地保护策略可以有效克服上述不足，因而成为农业生物多样性保护的重要手段。家庭庭院是热带国家保护农业生物多样性的重要方式。当前对庭院保护方式的研究主要集中在影响庭院规模与分布的因素、庭院的生物多样性及结构多样性水平调查、庭院在促进农业景观多样性保护中的地位等。在中国，建立原生境保护区是就地保护野生种质资源的有效途径。截至 2007 年底，已建成 86 个作物野生近缘植物原生境保护点，另有 30 个已列入计划。

传统农业生态系统被认为是许多作物物种多样性和种内基因多样性的保护地和孵化器，为此，2002 年联合国粮农组织启动的全球重要农业文化遗产保护项目，成为促进生物多样性和传统知识原生境保护的新途径。对全球重要农业文化遗产试点之一的稻鱼共生系统研究也表明，与水稻单作系统相比，传统水稻品种可以在保护稻鱼共生系统的过程中得到更有效保护。早期对种质资源农家保护的研究主要集中在农家保护的机制与方法探讨、特定农作物品种的农家保护方法等方面。朱有勇等发现，将基因型不同的水稻品种间作于同一生产区域，不但能提高水稻单位面积的产量，由于遗传多样性的增加，还使稻瘟病发病率比单品种种植明显减少。此外，利用不同物种，如小麦—蚕豆、油菜—蚕豆的混合间栽实验也起到了类似水稻地方品种保护的效果。

三是景观规划途径。农地景观中常凸显出不断增加的农产品需求与保护生物多样性、维持农村生计等多重矛盾。哈维（Harvey）等提出利用综合景观途径来解决中美洲生物多样性热点地区这一复杂矛盾。本顿（Benton）等研究认为，通过精心设计景观尺度上、地块间尺度上、地块内尺度上的农业景观要素，将有利于农业景观中生物多样性的可持续性保护。刘云慧等从景观、地块间、地块内三个尺度探讨了农业生物多样性保护的景观规划途径，并从过程和格局两个角度概括了农业景观生物多样性保护的一般原则。当前，鼓励在土地整理项目的实施过程中考虑生物多样性的保护问题，即是在景观规划过程中保护农业生物多样性理念的生动体现。

四是基于社区参与的农业生物多样性保护。基于社区参与的生物多样性保护模式鼓励社区居民直接参与生物多样性的保护行动，以合理利用资源为途径，倡导在发展社区经济的前提下达到保护生物多样性的目的。通常采用 3 种方式来实现这一目标：社区居民参与土地利用方式的决策；承认社区居民对野生资源的拥有权和利用权；使社区居民能从保护中获益。随着 2008 年 "UE/FAO 中国农业生物多样性项目"启动以来，中国学者加快了 CBC 模式在农业生物多样性保护领域的应用研究。宋薇平等指出了社区农业生物多样性管理的目标、活动的重点，并提出社区农业生物多样性管理需要政府与社会提供专家支持、提供管理和政策支持、支持建立无公害示范基地、成立相关协会机构等，为 CBC 模式在中国农业生物多样性保护中的应用进行了有益的尝试。

专栏 3 - 1　国内农业生物资源保护缺失案例

众所周知，在影响畜禽生产的众多因素中，遗传育种的科技贡献起了重要的作用。即提高畜禽生产水平的关键因素是品种。据美国农业部（USDA）1996 年对美国 50 年来畜牧生产中各种科学技术所起作用的总结，品种改良的作用居各项技术之首，占到 40%，远远高于营养饲料（20%）、疾病防治（15%）和繁殖与行为（10%）等，而品种改良的效果要以丰富多彩的畜禽品种资源为基础才能迅速而经济地实现，畜禽遗传资源的任何一点利用都可能在类型、质量、数量上给肉、奶、蛋和毛皮等生产带来创新。因此，在目前激烈的市场竞争中，拥有丰富的畜禽遗传资源，可以占领市场竞争先机和主动，左右或甚至垄断行业及市场的发展方向。如澳大利亚的羊毛业，由于拥有优良的美利奴羊资源，其优质细羊毛的产量占国际市场较大份额，该产业成为支撑其经济的主要来源。这就是发达国家对本国遗传资源大力保护并不断从发展中国家搜集、掠夺生物遗传资源的主要原因。

我国虽然畜禽品种资源丰富，由于缺乏保护观念，中国自己具有优良肉质地方品种没有充分利用与保存，许多品种资源都被外国人拿去做遗传材料，"混血"改良后再重新用来抢占中国市场。目前，在我国畜牧业生产中所使用的当家品种都是国外现代品种，我们每年都要花大量的外汇从国外引进畜禽良种，据不完全统计，这几年我国种猪引种耗费外汇超过 1 亿美元。一个突出的例子是"北京鸭"，虽然"北京烤鸭"早已名扬海外，但如今真正的"北京鸭"却已几乎绝迹，英国品种"樱桃谷"取而代之成为烤鸭原料。实际上该品种是英国利用北京鸭杂交后繁育出的新良种，后又重新被引种到国内。

快长型的畜禽品种早已国际化，且适合于资金、技术密集型的集约化经营，在这些品种上我们没有什么优势可言，我国大多数育种公司的繁育体系中顶端核心种畜禽资源长期依赖进口，对于种畜禽，我国都处于"引种→维持→退化→再引种"的恶性循环，许多引进品种都没有形成自己的体系，加入WTO 后，许多外国种畜禽专业公司直接进入中国市场，国内种畜禽场面临的形势非常严峻。

而目前世界上少数经强度选育的高产专门化品种已成为畜牧生产的主要品种，这些高产专门化品种在大幅提高畜牧业产量和效果的同时，也由于连续定向选择，使得品种内、品种间的遗传变异越来越窄，最终导致选择极限，同时也面临更大的疫病风险（品种单一化后对某些易感疫病易在全球范围内传播），与此同时，人类对畜禽产品、种类和质量要求不断变化，这些单一化品种并不能满足这种需要，而我国许多地方畜禽品种不仅有繁殖力高、成熟早、肉质好、风味独特等优良特性，且具有较强的抗病能力和抗逆性，因此，我们只有利用自己的畜禽遗传资源宝库，发挥好这一资源的作用，才能在激烈的市场竞争中保有自己的一席之地。

第二节　进出境数据分析

一、数据描述

（一）数据来源

为了解我国农业生物遗传资源进出境的现状，分析农业生物资源在进出境的特点和问题，进而逐步对生物遗传资源的现状、价值、流失风险等内容进行研究，报告收集了农业生物资源进出口的海关数据。包含不同国家农业生物资源的进出口量和进出口额，不同省份农业生物资源的进出口量和进出口额，不同口岸农业生物资源的进出口量和进出口额。

（二）数据分类

在全球化发展的今天，农业资源对外贸易规模不断扩大，基于2015～2016年的海关进出口数据，结合相关研究，分析近年来我国农业资源进出口贸易现状、贸易结构等，以期对保护农业资源多样性、建立多边利益分配框架提供决策参考。

参考商务部主办的全国农产品商务信息公共服务平台、中华人民共和国农业农村部分类标准对农业生物资源进行分类，分为畜禽、水产、粮食作物、经济作物、苗木花卉、其他植物等六大类，按照用途可分为种用、食用、非种用等。

根据收集的数据，为了更好地对农业生物资源进出境情况进行分析，将已有农业生物资源数据分为畜禽、水产、粮食作物、经济作物、苗木花卉、其他植物等六大类，并按照用途可分为种用、食用、非种用等。其中畜禽包含96个物种，水产包含41个物种，苗木花卉包含36个物种，粮食作物包含32个物种，经济作物包含50个物种。本书所使用的海关数据HS编码为8位，而物种分类是按照10位HS编码分类的，所以数据分析中按照8位HS编码将物种数据进行合并，合并后包含44个畜禽物种，20个水产物种，7个苗木花卉物种，24个粮食作物物种，14个经济作物物种，且未列名活植物（06029099）未有更细的分类，故单独作为一个种类，即其他植物。

具体分类见附录。

二、我国农业生物资源进出口贸易特征

（一）总量分析

对比分析我国农业资源的进出口量和进出口额（见图3-1），发现农业资源贸易进入2016年后在进出口量上有较为明显的提升，总体增幅达45.21%，而进出口总额则呈下降趋势；同时，中国农业资源仍以资源出口为主，净出口量和进出口额都进一步扩大，增幅分别为60.85%和213.41%。具体来看，2016年出口量相较进口量有较为明显的提升，增幅达51.47%，但出口额相对进口额下降幅度较小，仅0.06%，进口额降幅达19.52%。

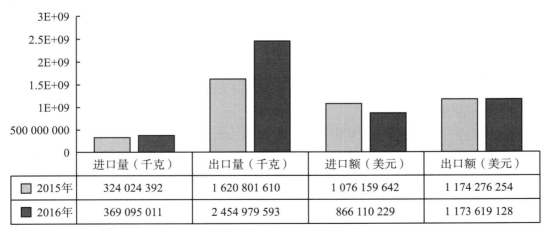

	进口量（千克）	出口量（千克）	进口额（美元）	出口额（美元）
2015年	324 024 392	1 620 801 610	1 076 159 642	1 174 276 254
2016年	369 095 011	2 454 979 593	866 110 229	1 173 619 128

图3-1　2015～2016年我国农业资源进出口贸易对比

从主要贸易国家和地区看（见图3-2），进出口总额排名较为靠前的国家为韩国、日本、澳大利亚、美国等，中国香港地区作为世界贸易港口及中国内地重要的贸易伙伴和出口市场，也是主要贸易对

象，且进出口量也相对较多。另外，仅比较进出口量，荷兰排名也较为靠前。

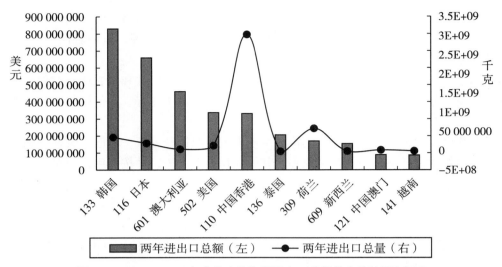

图 3 - 2　2015～2016 年农业生物资源进出口总额前十的地区和国家

研究表明，中韩两国历史文化底蕴相似，地理相邻，在开展经贸合作方面具有天然优势。特别是自1992 年中韩建交以来，两国经贸发展速度实现较快提升。依托各自农业资源禀赋，农产品贸易在中韩两国贸易关系中发挥了重要作用，据联合国商品贸易统计数据库测算，中韩农产品贸易额从 1992 年的8.1 亿美元增加到 2015 年的 44.5 亿美元，增加了 4.5 倍，其中进口从 0.1 亿美元增加到 6.1 亿美元，增加 53 倍，出口从 8.0 亿美元增加到 38.4 亿美元，增加了 3.8 倍，进口增长速度显著快于出口增长速度，但中国对韩国农产品贸易长期保持较大的顺差。目前，中国是韩国第二大农产品出口市场和第二大农产品进口市场。韩国是中国的第四大出口市场。随着中韩自由贸易协定正式生效及中国"一带一路"倡议的逐步实施，中韩农产品贸易将拥有更大的合作空间与发展潜力。通过对中韩两国农产品贸易现状、贸易结构及贸易互竞互补性分析得出：中韩两国农产品贸易规模不断增长，尤其是中国自韩国进口农产品增速较快；中韩农产品贸易额占中国农产品贸易总额比例缩小；中国进口韩国农产品主要是加工农产品，中国出口韩国农产品主要是水产品，一定程度上反映了两国的资源禀赋；中国农产品贸易的竞争力和双方贸易互补性均呈现逐年下降趋势，同时，中韩互补性较高的农产品也是进出口贸易的主要产品。

（二）变化分析

比较进出口总量和总金额增长率发现（见图 3 - 3、图 3 - 4），植物类的农业生物资源表现较为突出，增长率前十的大部分都是谷物，仅有少数动物类上榜，且排名较为靠后。其中，种用食用高粱、种用其他小麦及混合麦等作物进出口总量增长率相对较高，种用大麦、种用食用高粱、种用燕麦等作物相对较高。具体来看，这几个种类进口和出口增长率都相对较高，其中，其他种用稻谷进口总量增长率尤其高，达 8 879.02%，进口总金额增长率也达 520.28%，出口总量和总金额增长率都相对较低，种用食用高粱的出口总量增长率最高，为 56.27%。

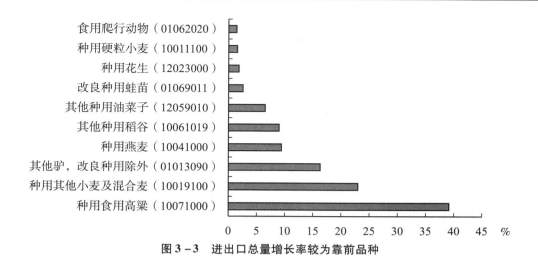

图 3-3　进出口总量增长率较为靠前品种

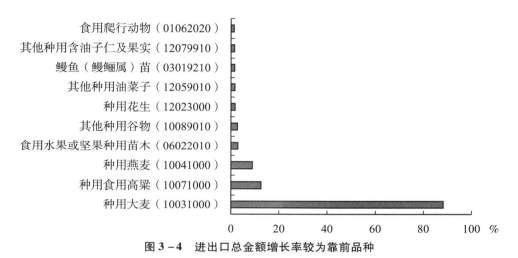

图 3-4　进出口总金额增长率较为靠前品种

　　结合进出口量分析发现，种用食用高粱、其他种用稻谷近两年以出口为主，贸易顺差，种用大麦、种用燕麦、其他小麦及混合麦等作物则以进口为主，贸易逆差。但综合来看，谷物这一大类我国都需要大量进口，研究表明，中国、日本、韩国等亚洲地区为玉米的主要需求地，而巴西、美国、阿根廷和乌克兰构成了主要的供给侧。中国虽然是玉米的第二大产地，但其进口量仍然很高，说明我国对玉米的需求巨大，需要对主要出口国保持更多的关注，抓住时机积极"走出去"。中国是小麦的第一大产地，并且 2013 年进入了主要进口国行列，说明我国对小麦的需求很庞大，需要对美国、加拿大、澳大利亚、法国、俄罗斯等主要出口国格外关注，以保证国内需求。对于大麦、高粱和燕麦，中国均是进口大于出口。因此总体而言，对于玉米、小麦、大麦、高粱和燕麦这几种主要谷物来说，我国都需要从国外大量进口。鉴于此，为满足我国谷物需求，专家提出两点建议：第一，稳定和提高产量，保护耕地资源，确保谷物种植面积。我国耕地面积的持续减少给谷物生产带来了很大的压力，如果不采取严格的保护措施，谷物生产将难以保证，必须提升耕地的复种指数，确保谷物生产不受影响。由于旱涝等灾害问题，农田质量退化，谷物生产雪上加霜，因此要加强农田水利建设、大力强化水利设施、提高农田抗灾害能力，以保障谷物稳定生产。第二，促进贸易发展，保证进口量。在当前产量不能短期内提升以满足巨大需求量的情况下，为保障谷物供给，必须与世界主要出口国（地区）保持良好的贸易关系，并关注新的海外市场，积极实施农业"走出去"战略。在保持内部产量稳定和外部进口稳定的情况下，使我国谷物需求得以满足。

（三）分类分析

分种类看（见表3-2），近两年其他植物和苗木花卉的进出口总量占比相对较高，水产、畜禽和经济作物的进出口总额占比则相对较高。从用途看，种用的农业生物资源居多，进出口量和进出口总额都较多。

表3-2　　　　　　　2015～2016年各类农业生物资源进出口量、进出口金额及所占比重　　　　　单位：%

种类	进出口总量占比		进出口总额占比	
	2015 年	2016 年	2015 年	2016 年
其他植物	61.44	72.85	5.11	5.84
苗木花卉	20.94	15.49	2.27	3.03
水产	9.92	6.63	39.78	44.83
畜禽	3.73	2.23	27.53	21.70
经济作物	2.67	1.53	21.96	20.00
粮食作物	1.29	1.28	3.33	4.60

比较进口与出口发现（见表3-3），其他植物、水产、粮食作物近两年以出口为主，其他植物净出口量较多，水产则是净出口金额较多；苗木花卉、畜禽和经济作物则以进口为主，苗木花卉净进口量较多，畜禽的净进口金额则较多。

表3-3　　　　　　　　2015～2016年各类农业生物资源出口量、出口金额及所占比重

种类	两年净出口量（千克）	两年净出口金额（美元）
其他植物	3 246 667 892	45 307 426
水产	285 394 507	1 126 431 620
粮食作物	39 796 322	136 679 673
种类	两年净进口量（千克）	两年净进口金额（美元）
苗木花卉	96 495 845	26 953 506
畜禽	50 089 719	710 211 493
经济作物	42 611 357	165 628 209

有学者专门针对农作物种子的贸易研究分析（分类见表3-4），研究得出五点主要结论：

表3-4　　　　　　　　　　　　　中国农作物种子贸易产品的分类　　　　　　　　　　　单位：个

分类	HS8 位税目数	代表性产品
蔬菜类种子	10	蔬菜种子（12099100）、未列名植用种子（12099990）、种用甜瓜籽（12099920）、蘑菇菌丝（06029010）
花卉类种苗	14	种用百合（06011021）、未列名种用苗木（06029091）、种用休眠根茎（06011099）、未列名种用苗木（06029091）、草本花卉植物种（12093000）

续表

分类	HS8 位税目数	代表性产品
大田作物种子	42	种用玉米（10051000）、种用葵花籽（12060010）、羊茅籽（12092300）、草地早熟禾籽（12092400）、黑麦草籽（12092500）、种用其他脱荚干豆（07139010）、种用稻谷（10061010）、种用葵花籽（12060010）、紫苜蓿籽（12092100）

第一，2003 年后中国农作物种子的贸易规模不断扩大，进出口逆差的相对规模逐步缩小。加入 WTO 和《种子法》的颁布实施推动了中国种业市场开放，开放后中国种子进出口额增长速度明显加快，且出口额年平均增长率大于进口，贸易差额的相对规模逐步缩小，贸易状况得到改善。

第二，蔬菜类种子是中国进口和出口最多的大类品种。蔬菜类种子始终是中国进出口最多的大类种子，在贸易总额中所占比重远大于其余两类种子。近年蔬菜类种子的出口额增长显著，贸易状况由逆差转为顺差。

第三，种用稻谷是中国具有出口竞争优势的农作物种子。种用稻谷是大田作物种子出口最多的产品，但近年来出口规模在下降。种用稻谷的竞争优势主要来源于杂交水稻技术，中国是全球第一个成功将杂种优势理论应用在水稻生产中的国家，也是杂交水稻应用程度最高的国家。种用稻谷出口集中于东南亚国家，出口规模还有进一步扩大的空间。

第四，中国主要进口蔬菜类种子和花卉类种苗，其他国家以大田作物种子的进口为主。在全球种子贸易数据中，进口排名与中国接近的国家，大田作物种子进口额占进口总额的比重均超过 50%，花卉类种苗进口极少。

第五，中国农作物种子进出口市场集中，贸易伙伴国主要为发达国家。中国农作物种子主要从美国、日本、德国、荷兰等国家进口。以种用稻谷为主的粮食作物种子多销往越南、印度尼西亚等东盟国家；蔬菜类种子、花卉类种苗和非粮食大田作物种子多销往日本、美国、韩国等发达国家。

因此，学者提出建议：一是建议政府大力支持育种企业研发，提高中国种子竞争力，尤其是进口相对规模较大的单项种子产品；二是建议政府有针对性地调整进口免税政策，逐步将农作物种子纳入常规贸易管理范畴，让市场发挥更大的作用；三是需要重视进口来源国过度集中问题。中国农作物种子主要进口产品的来源国集中，进口数量、质量和价格受来源国的影响大，供给风险变大，如种用百合主要依赖于从荷兰的进口、种用葵花籽主要依赖于从美国的进口。为此，中国一方面要加强国内研发，提高本国育种能力，降低对进口的依赖；另一方面尽可能使进口市场多元化，将从集中来源国进口的种子比重控制在适度范围内。

从具体品种看（见表 3－5、表 3－6），未列名活植物、种用休眠的鳞茎等的进出口总量相对较高，而蔬菜种子、改良用家牛等的进出口总额则较高。另外，未列名活植物、无根插枝及接穗植物等的净出口量也很高。

表 3－5　　　　　　　　2015～2016 年进出口总量排名前十农业生物资源种类

排名	生物资源	所属分类	两年进出口总量（千克）	两年进出口总额（美元）
1	未列名活植物（06029099）	其他植物	3 253 453 582	234 194 222
2	种用休眠的鳞茎、块茎、块根、球茎、根颈及根茎（06011091）	苗木花卉	479 094 054	52 817 829
3	无根插枝及接穗植物（06021000）	苗木花卉	321 516 652	23 866 910

续表

排名	生物资源	所属分类	两年进出口总量（千克）	两年进出口总额（美元）
4	活、鲜或冷的蛤（种苗除外）（03077191）	水产	190 638 494	326 728 922
5	其他活鱼（03019999）	水产	85 179 632	494 157 167
6	改良种用家牛（01022100）	畜禽	80 538 101	582 363 740
7	其他未冻的小虾及对虾（种苗除外）（03062790）	水产	60 687 359	406 385 473
8	种用籼米稻谷（10061011）	粮食作物	41 710 107	132 456 216
9	蔬菜种子（12099100）	经济作物	33 441 825	622 887 063
10	其他牛（改良种用除外）（01029090）	畜禽	23 827 744	120 759 125

表 3 - 6　　　　　　　　　2015～2016 年净出口总量排名前十农业生物资源种类

排名	生物资源	所属分类	两年净出口量（千克）	两年净出口总额（美元）
1	未列名活植物（06029099）	其他植物	3 246 667 892	45 307 426
2	无根插枝及接穗植物（06021000）	苗木花卉	186 213 530	5 932 644
3	活、鲜或冷的蛤（种苗除外）（03077191）	水产	182 947 992	265 234 900
4	种用籼米稻谷（10061011）	粮食作物	41 710 023	132 454 952
5	其他活鱼（03019999）	水产	32 378 902	289 005 767
6	其他未冻的小虾及对虾（种苗除外）（03062790）	水产	32 071 339	39 660 637
7	其他牛（改良种用除外）（01029090）	畜禽	23 822 628	120 653 269
8	活、鲜或冷的章鱼（03075100）	水产	19 211 886	176 900 117
9	鲜、冷、冻或干的竹芋、兰科植物块茎、菊芋及未列名含（07149090）	苗木花卉	16 364 837	19 998 072
10	其他活鳗（鳗鲡属）鱼（鱼苗除外）（03019290）	水产	11 306 741	264 682 226

第三节　案 例 分 析

一、无根插枝及接穗植物的进出境情况分析

花卉苗木产业方面，尤其是花卉产业，西欧较为发达，基本垄断了全球大部分花卉种子种苗种球的销售，我国目前在这方面相对薄弱，但近来我国新疆、成都等地花木产业发展迅速，并且抓住"一带一路"倡议的机遇，"丝绸之路经济带"的花木出口取得较为可喜的成绩。现选取近两年净出口量较高的无根插枝及接穗植物为例，分析苗木花卉代表品种的进出境情况。

（一）进出口量及进出口额分析

如图 3 - 5 所示，与 2015 年相比，2016 年无根插枝及接穗植物的进口量和进口额均有上升，2016年进口量为 44 798 158 千克，进口额为 4 522 587 美元，分别上涨 96.02% 和 1.76%，出口量和出口额均略有下降，分别下降 13.32% 和 7.78%，同时单位进口额下降 48.09%，单位出口额上升 6.39%，一定

程度上表明我国对无根插枝及接穗植物的需求进一步提升，同时，无根插枝及接穗植物的出口竞争力略有上升，出口苗木的产品品质较受认可，但与单位进口额相比仍相对较高，表明国际竞争力尚待增强。

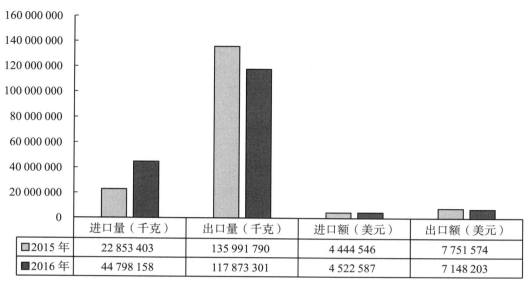

	进口量（千克）	出口量（千克）	进口额（美元）	出口额（美元）
2015 年	22 853 403	135 991 790	4 444 546	7 751 574
2016 年	44 798 158	117 873 301	4 522 587	7 148 203

图 3 - 5 2015 ~ 2016 年无根插枝及接穗植物进出口量和进出口额情况

（二）进出口分类分析

如图 3 - 6 所示，2015 年和 2016 年无根插枝及接穗植物的进口来源国家和地区主要都是乌干达、埃塞俄比亚、坦桑尼亚，三国进口量占比两年分别占到 70.47% 和 82.07%，从乌干达和埃塞俄比亚进口的数量占比有较为明显的提高，其他国家进口量占比则相应较少。值得注意的是，从进口金额看，2015 年和 2016 年从哥斯达黎加进口量占比分别为 7.88%、2.93%，但金额占比分别高达 47.70%、33.64%，从意大利进口量占比分别为 1.07%、0.56%，但金额占比分别高达 7.13%、5.48%，表明从哥斯达黎加和意大利进口这一品种的单价可能相对较高。

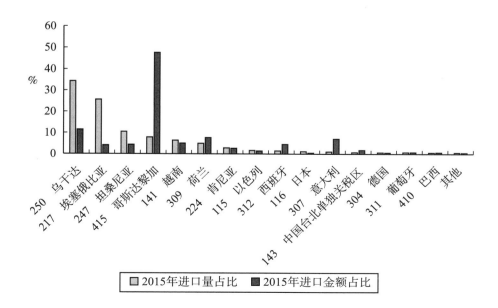

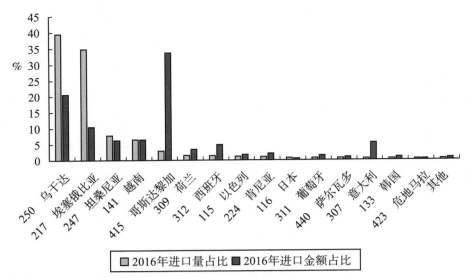

图 3 – 6　2015～2016 年无根插枝及接穗植物进口来源国（地区）分布情况

如图 3 – 7 所示，2015 年和 2016 年无根插枝及接穗植物主要向美国、荷兰、印度三国出口，三国两年出口量占比分别高达 86.47%、83.76%，三国占比较为平稳，变化不大。值得注意的是，2016 年向朝鲜的出口量猛增，朝鲜出口量占比从 2015 年的末位提前到第 7 位，占比从 0.02% 增长为 1.12%，增长为 2015 年的将近 50 倍。从出口金额看，2015 年和 2016 年向韩国出口量占比分别为 2.94%、4.94%，但出口金额占比分别为 13.72%、23.16%，表明向韩国出口这一品种的单价可能相对较高。

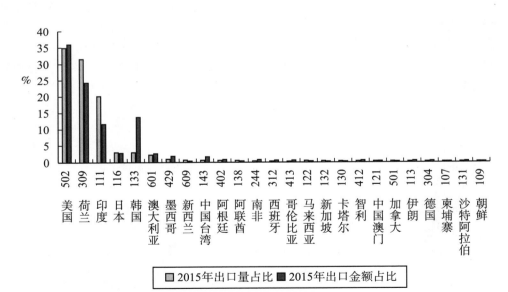

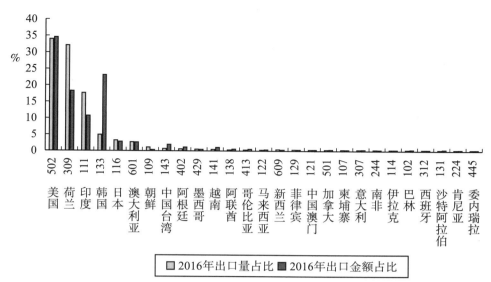

图 3-7　2015~2016 年无根插枝及接穗植物出口国（地区）分布情况

专栏 3-2　中国花木产业的"丝绸之路经济带"畅想

　　"一带一路"是"丝绸之路经济带"和"21 世纪海上丝绸之路"的简称。"一带一路"是合作发展的理念和倡议，借用古代"丝绸之路"的历史符号，高举和平发展的旗帜，主动地发展与沿线国家的经济合作伙伴关系，共同打造政治互信、经济融合、文化包容的利益共同体、命运共同体和责任共同体。"一带一路"倡议中的一个关键点就是中国主动向西推广中国的优质产能和优势产业，将使沿途、沿岸国家首先获益，也要改变历史上中亚、西亚包括我国西部地区等丝绸之路沿途地带只是作为东西方贸易、文化交流的过道而形成的发展"洼地"的面貌。要改变这个面貌，就要抓住所有机会搞发展。通过 3 年多时间全方位的大力推进，尤其是今年 5 月北京"一带一路"国际合作高峰论坛的成功举办，"一带一路"倡议逐渐被一百多个国家接受，大大地超越了"一带一路"界定的范围，成为世界性的战略合作项目，这是一项重大的收获，是战略性的根本转变。我们现在面临的机遇是全球的市场。"丝绸之路经济带"范围非常广泛，在国内包括新疆、甘肃、青海、宁夏、陕西、四川、云南、重庆、内蒙古西部、河南、安徽、山东、江苏等多个省（区、市）。在国外，涉及中亚、西亚、东欧、西欧 70 个国家，近 11 亿人口，有着多种宗教信仰、政治形态和高度差异化的经济状况，是几个既复杂又庞大的联合体。西欧的花卉苗木产业相当发达，尤其是花卉产业，控制了全球大部分花卉新品种的知识产权以及种子、种苗、种球的销售，我们目前在这个方面和花卉产品的品质方面还无法与之竞争。中、西亚的花卉苗木产业相对薄弱"丝绸之路经济带"花木出口情况这么大一个"丝绸之路经济带"，我们的企业如何才能抓住机遇呢？目前，我们已经有了两个典型的成功案例。第一个案例是"新疆在行动"。2015 年，在新疆呼图壁国家级苗木交易市场举办的苗木花卉博览会和"中亚苗木花卉产业高峰论坛"上，邀请了俄罗斯、哈萨克斯坦、吉尔吉斯斯坦等国家的政府官员和花卉苗木专家，对中亚和俄罗斯相关地区的花木产业的现状和发展进行了交流。同年，由掌握苗木进出口权的呼图壁国家级苗木交易市场和握有花卉进出口权的龙腾天域公司合作，在新疆有关政府部门和外国专家的协助下，把新疆的苗木出口到哈萨克斯坦。对于"丝绸之路经济带"来说，具有里程碑的意义。其中 2015 年 4 月首次出口绿化苗木 1.5 万株，当年 11 月再次出口 50 万株，合计 51.5 万株。出口苗木的品种有"王族"海棠、北美海棠、"宝石"海棠、金叶榆、火炬、白榆、大叶白蜡、紫叶稠李等 8 个品种，全部是裸根出口，涉及呼图壁县 3 家合作社的 35 户种植户。在新疆广袤的土地上，有兵团和很多国有林场，采用标准化栽培方式培育苗木，出口前景广阔。为了了解我国"丝绸之路经济带"的前端门户的相关情况，我从 2014 年至今年 8 月，先后 5 次前往乌鲁木齐的明珠花卉市场和伊宁、霍尔果斯口岸等地，走访海关、国检局、林业局等政府部门和花卉企业，了解相关政策和当地花木营销及产业发展状况。新疆的花木产业近年来发展迅速，有许多其他地区的企业悄然进驻。蝴蝶兰基本上可以自给自足，本地生产的仙客来、丽格海棠等品种陆续上市，花木产业在不断地扩大和提升。在霍尔果斯口岸有一个自贸区，我国出口的大多是百货、纺织品、小商品、家用电器等，义乌在那里也设有百货市场。进口的大多是中亚和西欧的糖果、糕点、巧克力、酒类、香烟、手表、工艺品，还有法国、德国、意大利等国的专卖店。我国海关的出口政策很宽松，实行一体化、大通关。具体来说，就是一地报关、一票全通、没有费用、限时放行、快到几分钟。国检局有相关检验检疫法规，但是全力配合出口企业，并且提供各种服务。目前，在霍尔果斯口岸开始出现新兴的花卉产业，以前那里是没有的。伊宁本土的花卉企业，在伊宁国检局、海关和相关兵团的支持下，取得了花卉进出口权，在霍尔果斯自贸区开设了花卉出口的窗口，并且已经开始和国外的客商进行交易。我在考察时，恰巧遇到哈萨克斯坦的花商第一次来到伊宁采购，在此之前，从来没有外国客商到伊宁采购鲜花。当这位哈萨克斯坦的花商在看到伊宁的蝴蝶兰产品后非常高兴，因为伊宁距离他的国家较近，方便运输，而且他可以看到真实的产品。以前他在昆明下过订单，但一方面由于距离遥远，另一方面还出现了品质上的差异，此次来伊宁地区实地考察，增强了他的信心。最终，他在伊宁第一次的采购单为：双梗蝴蝶兰一年 30 万盆，另外，还有丽格海棠、仙客来、一帆风顺、小橡皮树、小金钱树等若干观赏植物。花木出口的第二个案例是"四川在行动"。2016 年 12 月，位于四川温江、注册资金 3 亿元的成都三联花木投资公司已经开始了国内花木产品通过成都铁路口岸的欧洲出口业务，在行业内起到了引领作用，多次得到有关部门表扬。中欧班列叫蓉欧快铁，从成都青白江站出发，13 天到达波兰的罗兹，然后马上编组发往荷兰蒂尔堡，总共用时 15 天，比海运节约将近一个月的时间，价格是空运的 1/9。最早是一周一列，如今是每个月 40 列左右，返回 20 列左右。从 2016 年底至今，三联公司已将 20 万株人参榕、150 万枝银柳出口到欧洲，并且出现运输量赶不上需求量的状况。为了解决恒温通风货柜短缺的问题、保证及时供货，成都三联公司又投资 800 万元，采购了 20 个单价为 40 万元的恒温通风货柜以解燃眉之急，并且使出口量又上一个新台阶。目前，成都市正在向国家质检总局申请，把成都列为国家植物进出口口岸。如果得到批准，成都可以从欧洲进口适销的花卉或种子、种苗、种球，这样可以降低进口运输费用，也可以减少快铁返空，实现多方获益。成都温江决定投资 2.5 亿元建设面积为 620 亩的现代化"花木进出口贸易园区"，提供必需的现代化设施和场地，所有与植物进出口有关的政府职能部门入驻，实现方便快捷的一站式服务。2016 年，通过"丝绸之路经济带"出口的花木品种包括蝴蝶兰盆花以及玫瑰、满天星、康乃馨、情人草、非洲菊、百合等切花。2017 年 1~7 月出现了非常大的变化，除了有各种绿化苗木以外，新疆标准化生产的小叶白蜡还有很多盆栽花卉种类，如澳洲杉、茉莉花、银柳、虎尾兰、米兰，散尾叶、福建茶、茉莉花、绿宝树、人参榕等。从这两份出口清单或者说是成绩单来看，近年来，在我国"一带一路"伟大倡议的推动下，在相关政府和企业的努力下，"丝绸之路经济带"的花木出口有了新的突破，取得了可喜的成绩，使我国的花卉产业和绿化观赏植物产业都有了更美好的前景，令人振奋。

对"丝绸之路经济带"的花木出口，有以下几点建议。一是知法知规，合法合规，掌握并认真执行我国和进出口国、联合体的相关法律法规，这一条应该是花木进出口行业的入门必考题。二是对出口国或者联合体的市场和产业状况进行更加深入、实际的板块式的进出口双向调查。建议中国花卉协会成立花木进出口分会，同时成立专门针对进出口的涉及品种、生产培育、市场贸易、法律法规、仓储物流等方面的专家组，进行全方位的支持。由他们来对中亚、西亚、俄罗斯、东西欧等"一带一路"的各个板块进行全方位的进出口双向考察，取得翔实的第一手资料，从而制定我国花木进出口规划、策略和实施方案。贸易与交流是双向的，当年森禾引进的红叶石楠红遍了全国，现在美国紫薇天鹅绒也是一个成功的范例。三是融入祖国千年盆景文化元素的盆栽观赏植物应该是贯穿中亚、西亚和欧洲整个"丝绸之路经济带"的花木出口主力军，可以成为我们的优质产能。但目前还需要对其进行精细化、精品化、标准化和规模化的整合与打造，从而将盆栽观赏植物提升为具有强大出口竞争力的优势产品。同时，继续探索绿化苗木的出口方向，逐步扩大其出口量。与花卉盆栽的出口相比，苗木的出口难度更大。新疆对苗木的出口是一个先例，这个工作还在继续进行当中。相信在中国花卉协会和绿化观赏苗木分会的带领下，苗木出口一定取得更大突破，前景也是非常广阔的。四是对于中亚和西亚地区来说，我国的花木产业是具备产能优势的，也有一定的价格优势。新疆尤其是伊宁地区还有着近距离的优势和较好的花木生长条件，占有天时和地利。在这些区域发展对路适销的出口型花卉产业，面对具有 3.3 亿人口的中西亚地区，一定会有广阔的市场前景。五是提升花木产品的品质是我国花木产业发展的当务之急。品质问题不论对于内销还是外销市场，都是比较突出的问题。企业应该以生产出口合格产品为标准，坚决摒弃粗放的生产管理模式，逐步实行科学化、精细化、标准化的生产管理，达到低成本、高品质、短时间的现代化生产标准，这样才能具备国际市场竞争力，才能更好地进军世界舞台，并立于不败之地。六是打破我国花木进出口贸易环节薄弱的"瓶颈"，把花木出口的龙头生产企业，由只出口自己生产的产品转型为生产贸易型企业。由有花木进出口权的龙头公司牵头，打造进出口贸易平台。在同一进出口法规和标准的指导与管理下，邀请有条件的中小企业加入，逐步形成具有优质产能的强大花木进出口优势企业。比如意大利万木奇公司约有 1 300 多个品种系列，但是万木奇本身只生产非常少的品种，而该公司所在的佛罗伦萨地区有 1 500 家生产企业，营销人员达几百人，所以以万木奇为平台向全世界销售产品。我们打造一个贸易平台，不一定每个中小企业都申请出口资质，可以生产半成品、成品，然后汇集到统一的平台上，从而逐步形成花木进出口优势产业。让我们在国家林业局、中国花协和各级政府的领导下，畅想"丝绸之路经济带"的美好未来，在新的征途上，迈出坚实的步伐，为实现美丽中国的伟大梦想、为实现民族复兴的宏伟愿望贡献出自己的力量。

资料来源：《朱廷朴：中国花木产业的"丝绸之路经济带"畅想》，http：//www. sohu. com/a/190008671_119628。

二、谷物进出口案例分析

在国际高粮价高位震荡、贸易保护主义抬头以及国内粮食产量"十年增"的背景下，我国粮食贸易规模不断扩大，进口不断增加，且增速在加快，粮食进出大致平衡的状态已根本逆转。以 2012 年为例，一方面我国粮食总产量 11 791 亿斤，同比增长 3.2%，实现了历史上前所未有的"九连增"，另一方面我国进口谷物类农产品达到了 1 398 万吨，比 2011 年的 545 万吨同比飙升 156%。同时，大豆总进口量增长 11.2%，达到创纪录的 5 838 万吨。2012 年中国农产品贸易逆差达 480 多亿美元，粮食的进口首次突破了 7 000 万吨，粮食自给率降到 90% 以下，突破了传统观点所认为的"自给率 95%"国家粮食安全目标。三大主粮：稻米、小麦和玉米，这三者的自给率高达 97.6%。而大豆自给率降到 18%，整个中国粮食自给率 2011 年降到 88.4%。目前我国四大主要粮食品种已全部净进口，最引人关注的是除大豆外的三大主粮作物净进口的常态化趋势已经出现。粮食进口的迅速增长在扩大国内粮食供给空间的同时，给我国粮食安全带来的影响日益显现，也使我国粮食贸易更容易暴露在国际粮食市场的供给风险和价格风险中。

联合国粮农组织在 2008 年全球粮食危机中指出："当今世界的粮食危机已不再是传统意义上的粮食生产不足的危机，而是粮食分配、贸易和供应上的危机"。无论愿意与否，随着我国粮食市场日益开放，城镇化、工业化的不断推进，粮食需求量以及需求结构都发生着重大改变，而水土资源的稀缺、科技投入不足制约了产量的持续增长。粮食进口在我国经济中的地位不断上升，它与粮食安全、物价总水平稳定、"三农"等问题之间的关系也日益密切。短期来看，进口粮食一定程度上可以缓解我国粮食供应，缓解土地、淡水等资源压力，但长远看还需加大农业投入，稳定国内粮食种植，同时不断提高粮食进口风险管理水平。如何充分利用两个市场两种资源，避免进口快速增长的风险，重构单纯以自给率为核心的粮食安全观迫在眉睫。因此，作为连接国际国内市场的主要桥梁以及保障国家粮食安全的重要渠道，我国粮食进口增长的特征和趋势如何，影响因素有哪些，各因素的传导机制如何都值得深入地探讨。这是在粮食市场化和全球化趋势不可逆转的背景下，我国粮食进口宏观调控以及粮食安全管理的依据。

研究发现，2013~2014年间，伴随着国际国内粮食市场环境的改变，我国粮食贸易特别是粮食进口格局也发生了很大变化，总体而言呈现出以下三大特征：

一是粮食进口在粮食价格飙升以及粮食贸易保护主义抬头中"逆市增长"。2003年开始国际粮食价格开始上涨，2006年开始急速飙升，最终演化为2007~2008年的粮食危机，2008年下半年略有回落，但从2010年开始又呈现出上涨趋势，至今仍然高位震荡。面对国际粮食价格飙升以及与此相伴随的国际粮食贸易保护主义抬头，我国粮食进口表现出"逆市增长"特征。我国粮食净进口也从2007年的2 119万吨上升到2012年的6 959万吨。其中玉米出口从2008年开始锐减，从2007年的491.8万吨减到了2008年的27.3万吨，进口从2007年的5万吨剧增到了2012年的521万吨；小麦进口2007年10.1万吨，2008年有所下降为4.3万吨，但之后不断增长，2012年达到了370.1万吨。出口2007年为307.3万吨，到了2008年剧降到31万吨，之后一直没有超过40万吨。

二是粮食贸易总体已稳居净进口地位，并且整体规模和逆差仍在不断扩大。2003年以前虽然我国粮食进出口规模不断增加，但是贸易方向并不稳定，净进口和净出口地位变换频繁。1978~1992年，中国基本上是粮食的净进口国，年净进口规模的波动幅度较小。1992年以后，中国在粮食国际贸易中的进出口地位频繁转换，且净进口或净出口规模的波动幅度放大，波峰与波谷的最大落差达2 650万吨。2003年以后我国基本稳居粮食净进口国地位，2003年粮食净进口53万吨，到了2004年急剧增长到了2 484万吨，2012年则达到了6 959万吨，比2003年增长了13 030.2%，比2004年增长了180.15%。

三是传统净出口品种已转为净进口，四大粮食品种已全部净进口。我国各主要粮食品种贸易波动较大。大豆一直是进口量最大的农产品，2003年以来对国际粮食依赖越来越强，净进口量逐年扩大，已由2001年的1 394万吨增加至2012年的5 838万吨，增幅达319%，对国际市场依存度已达80%以上，并且进口地集中于美国、巴西和阿根廷三国。目前我国是全球最大的大豆进口国。玉米、大米稻谷等传统净出口的品种这几年已变为净进口；2010年我国首次由玉米净出口国变为了净进口国，在2007年前我国玉米出口量较大，其中2003年达到了1 639万吨，其后波动较大，但整体呈现下降趋势，到2012年只出口了20万吨。2009年前玉米进口规模都较小，但是2010年至2013年玉米进口激增，从2009年的8.4万吨增长到了2012年的521万吨。而大米2011年以前虽然进出口规模都不大，但是一直是净出口，2011年转为净进口，到了2012年进口激增，进口量达到了231万吨，净进口由2011年的8万吨增加到了179万吨，引人瞩目。原来进出口地位交替的品种如小麦，自2009年起也稳居净进口地位；2009年之前除了个别年份，我国小麦进出口量都较小，出口主要是用于对朝鲜、蒙古等国的援助粮，进口主要是品种调剂，满足国内对于高筋小麦等高品质产品的需求。

有学者采用非结构化的向量自回归模型，结合理论研究分析2003~2014年间我国粮食进口不断增长的影响因素。研究发现：国际粮食价格是我国进口增长最主要的影响因素，粮食进口需求的价格弹性较大，此外，国内粮食价格的影响也很大，直接通过国内市场供求缺口影响粮食进口，农业生产成本的影响次之，人民币对美元汇率对粮食进口增长的贡献率也较高，进口的汇率弹性较大，国际石油价格对粮食进口增长影响较小，但是其交叉影响不容忽视，我国粮食出口不断萎缩，呈现出与进口此消彼长的趋势。

还有学者通过构建新的进口需求估计模型，分析发现：经济增长、人口增加、产量下降、国际粮食价格下跌都会不同程度地增加中国谷物进口；中国目前实施的最低收购价等政策显著地有助于谷物进口；我们所担忧的贸易自由化并未使中国谷物进口大量增加，反而使中国谷物进口量较往年显著减少，但自 2004 年开始，在实施最低收购价政策的背景下，贸易自由化显著地有助于谷物进口。因此，为缓解中国未来谷物进口压力，应继续重视和发展粮食生产，同时，应对目前的最低收购价等粮食生产支持政策进行改革，积极探寻新的粮食生产支持政策。

另外，研究表明，城镇居民人口数量增加、收入水平提高和粮食消费结构升级，使得粮食消费需求刚性增长，对我国粮食进口依存度升高产生重大影响。粮食进口依存度升高对我国粮食安全是一把双刃剑，既有正面效应，又有负面效应。根据我国国情要处理好城镇居民粮食消费需求与粮食进口依存度的关系，必须在坚持粮食以自给为主的基本国策基础上，把粮食进口依存度控制在安全的范围内。

第四节 政 策 建 议

综上发现，我国农业生物资源保护方面尚存在不少不足之处，下面将结合学者研究成果从三方面提出建议。

一、加强农业生物多样性研究

以当前对自然生物多样性的研究为参考，对比研究发现农业生物多样性研究仍存在诸多不足，主要表现在以下几方面。

农业生物多样性的价值评估研究力度不够。综观已有研究成果，先前对农业生物多样性的评价研究主要停留在定性分类描述、多样性水平测度的层面，缺乏对其社会经济价值进行准确的价值评估研究。目前部分国外研究已意识到对农业生物多样性的价值评估不仅包括评估其直接使用价值、间接使用价值，还应包括对其选择价值和准选择价值的评估，但尚未看到相对成功的案例报道。前文提及的中国于 21 世纪初期兴起的农业生物多样性评价研究高潮，大多数是以农户为单位，利用改进的生物多样性丰富度测度指标进行的评价。而对某一特定农业生态系统或农地景观的生物多样性及其所提供的生态系统服务总价值定量化评估研究尚少见报道。

与气候变化之间的关系研究薄弱。如前所述，当前对气候变化与农业生物多样性的关系研究主要集中在病虫害的发病率、作物物候期的改变、入侵物种分布范围的变化等方面，并且这些方面的研究报道仍然少见，缺乏系统深入的研究成果。而对气候变化引起的农业野生植物资源的分布与迁移变化规律，极端天气事件对作物物种丰富度和多样性的影响，作物栖息地退化情况等方面的研究几乎尚未涉及。

新型保护措施研究尚处于探索阶段。农业生物多样性的传统保护途径主要是以迁地保护和就地保护为代表的对濒危作物遗传多样性和物种多样性进行保护。然而，由于人类活动导致的生境丧失和破碎化越来越被视作是导致生物多样性丧失的最重要原因，单纯靠传统的保护措施将难以实现对农业生物多样性的全面保护。近年来生态学家们展开了对农地景观甚至是整个农业生态系统的保护研究，逐步重视景观规划途径、社区参与式、政策法规等新型保护措施研究，但这些研究尚处于探索阶段而亟待加强。

全球气候变化、人口数量增加、资源紧缺和生态环境破坏等对全球粮食安全形成巨大挑战。目前利用农业生物多样性持续控制病虫草害、减轻环境污染和增加粮食产量等技术得到了广泛推广，农业生物多样性的保护已初见成效。针对当前研究存在的不足，未来农业生物多样性领域仍需重视以下几方面研究。

继续深化农业种质资源研究。农业种质资源研究是了解作物遗传多样性及资源间亲缘关系的前提，是培育高产优质品种的基础。已有相关研究主要集中于种质资源的收集与鉴定评价、遗传多样性分析、优质资源筛选、优良品种选育等方面，取得了丰硕的成果。然而，当前依然存在农业地方品种、野生种、近缘种的资源现状尚未摸清，种质资源的鉴定评价内容不全面，构建核心种质等众多亟待深入研究的问题。这些问题将可能继续成为研究的热点领域。

加强农业文化遗产地良性运转的生态学机理和动态保护研究。当前对少数种植方式与种养模式的生态学机理有了深入的认识。如李隆等的研究表明，作物种间根际互惠是作物间套种系统超产和养分等资源高效利用的重要机制。云南农业大学的研究表明，间套作种植方式通过巧妙利用不同作物生长的时间、空间差异，来提高地块的土地当量比（LER）和作物对光、气等资源的利用效率，是额外增加粮食产量的又一生态学机制。浙江大学研究人员通过一系列田间调查和田间试验，揭示了物种间的正相互作用及资源的互补利用是稻鱼共生系统可持续的重要生态学机制。这些研究为现代农业转型提供了科学依据。中国具有众多闻名中外的传统农业模式和生态农业模式，如桑基鱼塘、稻—鱼—鸭、猪—沼—果、千烟洲立体农业、梯田种植、坎儿井、淤地坝、农林复合系统等，它们都属于农业文化遗产的范畴。深入挖掘这些模式良性运转的生态学机理，注重对这些农业文化遗产的合理利用与动态保护，探索其向现代农业转型的多样化途径将可能是未来的研究热点。

平衡农业规模化经营与农业生物多样性保护间的关系。在农村经济发展和农业人口转移的大背景下，农业规模化经营是必然趋势。陈欣等研究指出，现代农业种养体系的作物生物多样性配置需同时考虑共存物种之间相互庇护原理、共存物种间对资源相互促进利用特点、农事操作的可行程度等三方面内容，并强调发展田间设施、新型农业机械和构建信息化管理体系的重要性。发展特色农业将是平衡农业规模化经营与保护农业生物多样性（尤其是山地丘陵区）矛盾的重要途径之一。此外，由于气候变化、城镇化建设、化肥农药的过量使用、地膜残留等原因造成了严重的农业生态环境恶化，具体表现为土地沙化与盐碱化、森林草地面积缩减、水土流失加重、农业环境污染加剧等。在农村生态环境保护与治理过程中，这些生态环境恶化现象对作物品种退化的影响机理与保护对策研究，也将是未来农业生物多样性研究的努力方向。

开展气候变化与农业生物多样性间关系研究。气候变化和生物多样性已成为全球性的热点问题，当前关于气候变化对生物多样性影响的研究并不多，国内对气候变化与农业生物多样性间的关系研究则更少。农业昆虫对气候变化具有很好的指示作用，其本身也是农业生物多样性的重要组成部分。今后可通过加强农业昆虫的发育、繁殖、存活、迁移等生态学研究，达到控制农业病虫害和保护农业生物多样性的目的。此外，气候变化引起的农业野生植物资源的分布与迁移变化规律，极端天气事件对作物繁育和农事活动的影响，作物栖息地退化情况等也将是有待解决的科学问题，这些研究可以为自然保护区和物种迁移廊道规划提供决策依据。

二、提高农产品出口多样性

叶初升、邹欣通过对164个国家394种农产品1986~2012年的数据进行分析，研究了农产品出口多样性、普遍性与农业增长之间的关系，主要结论有：

第一，农产品出口多样性对一国农业增长有显著的促进作用，并且比较优势较高时的农产品出口多样性对农业增长的促进作用，要强于比较优势较低时的农产品出口多样性对农业增长的促进作用。

第二，农产品出口普遍性较高的国家，农产品出口多样性对其农业增长没有明显作用；而农产品出口普遍性较低的国家，农产品出口多样性对其农业增长有显著的正向作用，并且该正向作用大约是全样本时相应影响的3倍多。

第三，农产品出口多样性对农业增长的促进作用是建立在贸易保护的基础上的。如果不考虑贸易保护的影响，那么，农产品出口多样性对农业增长是不起作用的。

基于研究结论，提出建议：

第一，中国农产品出口中要注意农产品出口的多样性，集中于单一或者少数几种农产品的专一化出口模式不利于中国农业发展。差异化的发展策略更利于中国农产品在国际市场上的竞争。

第二，在发展农产品出口多样性的同时还要注意农产品出口种类的普遍性。如果出口普遍性较高的农产品的种类较多，那么，对中国农业增长影响并不显著。因此，在农产品出口结构中，应该尽量发展那些出口普遍性较低的农产品，这类农产品的种类越多，越能促进中国农业增长。

第三，农业仍然属于弱势产业，在农产品市场国际化的进程中，农业依然需要适度的贸易保护，以保障其健康发展。因此，在加入各种地区贸易合作组织的时候，不能一味地倡导零关税，没有贸易保护的农产品贸易，不利于本国农业的健康发展。

三、进一步完善农业生物遗传资源知识产权保护立法

由于澳大利亚生物遗传资源丰富、生物资源获取管制法制健全、制度完备，该国不仅成为《生物多样性公约》项下获取和惠益分享机制成功实践的国别典范，同时也成为全球开展生物勘探活动最为理想的国家之一。澳大利亚生物资源获取管制领域取得成就与该国系统构建地以法律、规则、政策、示范性协议为主要内容，以联邦立法、州和地方立法相协调的生物资源获取管制法律体系和以环境、遗产和艺术部为核心，其他部门多方参与的生物资源获取行政监管体制密不可分。

与澳大利亚相比，我国生物遗传资源获取管制法制仍存在较大差距。首先，到目前为止我国并未创设专门性的生物遗传资源获取法律，相关规定分别散落在各法律、行政法规个别条款之中，不仅条文零乱而且规定过于原则，如《种子法》（2000 年通过，2016 年第二次修正）有关种质资源国家惠益共享方案、《畜禽遗传资源进出境和对外合作研究利用审批办法》（2008）有关畜禽遗传资源国家惠益共享方案、《野生动物保护法》（1988 年通过，2016 年第三次修正）有关国家保护野生动物遗传资源规定等；我国也缺乏类似《澳大利亚本土遗传资源和生化资源全国一致策略》（2002）生物遗传资源获取管制政策，环境保护部会同教育部等部委于 2014 年联合发布《关于加强对外合作与交流中生物遗传资源利用与惠益分享管理的通知》也仅具有宣示性意义。同时，我国生物遗传资源获取、开发和利用程序性规定呈空白状态，生物遗传资源进出境、国际交流和合作并无详细、明确的法律、政策依据可遵循。《进出口农作物种子（苗）管理暂行办法》是唯一一部种质资源进出境、国际合作的法律，但主要适用于种质资源而非生物遗传资源且位阶过低。其次，由于长期以来作为生物遗传资源物质载体的动物、植物、微生物资源获取、开发和利用活动由不同部门如林业、农业、科技、环境保护等分别行使行政管理职能，目前我国尚未就生物遗传资源行政监管体制以及各相关部门职能进行明确划定，而是暂时由动物、植物、微生物资源行政主管部门行使生物遗传资源行政监管职责。

从澳大利亚生物遗传资源获取管制法制现状和案例实践出发，我国至少可从实体和程序等方面改变现阶段生物遗传资源获取管制领域法制薄弱、机构缺失、规范失灵等现状。首先，我国应尽快创设生物遗传资源获取管制领域专门性法律。近期决策层要求加快我国生物多样性领域立法，生物遗传资源获取管制专门性法律业已列入 2016 年国务院立法规划。这部法律的地位将类似澳大利亚《环境保护与生物多样性保护法》（1999），除了明确这部法律的定位，这部条例还需要对如下问题予以说明，如何谓"获取""惠益分享"、获取和惠益分享对象，获取和惠益分享行政监管体制等；除此之外，该条例也应与现有间接涉及获取和惠益分享相关领域法律，如《畜牧法》《畜禽遗传资源进出境和对外合作研究利用审批办法》《种子法》及其配套法规如《进出口农作物种子（苗）管理暂行办法》《农作物种质资源

管理办法》等进行衔接以确保法律适用和一致。

专栏 3-3　澳大利亚生物资源获取案例与实践

（1）格里菲斯大学与阿斯利康公司天然产品发现合作案。

1999 年，位于昆士兰州的格里菲斯大学与全球顶尖制药商英国阿斯利康公司共同在包括澳大利亚在内的全球生物多样性热点区域开展天然产物勘探活动。该活动持续时间累计长达 14 年，借助格里菲斯大学在广泛且稳定的生物遗传资源获取关系及生物技术领域所处的领先地位，阿斯利康公司从格里菲斯大学所属科研机构处获取包括呼吸道、炎症、疼痛、感染、癌症等领域具有潜在商业价值的化学合成物及相关信息进行药品测试。不论是格里菲斯大学、阿斯利康公司、其他获取对象（如昆士兰州立植物园、昆士兰州立博物馆、印度、中国、巴布亚新几内亚等国）还是其他利益相关方（如澳大利亚联邦政府、昆士兰州政府）均因该项活动开展而获利丰厚。具体而言，如格里菲斯大学及附属研究机构每年获得阿斯利康公司不菲的投入，使得前者研究设备（如生物存储设施、化合物储存库等）等硬件得到改善，同时亦使该大学及附属研究机构研究人员研究技术和研究能力得到显著提高；昆士兰州立植物园、昆士兰州立博物馆等也因此提升了受聘人员植物分类、管理和海洋生物领域收集技术并获得了具有重大科研和应用价值的海洋无脊椎生物多样性信息；澳大利亚联邦政府和昆士兰州政府也因此在人才培养、技术转化、就业促进等领域得到显著发展。

（2）"蛋白质国际"与北部领地政府生物勘探合作案。

西澳大利亚一家名为"蛋白质国际"的新药研究公司花费多年时间试图与北部领地政府沟通之前签署一项商业性生物勘探协议。该生物勘探协议主要内容为通过获取收集若干节肢动物如蜘蛛、蝎子、蜈蚣等并提取其毒液中生物活性物质治疗人类疾病。该生物勘探协议为双方设置明确权利义务，北部领地政府相关部门不仅全程参与，且该协议适用动物对象清单也由北部领地政府相关部门确定，如商务部、经济和地区发展部（现在仅保留商业部）并由北部领地政府环境部门在协议协商完毕之后授予获取许可。该生物勘探活动区域位于靠近艾利斯泉附近的中澳大利亚区域，专业收集人员正在运用合适方式对单个节肢动物进行采样。该协议禁止收集濒危物种并仅允许针对极少数物种进行采样。该协议也规定一旦新的生物活性物质被发现和拟进行商业开发，"蛋白质国际"需要向北部领地政府支付个位数的使用费以及分享研究成果。这些研究成果涉及分类学、动植物种类史等领域，或许对昆虫学家和未来生物研究具有价值。此外，储藏在西澳大利亚州立博物馆的标本在适当时候也会因此项活动开展而被鉴定和归档。

其次，我国可尝试就生物遗传资源获取行政监管体制进行规定。澳大利亚以环境、遗产和艺术部为核心，其他部门多方参与的生物资源获取行政监管体制的好处在于突出环境、遗产和艺术部在生物遗传资源获取行政监管体制主体地位，有助于生物遗传资源获取、开发和利用国内国际各项事宜和活动的沟通、联络和推动。但我国确认环境保护部门作为生物遗传资源获取行政监管体制主管部门存在相当可能但也存在不少障碍。

最后，我国应尽快设定生物遗传资源获取程序性规定。不管是"2002 规则"，还是《昆士兰州生物开发法案》（2004）以及《北部领地生物资源法案》（2006）均不同程度地将签署获取和惠益分享协议作为获得收集许可考量因素，这不仅意味着获取和惠益分享协议在该国兼具实体与程序法律意义，也说明澳大利亚更注重生物遗传资源获取后的惠益分享。我国既可通过前述生物遗传资源获取管制专门性法律就生物遗传资源获取程序性规定进行初步规定，还可通过颁布示范协议、行为指南等方式就获取和惠益分享内容进行规定以真正实现种质资源、畜禽遗传资源国家惠益共享方案。

第四章 林 业

第一节 行 业 介 绍

一、林业的定义及发展现状

　　林业是指保护生态环境保持生态平衡，培育和保护森林以取得木材和其他林产品、利用林木的自然特性以发挥防护作用的生产部门，是国民经济的重要组成部分之一。《经济与管理大辞典》中定义的林业有广狭二义：狭义指通过造林和营林以获得林木产品和其他多种经营效益的生产部门，广义农业的一个组成部分；广义林业除造林、营林外，包括森林采伐、木材运输、木材加工、木材综合利用等具有工业性质的生产活动。20 世纪七八十年代，现代林业的概念被提出。张建国、吴静和（1996）等认为，现代林业是现代科学与经济社会发展的必然产物，是在现代科学知识的基础上，用现代技术装备武装，现代工艺方法生产，现代科学管理方法管理经营并可持续发展的林业。徐期瑚（2008）认为现代林业是依靠科技进步，实现全面协调可持续发展，体现较高生产力发展水平，最大限度发挥森林多种功能，多种效益，满足社会化多样性需求的林业。王海燕（2007）认为现代林业以可持续发展理论为指导，以生态环境建设为重点，以产业化发展为动力的新型林业。张永利（2004）、陈哲华等（2015）认为林业有其经济效益、生态效益和社会效益，经济效益主要体现在其资源上，是人类对森林系统进行经济活动所取得的直接效益，生态效益是指人类干预和控制下的森林系统维持有序结构并保持动态平衡的输出效益之和，社会效益是指林业为人们生产和生活直接或间接提供的非经济效益。

　　近些年来，在国家政策的支持下，林业发展较快，生态建设成效明显，自然资源保护力度加大；林业产业保持高速增长，林业服务业所占比重逐年增大；生态服务载体多样，产品丰富；林业改革有重大突破，国有林区和国有林场改革全面启动；林业生态保护政策逐步完善，依法治林逐步推进；林业支撑保障能力增强，保障体系不断完善；区域林业发展良好，各具特色；国际合作与交流成果丰富，领域拓展[①]。

　　从生态建设方面，2015 年，完成的造林面积为 284.05 万公顷，年末实有封山育林面积为 1 421.18 万公顷，天然林资源保护工程本年完成的造林面积为 64.48 万公顷，退耕还林工程完成的造林面积为 63.60 万公顷，京津风沙源治理工程完成的造林面积为 22.33 万公顷，三北及长江流域等重点防护林体系建设工程的造林面积为 122.64 万公顷。

　　从产业发展来看，2015 年全国主要林产工业品产量稳步增长，木材产量 7 218.21 万立方米，竹材产量 235 466.04 万根，锯材产量 7 430.38 万立方米，人造板产量 28 679.52 万立方米，木地板产

　　① 国家林业局：《2016 年中国林业发展报告》，中国林业网 http://www.forestry.gov.cn/。

量 77 355.85 万平方米，松香类产品产量 1 742 521 吨，栲胶类产品产量 7 584 吨，紫胶类产品产量 3 344 吨。

从林业投资数额来看，2015 年林业建设的资金投入总额有所下降。林业固定投资完成额为 1 280.38 亿元，项目个数为 174 个，实际利用外资金额总计 38 034 万美元，协议利用外资金额合计为 23 519 万美元。

从林产品进出口情况来看，较 2014 年，2015 年林产品的进口额有所下降，出口额增加，贸易顺差加大。2015 年林产品的出口额为 742.63 亿美元，比 2014 年增长 3.99%，进口额为 636.03 亿美元，比 2014 年下降 5.92%。2015 年全国野生动植物进出口证明书核发数量为 41 449 份，较 2014 年增加 17.9%，物种证明核发数量为 30 528 份，较 2014 年减少 45.3%。2015 年全国野生动植物进出口管理费收取总额为 4 846 万元，较 2014 年减少 12.3%。近些年来野生动物进出口贸易额一直呈现下降的趋势，2015 年，野生动物进出口贸易额为 199.274 万美元，较 2014 年减少 47.3%，较 2013 年减少 69.8%[①]。

二、林业生物资源多样性

娄志平等（2012）认为生物资源是指当前人类已知的、具有直接、间接或具潜在的经济、科研价值的生物材料，包括动物、植物、微生物和病毒以及它们组成的生物群落等。方嘉禾（2010）提到生物资源具有可更新性，多样性，可利用价值，整体性四个基本特征。联合国《生物多样性公约》将生物多样性解释为地球上所有来源的生物体，包括陆地、海洋和其他水生生态系统及其所构成的生态综合体，这包括物种内、物种之间和生态系统的多样性。森林是陆地上生物最多样、最丰富的生态系统，是动植物和微生物的自然综合体，所以保护森林就是直接和间接保护生物多样性。

根据美国国家科学基金会"生命之树"项目统计，全世界有 500 万 ~ 1 亿个物种，科学家们可以确定的约 195 万种。并且生物资源在地球上分布不均，生物多样性丰富的国家主要集中在部分热带、亚热带地区的少数国家，中国是为数不多的生物多样性丰富的国家之一。

我国是生物资源的进出口大国，特别是在全球化的今天，生物资源在各个国家或地区的流动愈加频繁，种类和数量日益增大，成为国际贸易的重要组成部分。我国迎来了经济增长方式转变的机遇，资源与环境成为经济增长转型的关键因素，同时也是保证实现绿色增长、可持续增长与发展的基础。生物资源是其中重要的组成部分。2015 年我国生物资源进口量为 1 619.063 万吨，出口量为 26.52 万吨，进口额为 51.95 亿美元，出口额为 13.66 亿美元，2016 年生物资源进口量为 1 772.29 万吨，出口量为 24.72 万吨，进口额为 51.47 万吨，出口额为 11.32 亿美元[②]。可见，较 2015 年，2016 年生物资源的进口量和进口额上升，出口量和出口额下降。整体的贸易顺差为负，且贸易顺差进一步拉大。

森林是最重要的陆地生态系统，我国森林资源呈现数量持续增加、质量稳步提升、效能不断增强的良好态势。根据第八次全国森林资源清查结果，全国森林面积 2.08 亿公顷，森林覆盖率为 21.63%，森林面积和森林蓄积分别位居世界第 5 位和第 6 位，人工林面积位居世界首位[③]。林业的生物资源主要包括野生保护动物资源和野生保护植物资源。野生保护动物是指珍贵、濒危的陆生、水生野生动物和有益的或者有重要经济、科学研究价值的陆生野生动物。我国受保护的野生动物有四大类：（1）国家重点保护野生动物。分为两级，即国家一级保护野生动物和国家二级保护野生动物。（2）地方重点保护野生动

---

① EPS 数据平台。
② 中国海关网。
③ 《第八次全国森林资源清查主要结果（2009 ~ 2013 年）》，中国林业网 http://www.forestry.gov.cn/。

物（省重点保护野生动物，以前称三级保护野生动物）。(3) 有益的或者有重要经济、科学研究价值的陆生野生动物。(4) 我国参加的有关国际公约和国际协定中规定保护的野生动物。野生保护植物是指原生地天然生长的珍贵植物和原生地天然生长并具有重要经济、科学研究、文化价值的濒危、稀有植物。野生保护植物分为国家重点保护野生植物（又分为国家一级、二级保护野生植物）和地方重点保护野生植物（省重点保护野生植物，以前称三级保护野生植物)[①]。

三、林业生物资源多样性的政策支持

习近平总书记在十九大报告中指出，加快生态文明体制改革，建设美丽中国。其中，第四点提到加强对生态文明建设的总体设计和组织领导，设立国有自然资源资产管理和自然生态监管机构，完善生态环境管理制度。林业生物资源作为自然资源的一部分，其多样性保护对于推进生态文明建设至关重要。近年来，国家对于林业生物资源多样性的保护采取了一系列的政策支持。

（一）建立野生动植物保护管理机构

野生动物管理机构初创于 1956 年，1958 年国务院正式批示由林业部统一管理全国野生动物狩猎工作。除了中国国家林业局设有专门的机构外，各省、自治区、直辖市的林业行政主管部门成立专门的管理机构，一些重点地区还设立了县、乡级保护管理机构，配有专人负责野生动植物的保护和管理。

（二）建设自然保护区，为珍稀濒危动植物提供良好栖息地

自 1956 年建立第一处自然保护区以来，我国已基本形成类型比较齐全、布局基本合理、功能相对完善的自然保护区体系。截至 2016 年底，我国（不含中国香港、中国澳门特别行政区和中国台湾地区，下同）共建立各种类型、不同级别的自然保护区 2 740 个，其中国家级 428 个（林业系统国家级自然保护区 346 处），地方级 2 312 个（省级 879 个，市级 410 个，县级 1 023 个）。自然保护区总面积达到 147 万平方公里，约占全国陆地面积的 14.84%。全国超过 90% 的陆地自然生态系统都建有代表性的自然保护区，89% 的国家重点保护野生动植物种类以及大多数重要自然遗迹在自然保护区内得到保护，部分珍稀濒危物种野外种群逐步恢复。大熊猫野外种群数量达到 1 800 多只，东北虎、东北豹、亚洲象、朱鹮等物种数量明显增加。全国各级各类自然保护区专职管理人员总计 4.5 万人，其中专业技术人员 1.3 万人。国家级自然保护区均已建立相应管理机构，多数已建成管护站点等基础设施[②]。

（三）开展濒危物种拯救繁育工作，促进濒危物种的恢复和发展

《中共中央关于制定国民经济与社会发展第十三个五年规划的建议》明确指出：维护生物多样性实施濒危野生动植物抢救性保护工程，建设救护繁育中心和基因库。"十三五"规划将野生动物救护繁育工作提升到新的高度，成为国家生态文明建设的重要组成部分。根据野生动物救护委员会第一次《全国野生动物救护机构基本情况调查》显示，我国现有野生动物救护机构 115 家。

专栏 4-1 人工繁育放归大熊猫"淘淘"野外生存 5 年状况良好

全球首只采用母兽带仔野化培训方法培训放归的大熊猫"淘淘"，历经 5 年野外生存，目前身体状

---

① http：//www. forestry. gov. cn/portal/xdly/s/5193/content – 930393. html。

② http：//www. zrbhq. cn/web/bhgl. html。

况良好。我国采用母兽带仔野化培训放归大熊猫方法初见成效。

2017 年 12 月 28 日，四川栗子坪国家级自然保护区管理局监测到，有大熊猫进入安装在保护区野外监测站附近的回捕笼中。经过体检和体内电子芯片检查，确认此次回捕到的是 2012 年 10 月 11 日放归自然的雄性大熊猫"淘淘"。检查结果表明，"淘淘"体重达 115 公斤，体格强壮，除鼻梁有疑似打斗留下的伤疤外，全身无外伤、皮毛光洁、无体外寄生虫，四肢、生殖器发育正常，牙齿磨损程度低，健康程度堪比圈养大熊猫同龄个体。体检完成后，"淘淘"被佩戴可脱落项圈就地放回野外。

大熊猫"淘淘"2010 年 8 月 3 日出生于中国大熊猫保护研究中心核桃坪基地，是全球首只采用母兽带仔方式野化培训的人工繁育大熊猫。此前，同样经过母兽带仔培训方法培训放归的大熊猫"张想"，在 2017 年 9 月 28 日成功回捕。根据现场体检结果，"张想"全身没有外伤，没有蜱虫等体外寄生虫，四肢、牙齿、乳腺、生殖器等发育正常，体重 87 公斤，符合雌性成体大熊猫各项生理正常指标。"淘淘"和"张想"的体检结果表明，经过母兽带仔培训方法培训放归野外的大熊猫，能很好地适应野外环境，具备野外生存能力，大熊猫小种群复壮实验取得阶段性成功。

资料来源：http：//bwwz. forestry. gov. cn/portal/bwwz/s/2788/content－1064799. html。

（四）严格控制濒危野生动植物的进出口管理

濒危物种进出口管理办公室参与研究拟订国家野生动植物进出口管理工作的方针、政策和法律、法规，协助主管部门组织协调全国野生动植物进出口管理工作。2006 年国务院通过《中华人民共和国濒危野生动植物进出口管理条例》，该条例涉及了野生动植物及其产品的进出口限制，科学咨询等系列问题，对于保护和合理利用野生动植物资源具有深远的意义。

专栏 4 － 2　　濒危野生动植物进出口需要核验"身份证"

2006 年 9 月 1 日《濒危野生动植物进出口管理条例》出台后，国家濒危物种进出口管理机构代表中国政府履行《濒危野生动植物种国际贸易公约》（CITES），依照本条例的规定对经国务院野生动植物主管部门批准出口的国家重点保护的野生动植物及其产品、批准进口或者出口的公约限制进出口的濒危野生动植物及其产品，核发允许进出口证明书。

2014 年 2 月 9 日，《野生动植物进出口证书管理办法》通过，其中第三条说：依法进出口野生动植物及其产品的，实行野生动植物进出口证书管理。野生动植物进出口证书包括允许进出口证明书和物种证明。进出口列入《进出口野生动物种商品目录》（以下简称商品目录）中公约限制进出口的濒危野生动植物及其产品、出口列入商品目录中国家重点保护的野生动植物及其产品的，实行允许进出口证明书管理。进出口列入前款商品目录中的其他野生动植物及其产品的，实行物种证明管理。商品目录由中华人民共和国濒危物种进出口管理办公室和海关总署共同制定、调整并公布。

资料来源：中国濒危物种进出口信息网 http：//www. cites. gov. cn/。

（五）法律体系逐渐完善，执法力度不断加强

1988 年 11 月 8 日第七届全国人民代表大会常务委员会第四次会议通过《中华人民共和国野生动物保护法》，到 2016 年 7 月 2 日，第十二届全国人民代表大会常务委员会完成第二十一次会议修订。除此，国家陆续出台了《中华人民共和国陆生野生动物保护实施条例》《中华人民共和国水生野生动物保护实施条例》《野生动植物进出口证书管理办法》《中华人民共和国自然保护区条例》《中华人民共和国野生植物保护条例》《森林和野生动物类型自然保护区管理办法》《中华人民共和国濒危野生动植物进出口管理条例》等法规，还有一些司法解释如《关于审理破坏野生动物资源刑事案件具体运用法律若干问题的解释》等。中国还加入了一些重要的国际公约和组织，如《濒危野生动植物种国际贸易公约》《关于特别是作为水禽栖息地的国际重要湿地公约》等。

第二节　进出境数据分析

一、数据描述

（一）数据来源

为了了解我国林业生物遗传资源进出境的现状，分析林业生物资源在进出境的特点和问题，进而逐步对生物遗传资源的现状、价值、流失风险等内容进行研究，报告收集了林业生物资源进出口的海关数据。包含不同国家林业生物资源的进出口量和进出口额，不同省份林业生物资源的进出口量和进出口额，不同口岸林业生物资源的进出口量和进出口额。

（二）数据分类

林业生物资源主要包括野生动物资源和野生植物资源，根据收集的数据，为了更好地对林业生物资源进出境情况进行分析，将已有林业生物资源数据分为珍稀濒危动物、其他动物、珍稀濒危植物、原木类、苗木类、观赏植物共六类。其中珍稀濒危动物包含287个物种，其他动物包含82个物种，珍稀濒危植物包含23个物种，原木包含37个物种，苗木类包含12个物种，观赏植物包含72个物种。本书所使用的海关数据HS编码为8位，而物种分类是按照10位HS编码分类的，所以数据分析中按照8位HS编码将物种数据进行合并，合并后珍稀濒危动物包含32类，其他动物12类，珍稀濒危植物11类，原木包含19类，苗木类包含1类，观赏植物16类。其中，珍稀濒危动物和其他动物的数据有部分重合，珍稀濒危植物和观赏植物的数据有部分重合。

二、数据分析——林业数据总体分析

如图4-1所示，2015年林业生物资源进口量为3 784.6万吨，2016年进口量为3 385.4万吨，同比减少10.5%，2015年林业生物资源出口量为188.9万吨，2016年出口量为281.9万吨，同比增加49.2%。2015年林业生物资源进口额为79.6亿美元，2016年进口额为80.5亿美元，同比增长1.1%，2015年林业生物资源的出口额为10.2亿美元，2016年出口额为10.9亿美元，同比增长6.9%。2015年进出口总量为3 973.5万吨，2016年进出口总量为3 667.3万吨。2015年进出口总额为89.8亿美元。2016年进出口总额为91.4亿美元。2015年净进口额为69.4亿美元，2016年净进口额为69.6亿美元。我国林业生物资源呈现贸易逆差。

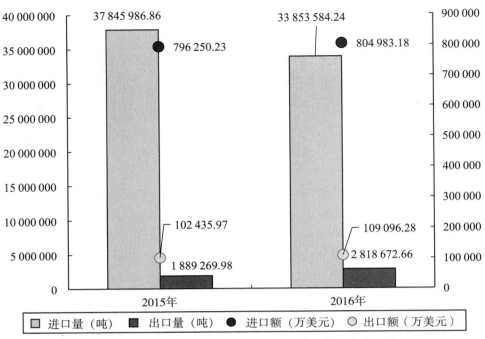

图 4 - 1　2015 ~ 2016 年林业生物资源进出口量和进出口额

三、数据分析——珍稀濒危动物

（一）总量分析

我国是珍稀濒危动物分布大国，据不完全统计，仅列入《濒危野生动植物种国际贸易公约》附录的原产于中国的濒危动物有 120 多种（原产地在中国的物种），列入《国家重点保护野生动物名录》的有 257 种，列入《中国濒危动物红皮书》的鸟类、两栖爬行类和鱼类有 400 种，列入各省、自治区、直辖市重点保护野生动物名录的还有成百上千种。本小节将以海关信息网获得的 32 类林业珍稀濒危动物进出口数据为依据，通过对其进出口总量、2015 ~ 2016 年贸易变化情况以及按照国家、省份、口岸对真心濒危动物的贸易情况进行分析，发现珍稀濒危动物资源在各个国家和地区的流动情况，进而逐步对生物遗传资源的现状、价值和流失风险等内容进行深层次研究。

如图 4 - 2 所示，与 2015 年相比，2016 年珍稀濒危动物进口量和出口量有略微下降，进口量下降了 3.8%，出口量下降了 0.26%，但从进出口额来看，珍稀濒危动物始的进出境保持贸易顺差，且 2016 年贸易顺差拉大。2016 年的出口额为 31 103.61 万美元，2015 年出口额为 31 001.93 万美元，出口额增加了 0.32%，由此可见，我国单位珍稀濒危动物的出口成本提高。

如图 4 - 3 所示，2015 年进口量超过百万吨的珍稀濒危动物排名前五的是其他活鱼，其他马（改良种用除外），改良种用其他牛，其他改良种用哺乳动物，活、鲜、冷、冻、干、盐腌、盐渍或熏制的蜗牛及螺。

如图 4 - 4 所示，2016 年进口量超过百万吨的珍稀濒危动物排名前五的是其他活鱼，其他马（改良种用除外），其他驴（改良种用除外），活、鲜、冷、冻、干、盐腌、盐渍或熏制的蜗牛及螺，淡水观赏鱼。

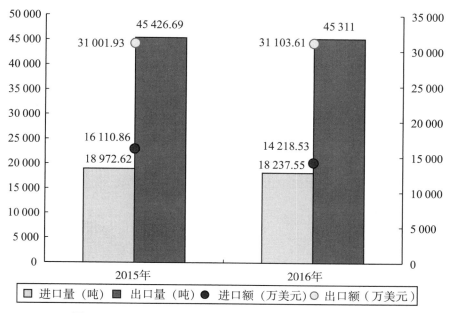

图 4－2 2015~2016 年珍稀濒危动物进出口量和进出口额

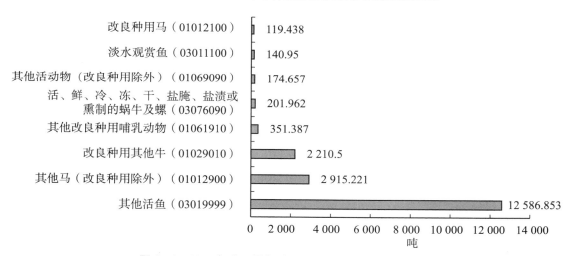

图 4－3 2015 年进口量超过百万吨的珍稀濒危动物资源

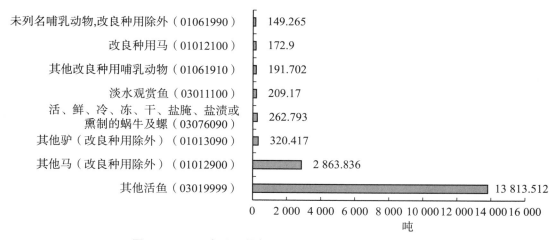

图 4－4 2016 年进口量超过百万吨的珍稀濒危动物资源

　　根据图4－3和图4－4，2015年和2016年进口量超过百万吨的珍稀濒危动物，2015年和2016年进口量超过百万吨的珍稀濒危动物排名前两位的均为其他活鱼和其他马（改良种用除外），且两种生物资源的进口量占比约93%。此外，2016年中国进口淡水观赏鱼的数量为209.17吨，2015年进口量为140.95吨，增长率达到48.4%。观赏鱼进口数量增加，一方面可能是因为人民生活水平逐步提高，精神文化生活不断丰富，从而使得观赏鱼需求量增加，另一方面，国家提倡供给侧改革，为满足市场需求，观赏鱼养殖业发展迅速。

　　图4－5描述了2015~2016年其他活鱼的进出口量的占比情况。从进口量来看，2015年其他活鱼的进口量占比为66.34%，2016年进口量占比为75.74%，提高了9.4%。从出口量来看，2015年其他活鱼的出口量占比为64.63%，2016年出口量占比为64.93%，提高了0.3%。

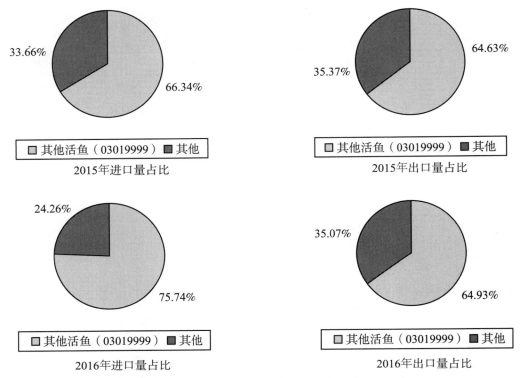

图4－5　2015~2016年其他活鱼进出口量占比

（二）变化分析

　　如图4－6所示，2016年珍稀动物资源进口量同比增长幅度最大的是未列名哺乳动物（改良种用除外），同比变化率为124.04%。同比减少最多的是改良种用骆驼及其他骆驼科动物、其他牛（改良种用除外）、改良种用其他牛，同比变化率为－100%。

　　如图4－7所示，2016年珍稀动物资源出口量同比变化最大是其他改良种用鸟，变化率为740%，反向同比变化最大是改良种用水牛、其他驴（改良种用除外），变化率均为－100%。

　　如图4－8所示，2016年珍稀动物资源进口额同比变化最大的是鳗鱼苗，同比增长153.3%，同比减少最大的是改良种用其他牛、其他牛（改良种用除外）、改良种用骆驼及其他骆驼科动物，变化率为－100%。

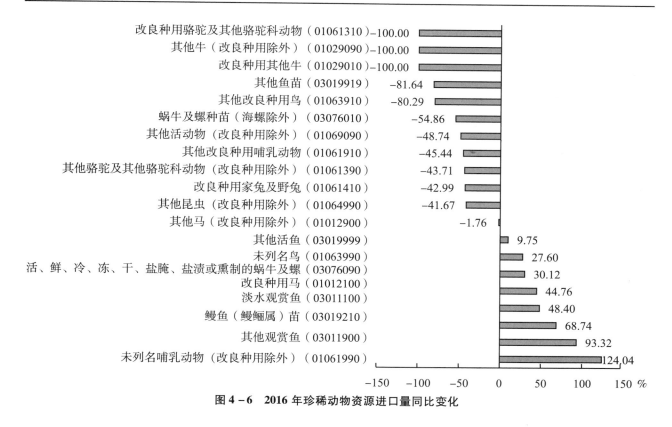

图4-6 2016年珍稀动物资源进口量同比变化

图4-7 2016年珍稀动物资源出口量同比变化

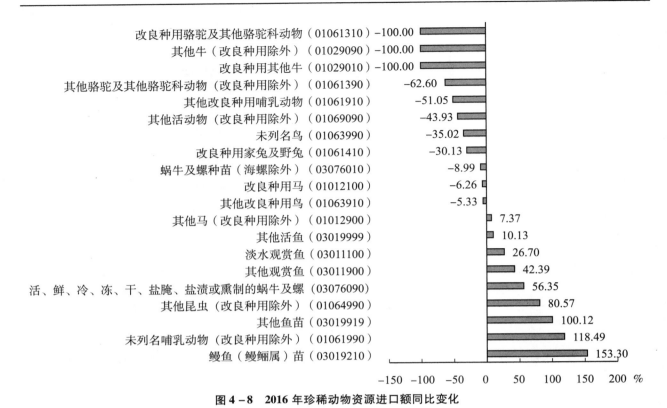

图 4-8　2016 年珍稀动物资源进口额同比变化

如图 4-9 所示，2016 年珍稀动物资源出口额同比变化最大的是其他改良种用鸟，同比增长 661.58%，同比减少最大的是其他驴（改良种用除外）、改良种用水牛，变化率达到 -100%。

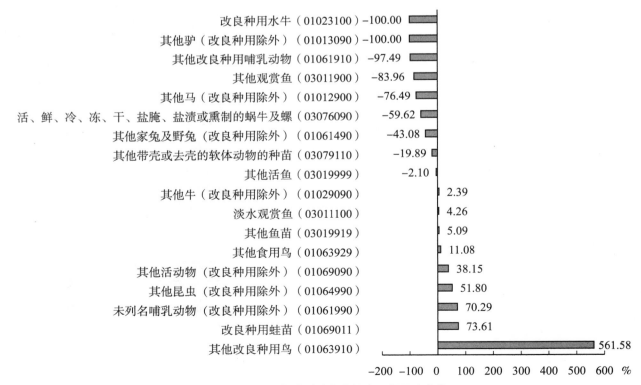

图 4-9　2016 年珍稀动物资源出口额同比变化

根据表 4-1，2016 年珍稀濒危动物资源进口量同比变化最大的是未列名哺乳动物（改良种用除外），为 124.04%，进口额同比变化最大的是鳗鱼（鳗鲡属）苗，为 153.30%，改良种用骆驼及其他骆驼科动物、其他牛（改良种用除外）、改良种用其他牛进口量和进口额同比变化均为 -100%。出口量同比变化最大的是其他改良种用鸟，为 740%，出口额同比变化最大的是其他改良种用鸟，为 561.58%，改良种用水牛、其他驴，改良种用除外两种生物资源的出口量和出口额同比变化均为 -100%。

我们注意到，2016 年珍稀动物资源出口量和出口额变化最大的均为其他改良种用鸟。但是进口额增加 153.3% 的鳗鱼苗，其进口量增加了 68.74%，可见 2016 年鳗鱼苗的平均单位价格有一个较大幅度的提升。根据中国鳗鱼网的独家统计①，2015 年中国进口日本活鳗的单价平均为 2 596 日元/公斤，其中 12 月份单价最高，为 2 742 日元/公斤，2016 年日本活鳗进口单价平均为 2 952 日元/公斤，其中 7 月份单价最高，为 2 952 日元/公斤。

表 4-1　　　　　　　　　　2015~2016 年进出口量和进出口额同比变化最大的珍稀动物资源

生物资源名称	进口量同比	进口额同比	出口量同比	出口额同比
	未列名哺乳动物（改良种用除外）（01061990）	鳗鱼（鳗鲡属）苗（03019210）	其他改良种用鸟（01063910）	其他改良种用鸟（01063910）
数值	124.04%	153.30%	740.00%	561.58%

（三）分类分析

1. 按照国家（地区）分类。如图 4-10 所示，从进口量来看，我国珍稀濒危动物资源的进口来源国家和地区主要有孟加拉国、蒙古国、新西兰、澳大利亚、吉尔吉斯斯坦、荷兰等国家，其中从孟加拉国进口量为 5 232.5 吨，占比 47.6%。

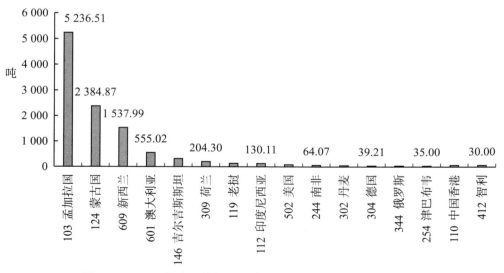

图 4-10　2016 年我国从各国（地区）进口珍稀动物资源的数量

---

① 中国鳗鱼网 http://www.chinaeel.cn/ShowInfo.aspx? Id = 30468。

如图 4 - 11 所示，从进口额来看，进口额排名前十位的是孟加拉国、新西兰、荷兰、老挝、澳大利亚、印度尼西亚、德国、津巴布韦、美国、葡萄牙。

孟加拉国珍稀濒危动物资源较为丰富，其中松达班森林是世界上最大的红树林之一，因物种多样性丰富被列为世界自然遗产，是孟加拉虎、湾鳄和印度蟒蛇等多种珍稀濒危动物和 200 余种鸟类的天然栖息地。同时，孟加拉国位于恒河和布拉马普特拉河冲击而成的三角洲，被称为"水泽之乡"和"河塘之国"，是世界上河流最稠密的国家之一。孟加拉国有近 50% 的国土是湿地，湿地也是孟加拉国重要的农业和渔业产区。根据数据显示，2016 年我国其他活鱼主要是从孟加拉国进口的，数量为 5 236.5 吨。

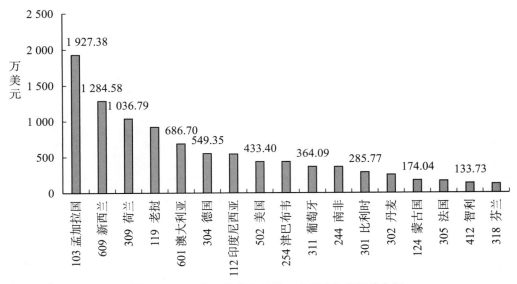

图 4 - 11　2016 年我国从各国进口珍稀动物资源的金额

如图 4 - 12 所示，2016 年我国珍稀濒危动物资源的出口地主要是中国香港和日本，其中出口到中国香港的数量占比为 76.03%，出口到日本的数量占比为 23.52%，出口到其他国家和地区的数量占比仅为 0.45%。从出口金额来看，出口到中国香港的金额占比 51.84%，出口到日本的金额占比为 44.10%，出口到其他国家的金额占比仅为 4.06%。其他国家主要包括美国、加拿大、韩国、泰国、阿联酋和英国。

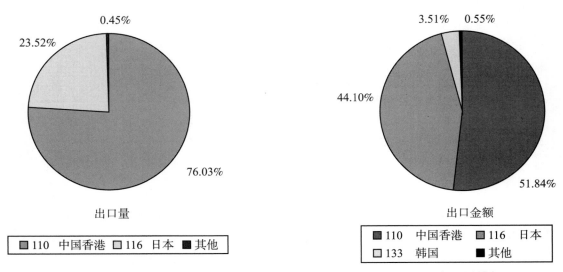

图 4 - 12　2016 年我国出口到各国（地区）的珍稀动物资源出口量和出口金额占比

2. 按照省份分类。如图 4 - 13 所示，2016 年各省份进口珍稀濒危动物资源占比最大的为广东省，其中，广东省进口量为 4 226.23 吨，占比 73.59%，进口额为 6 409.10 万美元，占比为 38.59%。其他进口量较多的省份依次为宁夏、新疆、北京、黑龙江。进口额较多的省份依次为北京、福建、宁夏、天津、上海、黑龙江。

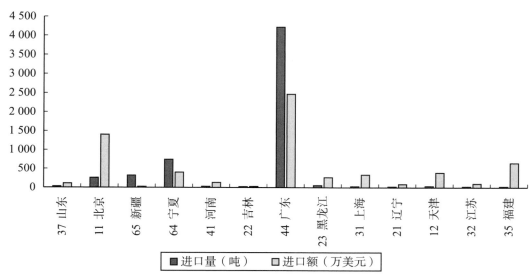

图 4 - 13 2016 年各省份进口珍稀动物资源的数量和金额

如图 4 - 14 所示，2016 年各省份出口的珍稀濒危动物资源占比最大的为广东省，出口量为 12 402.16 吨，占比 74.13%，出口额为 8 300.06 万美元，占比 65.77%。其他出口量和出口金额较多的省份为陕西省和海南省。

广东省是我国南方集体林区重要的林业省份，具有较多的自然保护区，包括 15 个国家级自然保护区和 30 余个省级保护区百余个市县级保护区，珍稀濒危动物资源丰富。

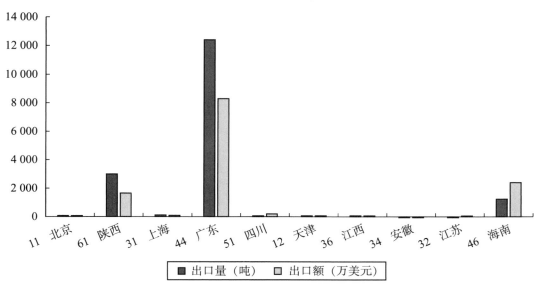

图 4 - 14 2016 年各省份出口珍稀动物资源的数量和金额

　　3. 按照海关分类。如图 4-15 所示，2016 年珍稀濒危动物资源进口量最多的海关是上海海关，进口量为 4 431.50 吨，进口额为 1 669.85 万美元。从上海海关进口的珍稀濒危动物资源主要是其他活鱼和其他活动物（改良种用除外），其中其他活鱼占比最大，进口量为 4 419.69 吨，进口额为 1 658.16 万美元。其次为天津海关，进口量为 1 901.96 吨，进口额为 1 522.54 万美元。从北京海关、昆明海关、广州海关的进口量虽然不大，但是进口额比较大。从北京海关进口的珍稀濒危动物资源主要包括其他马（改良种用除外），改良种用家兔及野兔，其他昆虫（改良种用除外），改良种用蛙苗，蜗牛及螺种苗，其中占比最大的是其他马（改良种用除外），进口数量为 276.47 吨，进口金额为 1 442.42 万美元。

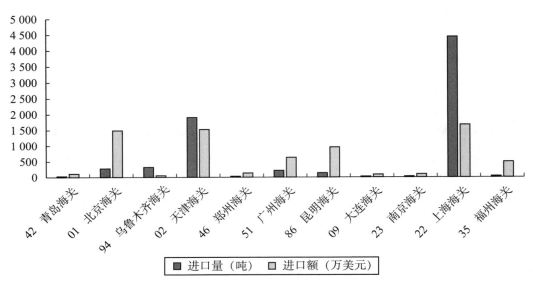

图 4-15　2016 年从各个海关进口珍稀动物资源的数量和金额

　　如图 4-16 所示，2016 年从深圳海关出口珍稀濒危动物资源的数量最大，为 10 706.03 吨，主要包含珍稀濒危动物资源种类有其他牛（改良种用除外），其他食用鸟，其他昆虫（改良种用除外）。从青岛海关出口的金额最大，为 6 125.28 万美元，主要出口生物资源为其他活鱼。除此之外，其他珍稀濒危动物资源主要从海口海关、上海海关、北京海关、广州海关出口。

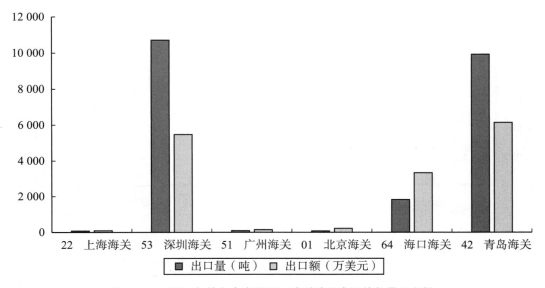

图 4-16　2016 年从各个海关进口珍稀动物资源的数量和金额

四、数据分析——其他动物

（一）总量分析

野生动物资源中除了珍稀濒危动物，还包括部分其他动物，表 4 - 2 为其他动物资源的种类列表。

表 4 - 2　　　　　　　　　　　其他动物资源的名称及 HS 编码

序号	生物资源
1	改良种用猪（01031000）
2	其他猪（10 ≤ 重量 50 千克，改良种用除外）（01039120）
3	其他猪（重量 ≥ 50 千克，改良种用除外）（01039200）
4	改良种用灵长目动物（01061110）
5	其他灵长目动物（改良种用除外）（01061190）
6	其他骆驼及其他骆驼科动物（改良种用除外）（01061390）
7	其他改良种用哺乳动物（01061910）
8	未列名哺乳动物（改良种用除外）（01061990）
9	改良种用鳄鱼苗（01062011）
10	其他改良种用爬行动物（01062019）
11	食用爬行动物（01062020）
12	未列名爬行动物（01062090）
13	改良种用猛禽（01063110）
14	改良种用鹦形目鸟（01063210）
15	其他鹦形目鸟（改良种用除外）（01063290）

如图 4 - 17 所示，与 2015 年相比，2016 年其他动物进口量略微增长，进口额略微下降，出口量下降，出口额上涨，出口贸易总额大于进口贸易总额，呈现贸易顺差，且 2016 年贸易顺差变大。与 2015 年相比，2016 年的其他动物进口量由 1 664.21 吨增加到 2 024.74 吨，增长 21.7%，从出口量的角度来看，其他动物出口量由 179 158.61 吨减少到 167 344.29 吨，减少了 6.6%。与 2015 年相比，2016 年的其他动物进口额由 5 527.36 万美元减少到 4 780.52 万美元，减少了 13.5%，但进口量是有略微上升的，说明整体的进口成本有所下降。从出口额的角度来看，其他动物出口额由 51 728.73 万美元增加到 56 585.27 万美元，增加了 9.4%。整体来看，2016 年其他动物的平均进口成本下降，平均出口成本增加。

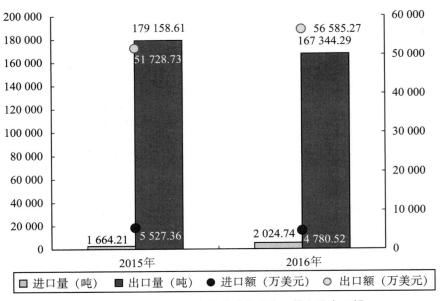

图 4-17　2015~2016 年其他动物进出口量和进出口额

（二）变化分析

如图 4-18 所示，2016 年其他动物资源进口量同比增长幅度最大的是其他灵长目动物（改良种用除外），同比变化率为 156.5%。同比减少最多的是改良种用猛禽，同比变化率为 -100%，改良种用鳄鱼苗的同比变化率为 -99.84%，近 100%。

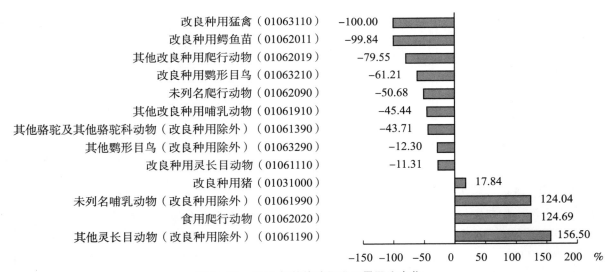

图 4-18　2016 年其他动物进口量同比变化

如图 4-19 所示，2016 年其他动物资源进口额同比变化最大的为其他灵长目动物（改良种用除外），变化率为 266.13%，进口额同比减少最多的是改良种用猛禽，变化率为 -100%。

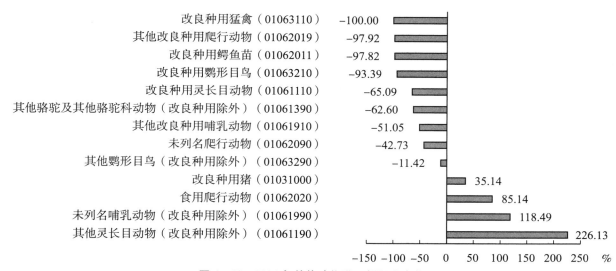

图 4-19 2016 年其他动物进口额同比变化

如图 4-20 所示，2016 年其他动物资源出口量同比增长最大的是食用爬行动物，变化率为 216.63%，同比减少最大的是改良种用猛禽，变化率为 -100%。

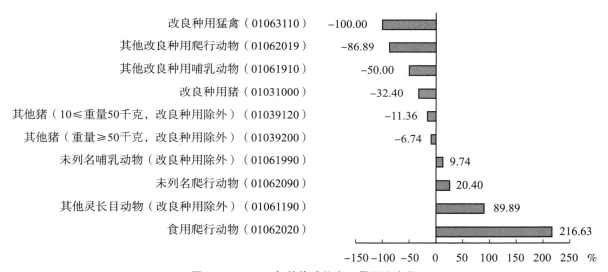

图 4-20 2016 年其他动物出口量同比变化

如图 4-21 所示，2016 年其他动物资源出口额同比增长最大的是食用爬行动物，变化率为 216.63%，同比减少最大的是改良种用猛禽，变化率为 -100%。

如表 4-3 所示，2016 年其他动物中进口量和进口额同比变化最大均为其他灵长目动物，进口量同比增加 156.50%，进口额同比增长 226.13%。出口量和出口额同比变化最大的均为食用爬行动物，出口量同比增长 216.63%，出口额同比增长 207.46%。

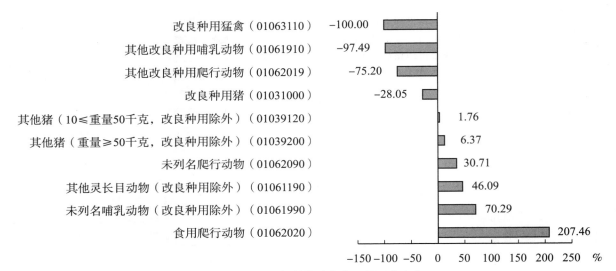

图 4 - 21　2016 年其他动物出口额同比变化

表 4 - 3　　　　　2015～2016 年进出口量和进出口额同比变化最大的其他动物

	进口量同比	进口额同比	出口量同比	出口额同比
生物资源名称	其他灵长目动物（改良种用除外）（01061190）	其他灵长目动物（改良种用除外）（01061190）	食用爬行动物（01062020）	食用爬行动物（01062020）
数值（%）	156.50	226.13	216.63	207.46

（三）分类分析

1. 按照国家（地区）分类。如图 4 - 22 所示，其他动物资源最大的来源国为越南，进口量为 815.45 吨，占总进口量的 38.6%，图 4 - 22 仅包含进口量大于 10 吨的国家，排名前十名的国家和地区还有中国台北单独关税区、加拿大、印度尼西亚、老挝、菲律宾、丹麦、美国、南非、法国。除此之外，我国还从德国、荷兰、墨西哥、日本等国家进口少量的其他动物资源。

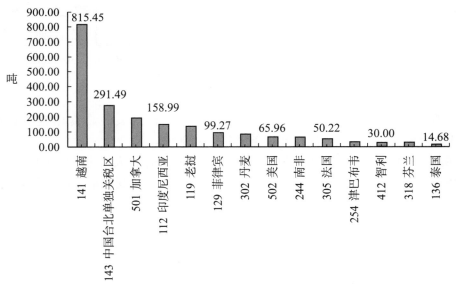

图 4 - 22　2016 年我国从各国（地区）进口其他动物资源的数量

如图 4 - 23 所示，2016 年其他动物资源进口金额最大的国家为老挝，进口金额为 918.28 万美元，占总进口金额的 19.1%，排名前十的国家还有加拿大、美国、丹麦、津巴布韦、南非、越南、法国、智利、芬兰。十个国家的进口金额共 4 204.31 万美元，占总进口金额的 87.6%。

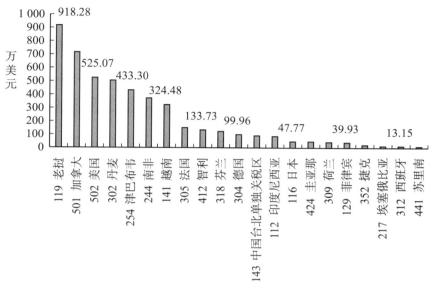

图 4 - 23　2016 年我国从各国（地区）进口其他动物资源的金额

如图 4 - 24 所示，2016 年我国出口到各国（地区）的其他动物资源共 167 344.29 吨，出口金额共 56 585.27 万美元，主要出口地区为中国香港、中国澳门和美国。其中从出口数量来看，出口到中国香港占比 92.9%，中国澳门地区占比 6.8%，从出口金额来看，中国香港占比 84.56%，美国占比 6.38%，中国澳门占比 6.19%。美国的出口数量占比不足 1%，说明我国出口到美国的其他动物资源单位价格较高。

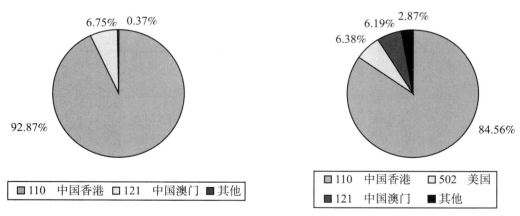

图 4 - 24　2016 年我国出口到各国（地区）其他动物资源数量和金额的占比

2. 按照省份分类。如图 4 - 25 所示，从省份来看，2016 年广西进口其他动物资源的数量最大，为 815.45 吨，占比 45.2%，福建和广东的进口量排名第二位和第三位，分别为 374.81 吨和 245.54 吨。

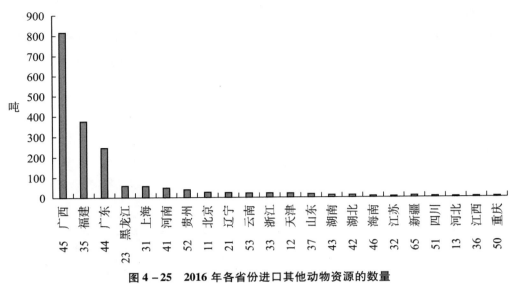

图 4 - 25　2016 年各省份进口其他动物资源的数量

如图 4 - 26 所示，2016 年其他动物资源出口数量最多的省份为广东，出口量为 64 749.69 吨，排名第二位和第三位的是河南和浙江，出口量为 36 265.62 吨和 20 399.45 吨。

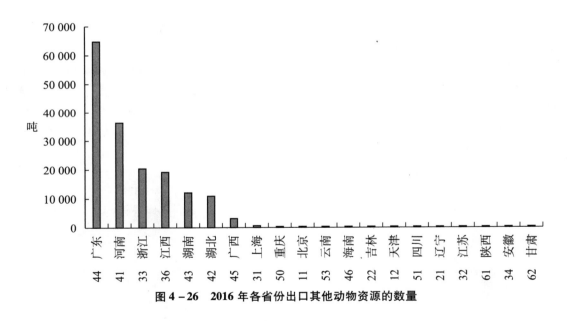

图 4 - 26　2016 年各省份出口其他动物资源的数量

如图 4 - 27 所示，其他动物资源进口金额最大的前十名为上海、广东、北京、广西、河南、黑龙江、贵州、浙江、天津、云南。其中上海的进口金额为 623.69 万美元。

如图 4 - 28 所示，其他动物资源出口金额最大的省份为广东，为 20 768.45 万美元，其次为河南和浙江，出口金额分别为 11 812.76 万美元和 6 208.2326 万美元。

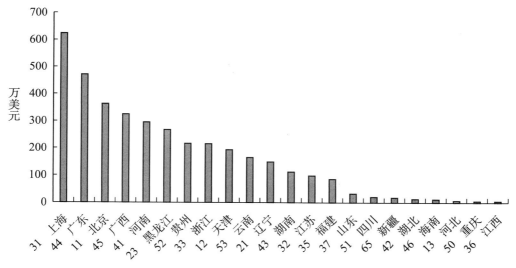

图 4 - 27 2016 年各省进口其他动物资源的金额

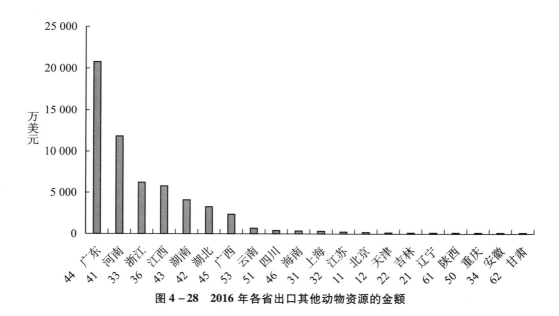

图 4 - 28 2016 年各省出口其他动物资源的金额

综上，2016 年其他动物资源进口量最大的省份为广西，进口金额最大的省份为上海，出口量和出口金额最大的省份均为广东。

3. 按照海关分类。图 4 - 29 展现了 2016 年各海关进口其他动物资源的数量和金额，由图可知，进口数量最大为南宁海关，进口数量为 815 吨，但其进口金额仅为 324 万美元，平均价格为 3.98 美元/千克，进口金额最大的海关为昆明海关，进口金额为 959 万美元，但其进口数量仅为 140 吨，平均价格为 95.5 美元/千克。此外，厦门海关的进口数量较大，进口金额较小，平均价格为 2.25 美元/千克，北京海关的进口数量较小，但进口金额较大，平均价格为 188 美元/千克。

如图 4 - 30 所示，2016 年其他动物资源出口量占比最大的海关为深圳海关，占比 92.88%，其次为拱北海关，占比 6.76%。出口金额占比最大的为深圳海关，为 84.55%，其次为拱北海关和广州海关，分别为 6.19% 和 6.14%。根据前面对出口国家和地区的分析，可以看出我国内地其他动物资源主要出口到中国香港和中国澳门，深圳和珠海分别与香港和澳门紧邻，所以出口海关主要为深圳海关和拱北海关。

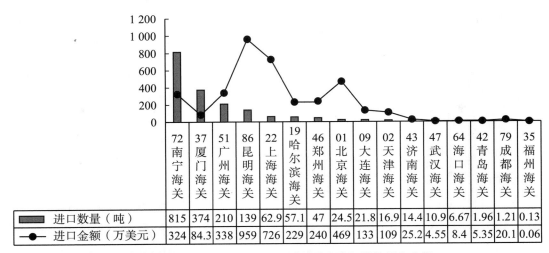

图 4-29　2016 年各个海关进口其他动物资源的数量和金额

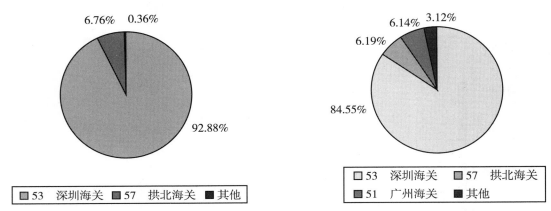

图 4-30　2016 年各个海关出口其他动物资源的数量和金额占比

五、数据分析——珍稀濒危植物

（一）总量分析

中国是北半球生物多样性最为丰富的国家之一，根据文献记载，中国拥有高等植物 3 万多种，约相当于美国的 2 倍、欧洲的 3 倍[①]。本小节将以海关信息网获得的 11 类珍稀濒危植物进出口数据为依据，通过对其进出口总量，贸易变化情况，按照国家（地区）、省份、口岸对珍稀濒危植物的贸易情况进行分析，发现珍稀濒危植物资源在各个国家和地区的流动情况，进而逐步对生物遗传资源的现状、价值和流失风险等内容进行深层次研究。

表 4-4　　　　　　　　　　　珍稀濒危植物名称及 HS 编码

序号	生物资源
1	种用休眠的鳞茎、块茎、块根、球茎、根颈及根茎（06011091）
2	未列名休眠的鳞茎、块茎、块根、球茎、根颈及根茎（06011099）

---

① 中国珍稀濒危植物信息系统 http：//rep. iplant. cn/news/53。

续表

序号	生物资源
3	生长或开花的鳞茎、块茎、块根、球茎、根颈及根茎，菊（06012000）
4	无根插枝及接穗植物（06021000）
5	其他种用苗木（06029091）
6	未列名活植物（06029099）
7	鲜的制花束或装饰用的不带花及花蕾的植物枝、叶或其他（06042090）
8	未列名制花束或装饰用的不带花及花蕾的植物枝、叶或其他（06049090）
9	鲜、冷、冻或干的竹芋、兰科植物块茎、菊芋及未列名含（07149090）
10	草本花卉植物种子（12093000）
11	其他种植用种子、果实及孢子（12099900）

本节共涉及 11 类 8 位 HS 编码的珍稀濒危植物，分别为种用休眠的鳞茎、块茎、块根、球茎、根颈及根茎；未列名休眠的鳞茎、块茎、块根、球茎、根颈及根茎；生长或开花的鳞茎、块茎、块根、球茎、根颈及根茎，菊；无根插枝及接穗植物；其他种用苗木；未列名活植物；鲜的制花束或装饰用的不带花及花蕾的植物枝、叶或其他；未列名制花束或装饰用的不带花及花蕾的植物枝、叶或其他；鲜、冷、冻或干的竹芋、兰科植物块茎、菊芋及未列名含；草本花卉植物种子；其他种植用种子、果实及孢子。

如图 4 - 31 所示，与 2015 年相比，2016 年珍稀濒危植物的进口量增加，进口额减少，出口量和出口额都有所增加。整体来看出口贸易总额大于进口贸易总额，呈现贸易顺差，且 2016 年贸易顺差变大。2015 年珍稀濒危植物进口量为 267 388.23 吨，2016 年进口量为 315 499.84 吨，增长率为 18.0%，2015 年进口金额为 16 709.59 万美元，2016 年进口金额为 13 315.98 万美元，减少了 20.3%，2015 年出口量为 1 601 386.07 吨，2016 年出口量为 2 442 787.91 吨增长率为 52.5%，2015 年出口金额为 18 178.32 万美元，出口量为 18 994.80 吨，增长率为 4.5%。

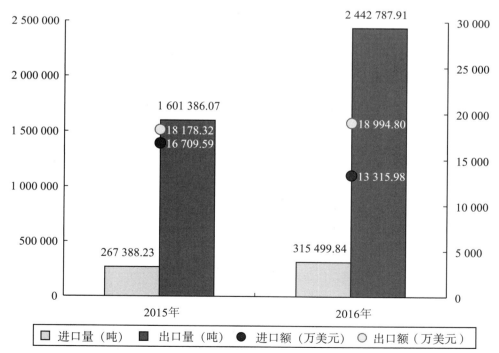

图 4 - 31 2015 ~ 2016 年珍稀濒危植物进出口量和进出口额

　　如图 4 – 32 所示，2015 年和 2016 年进口量最多的为种用休眠的鳞茎、块茎、块根、球茎、根颈及根茎，其次为其他种用苗木和无根插枝及接穗植物，且 2016 年这三类珍稀濒危植物的进口量都有所增加。

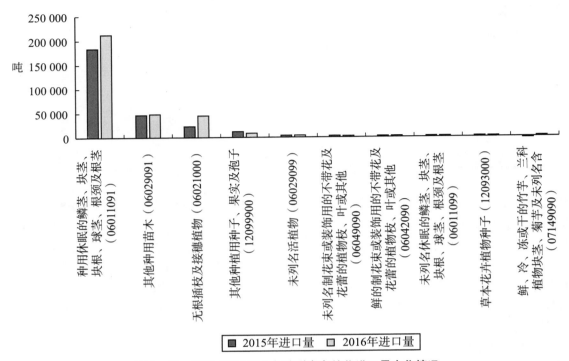

图 4 – 32　2015 年和 2016 年珍稀濒危植物进口量变化情况

　　如图 4 – 33、图 4 – 34 和图 4 – 35 所示，2015 年和 2016 年出口量最多的为未列名活植物，其次为其他种用苗木和无根插枝及接穗植物。2015 年未列名活植物出口量为 1 193 194. 35 吨，占比 74. 5%，2016 年出口量 2 056 700. 69 吨，占比 84. 2%。

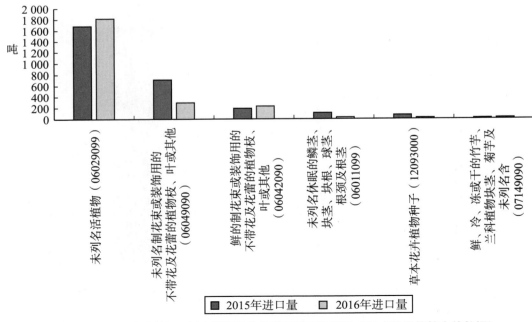

图 4 – 33　2015 年和 2016 年珍稀濒危植物进口量变化情况（除去数量值较大的数据）

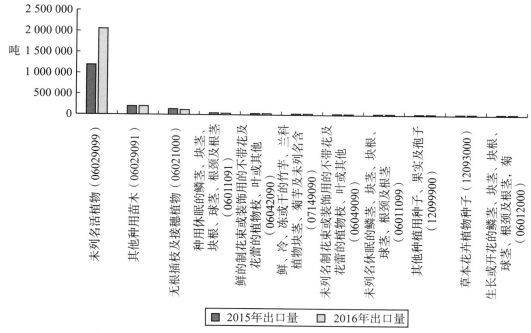

图4-34 2015年和2016年珍稀濒危植物出口量变化情况

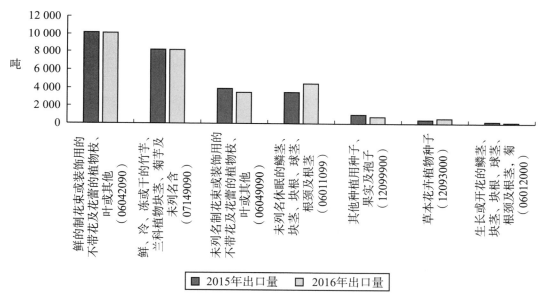

图4-35 2015年和2016年珍稀濒危植物出口量变化情况（除去数量值较大的数据）

（二）变化分析

如图4-36所示，2016年珍稀濒危植物进口量同比增长最大的是无根插枝及接穗植物，同比增长96.02%，未列名休眠的鳞茎、块茎、块根、球茎、根颈及根茎同比减少最多，变化率为-89.54%。

如图4-37所示，2016年珍稀濒危植物进口金额同比增长最大的是鲜的制花束或装饰用的不带花及花蕾的植物枝、叶或其他，同比增长33.76%，未列名休眠的鳞茎、块茎、块根、球茎、根颈及根茎同比减少最多，变化率为-88.73%。

如图4-38所示，2016年珍稀濒危植物出口量同比增长最大的是未列名活植物，同比增长72.37%，生长或开花的鳞茎、块茎、块根、球茎、根颈及根茎，菊同比减少最多，变化率为-39.57%。

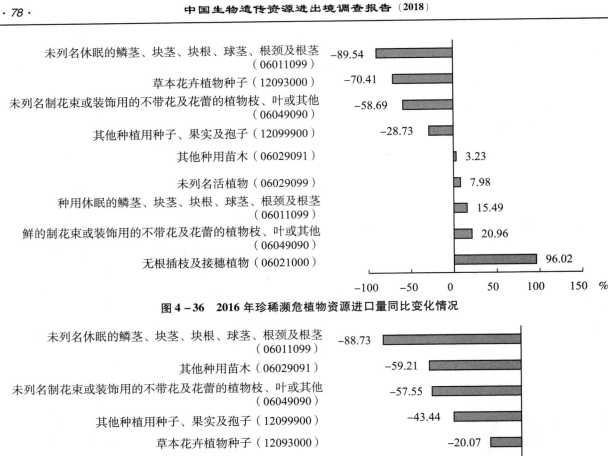

图 4 – 36　2016 年珍稀濒危植物资源进口量同比变化情况

图 4 – 37　2016 年珍稀濒危植物资源进口额同比变化情况

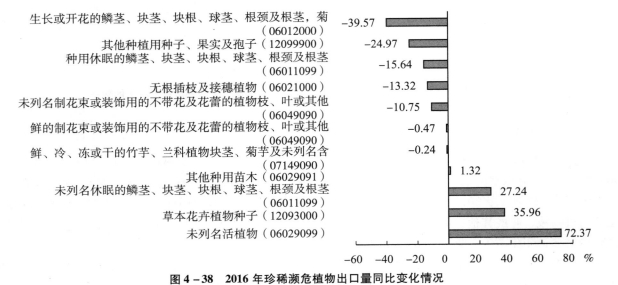

图 4 – 38　2016 年珍稀濒危植物出口量同比变化情况

如图 4-39 所示，2016 年珍稀濒危植物出口金额同比增长最大的是草本花卉植物种子，同比增长 20.49%，生长或开花的鳞茎、块茎、块根、球茎、根颈及根茎，菊同比减少最多，变化率为 -55.95%。

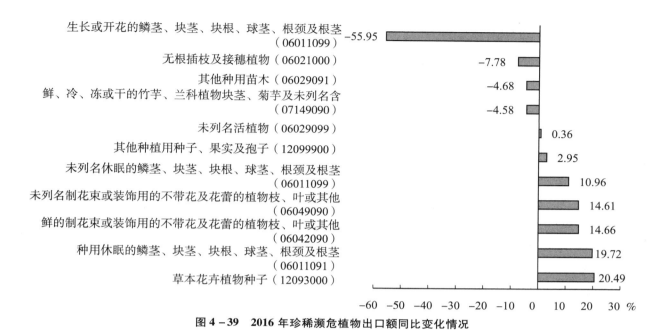

图 4-39 2016 年珍稀濒危植物出口额同比变化情况

根据表 4-5，2016 年珍稀濒危植物进口量同比变化最大的是无根插枝及接穗植物，变化率为 96.02%，其进口额仅增长 1.75%，进口额同比增加最大的是鲜的制花束或装饰用的不带花及花蕾的植物枝、叶或其他，为 33.76%，其进口量增长位居第二，同比增长 20.96%。出口量同比增长最大的是未列名活植物，为 72.37%，出口额仅增长 0.36%，出口金额同比增长最大的是草本花卉植物种子，为 20.49%，出口量增长排名第二，同比增长 35.96%。

表 4-5   2015～2016 年进出口量和进出口额同比变化最大的珍稀植物资源

生物资源名称	进口量同比	进口额同比	出口量同比	出口额同比
	无根插枝及接穗植物（06021000）	鲜的制花束或装饰用的不带花及花蕾的植物枝、叶或其他（07149090）	未列名活植物（06029099）	草本花卉植物种子（12093000）
数值（%）	96.02	33.76	72.37	20.49

（三）分类分析

1. 按照国家（地区）分类。根据图 4-40，2016 年珍稀濒危植物进口量超过千吨的进口来源国（地区）有 11 个，其中排名前五的分别为荷兰、乌干达、埃塞俄比亚、美国、马来西亚。其中荷兰的进口量为 247 342.94 吨，占总进口量的 76.41%。

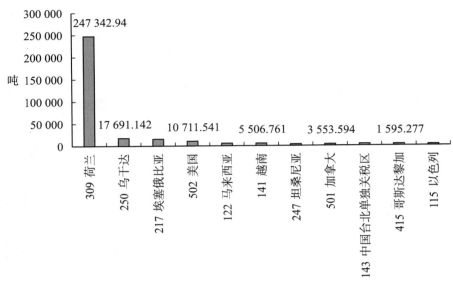

图 4 – 40　2016 年珍稀濒危植物进口量超过千吨的进口来源国（地区）

如图 4 – 41 所示，2016 年珍稀濒危植物进口金额超过百万美元的进口来源国有 17 个国家（地区），其中排名前五的分别为日本、荷兰、美国、马来西亚、加拿大。从日本的进口的金额为 4 617.33 万美元。

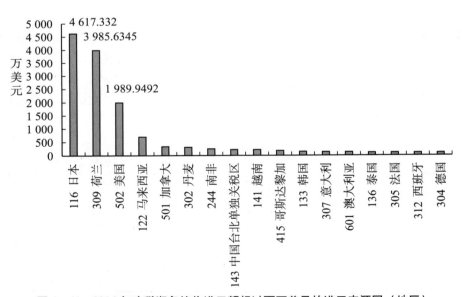

图 4 – 41　2016 年珍稀濒危植物进口额超过百万美元的进口来源国（地区）

根据图 4 – 42，2016 年珍稀濒危植物出口量最大的地区为中国香港，为 1 924 705.91 吨，占比 79.1%，其次为日本、荷兰、美国、韩国、印度、中国澳门。

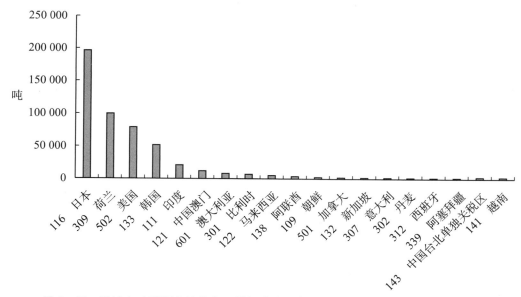

图 4 - 42　2016 年珍稀濒危植物出口量超过千吨的出口国和地区（不包含中国香港）

根据图 4 - 43，2016 年出口额超过百万美元的出口国家和地区有 17 个，排名前五的分别为日本、荷兰、美国、韩国、中国香港。其中，出口到日本的金额为 5 547.91 万美元。

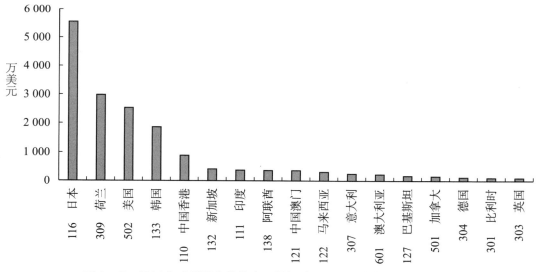

图 4 - 43　2016 年珍稀濒危植物出口额超过百万美元的出口国家和地区

2. 按照省份分类。如图 4 - 44 所示，2016 年珍稀濒危植物进口量超过千吨的省份有云南、北京、上海、浙江、江苏、辽宁、广东、陕西 8 个省份。其中，云南省的进口量最大，为 158 435.23 吨。

如图 4 - 45 所示，2016 年珍稀濒危植物进口金额超过百万美元的省份有浙江、北京、云南、广东、上海、江苏、辽宁 7 个省份。其中，浙江省的进口金额最大，为 3 941.35 万美元。

根据图 4 - 46 和表 4 - 6，2016 年出口量超过万吨的省份有广东、上海、福建、江苏、山东、浙江、云南，其中广东的出口量占比最大，出口量为 214.65 万吨，占比 87.87%。

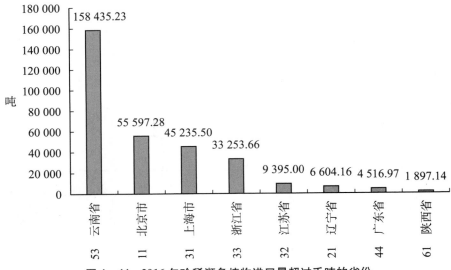

图 4 - 44　2016 年珍稀濒危植物进口量超过千吨的省份

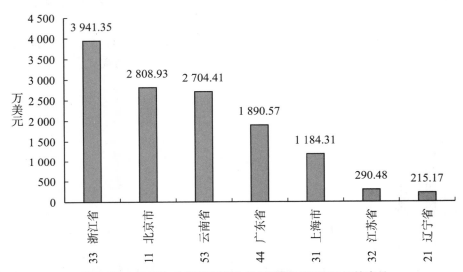

图 4 - 45　2016 年珍稀濒危植物进口额超过百万美元的省份

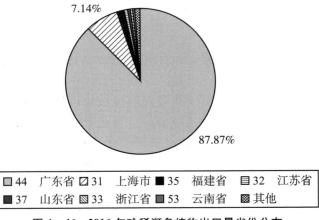

图 4 - 46　2016 年珍稀濒危植物出口量省份分布

表 4 - 6　　　　　　　　　　2016 年珍稀濒危植物出口量超过万吨的省份出口情况

省份	出口数量（吨）	出口量占比（％）
44　广东省	2 146 462. 97	87. 87
31　上海市	174 433. 66	7. 14
35　福建省	38 657. 37	1. 58
32　江苏省	17 742. 58	0. 73
37　山东省	14 159. 94	0. 58
33　浙江省	12 824. 36	0. 52
53　云南省	11 022. 38	0. 45

根据表 4 - 7，2016 年珍稀濒危植物出口金额超过百万美元的省份有 17 个省份，其中排名前五的分别广东、福建、浙江、上海、云南，五个省份出口金额占比 75.86%，其中，广东省出口金额为 4 507.18 万美元，占比 23.73%。

表 4 - 7　　　　　　　　2016 年珍稀濒危植物出口金额超过百万美元的省份金额及占比

省份	出口金额（万美元）	出口金额占比（％）
44　广东省	4 507. 18	23. 73
35　福建省	3 950. 20	20. 80
33　浙江省	3 624. 05	19. 08
31　上海市	1 471. 11	7. 74
53　云南省	857. 60	4. 51
37　山东省	632. 82	3. 33
21　辽宁省	550. 39	2. 90
62　甘肃省	434. 39	2. 29
32　江苏省	430. 31	2. 27
13　河北省	411. 17	2. 16
12　天津市	361. 96	1. 91
15　内蒙古自治区	319. 48	1. 68
11　北京市	275. 84	1. 45
42　湖北省	275. 75	1. 45
34　安徽省	265. 71	1. 40
43　湖南省	167. 15	0. 88
22　吉林省	112. 17	0. 59

3. 按照海关分类。如图 4 - 47 所示，2016 年珍稀濒危植物进口量最大的海关为昆明海关，进口量为 158 432.84 吨，其次为上海海关、北京海关、南京海关、大连海关、广州海关、宁波海关、天津海关、青岛海关。

根据图 4 - 48，2016 年进口额最大的海关为宁波海关，为 3 059.04 万美元，除此之外，进口额排名前五的海关还有昆明海关、北京海关、上海海关、广州海关。

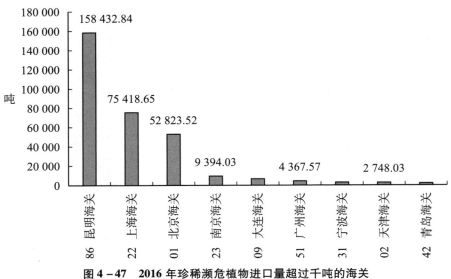

图 4 - 47　2016 年珍稀濒危植物进口量超过千吨的海关

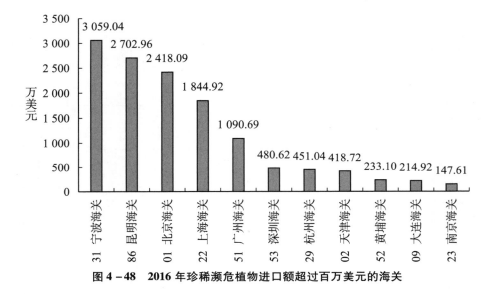

图 4 - 48　2016 年珍稀濒危植物进口额超过百万美元的海关

根据表 4 - 8，2016 年出口量最大的海关为深圳海关，出口量为 1 971 443 吨，占比 80.70%。出口量超过千吨的海关还有上海海关、湛江海关、广州海关、厦门海关、青岛海关、拱北海关、大连海关、昆明海关、天津海关。

表 4 - 8　　　　　　　　　　　2016 年珍稀濒危植物出口量超过千吨的海关

海关		出口量（吨）	出口量占比（%）
53	深圳海关	1 971 443	80.70
22	上海海关	208 979.1	8.55
67	湛江海关	93 406.7	3.82
51	广州海关	70 587.11	2.89
37	厦门海关	38 221.56	1.56
42	青岛海关	23 298.06	0.95

	海关	出口量（吨）	出口量占比（%）
57	拱北海关	12 680.21	0.52
09	大连海关	8 933.741	0.37
86	昆明海关	8 765.998	0.36
02	天津海关	1 990.72	0.08

2016 年出口金额超过千万美元的海关分别为上海海关、厦门海关、深圳海关、天津海关、广州海关，出口金额占比 78.5%。其中上海海关的出口额为 5 636.62 万美元，占比 29.67%。

表 4-9　　　　　　　　　2016 年珍稀濒危植物出口金额超过千万美元的海关

	海关	出口额（万美元）	出口额占比（%）
22	上海海关	5 636.62	29.67
37	厦门海关	3 899.19	20.53
53	深圳海关	2 749.45	14.47
02	天津海关	1 485.86	7.82
51	广州海关	1 141.37	6.01

六、数据分析——原木

我国是一个森林资源相对缺乏的国家，根据第八次森林资源清查统计，全国森林面积 2.08 亿公顷，森林覆盖率仅为 21.63%，人均森林面积仅为世界人均水平的 1/4，人均森林蓄积只有世界人均水平的 1/7[①]。当前我国经济高速发展，对原木的需求量急剧增加，国内木材供给无法满足经济增长的长期需求，因此需要大量的进口弥补供需市场缺口。根据范悦、宋维明（2010）的研究，当前我国已经成为世界上最大的原木进口国、第二大原木贸易国和出口国，进出口贸易蓬勃发展。本节依托 2015 年和 2016 年 20 类 8 位 HS 编码的原木进出口数据（见表 4-10），分析我国原木的进出口贸易。

表 4-10　　　　　　　　　　　　原木生物资源的名称及 HS 编码

序号	生物资源
1	红松和樟子松原木（44032010）
2	白松（云杉和冷杉）原木（44032020）
3	辐射松原木（44032030）
4	落叶松原木（44032040）
5	花旗松原木（44032050）
6	未列名针叶木原木（44032090）
7	奥克曼木 Okoume（奥克榄）原木（44034920）
8	龙脑香木 Dipterocarpusspp. 克隆木（44034930）
9	山樟木 Kapur（香木 Dryobalanopsspp.）原木（44034940）
10	印加木 Intsiaspp.（波罗格 Mengaris）原木（44034950）

---

① 《2014 年中国林业发展报告》，http：www.forestr.gov.cn，2014-11-26。

序号	生物资源
11	大干巴豆木 Koompassiaspp.（门格里斯或康派斯）原木（44034960）
12	异翅香木 Anisopterspp. 原木（44034970）
13	未列名本章子目注释2所列热带木原木（44034990）
14	楠木原木（44039910）
15	樟木原木（44039920）
16	红木原木（44039930）
17	水曲柳原木（44039950）
18	北美硬阔叶木（包括樱桃木、黑胡桃木、枫木）原木（44039960）
19	其他温带非针叶木原木（44039980）
20	未列名非针叶木原木（44039990）

（一）总量分析

如图4-49所示，与2015年相比，2016年原木进口量和进口金额有所增加增加，2015年原木进口量为37 261 715.74吨，2016年进口量为40 483 258.49吨，进口量增长率为8.6%，2015年原木进口金额为754 585.78万美元，2016年进口金额为767 750.05万美元，增长率为1.7%。原木出口量和出口额都较少，说明我国是原木的净进口国。

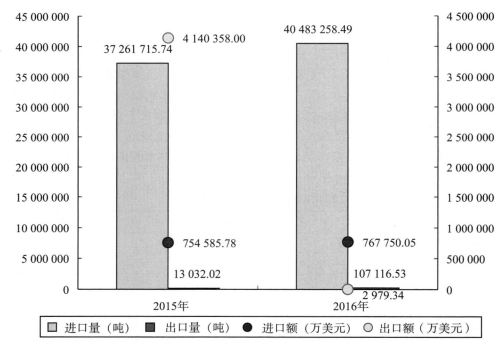

图4-49　2015~2016年原木进出口量和进出口额

如图4-50所示，2015年和2016年进口量超过十万吨的原木种类有14类，其中进口量最大的是辐射松原木，2015年其进口量为10 598 290.02吨，2016年进口量大幅提高，为11 862 627吨，增长率为11.9%。

如图4-51所示，2015年和2016年进口金额超过亿美元的原木种类有13类，其中进口量最大的是未列名非针叶木原木，2015年其进口金额为211 609.62万美元，2016年进口量下降，为172 536.56万美元，进口金额下降了18.5%。

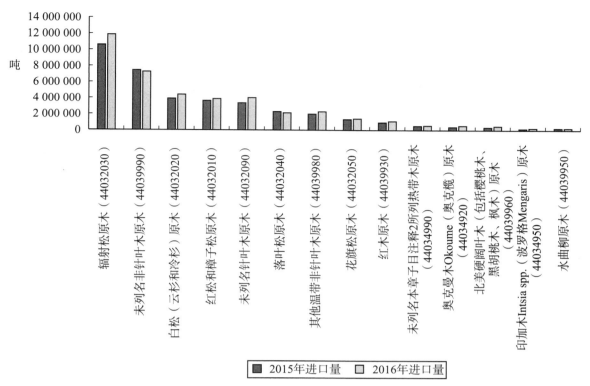

图 4-50 2015 年和 2016 年进口量超过十万吨的原木生物资源

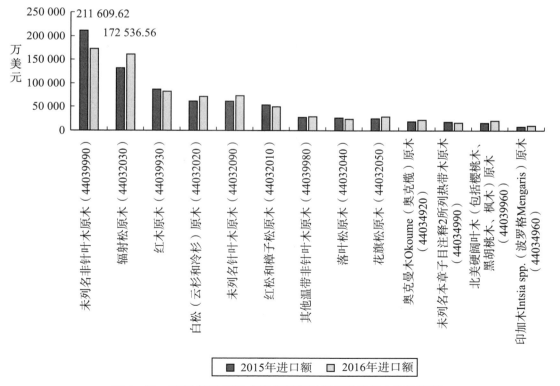

图 4-51 2015 年和 2016 年进口额超过亿美元的原木生物资源

表4-11展示了原木出口情况，其中，未列名本章子目注释2所列热带木原木2016年的出口量为20 807.93吨，较2015年增长了125倍。未列名非针叶木原木2016年出口量为85 657.02吨，比2015年出口量增长了6.6倍。

表4-11　　　　　　　　　　　　　　　　2015年和2016年原木出口情况

生物资源	2015年出口量（吨）	2016年出口量（吨）
未列名本章子目注释2所列热带木原木（44034990）	1 523.15	20 807.93
红木原木（44039930）	0.00	651.59
水曲柳原木（44039950）	194.32	0.00
未列名非针叶木原木（44039990）	11 314.54	85 657.02

（二）变化分析

如图4-52所示，2016年原木进口量增长幅度最大的是印加木Intsiaspp.（波罗格Mengaris）原木，同比增长44.03%，其次为北美硬阔叶木（包括樱桃木、黑胡桃木、枫木）原木，同比增长40.6%，奥克曼木Okoume（奥克榄）原木，同比增长39.39%。减少幅度最大的是龙脑香木，同比减少84.27%。

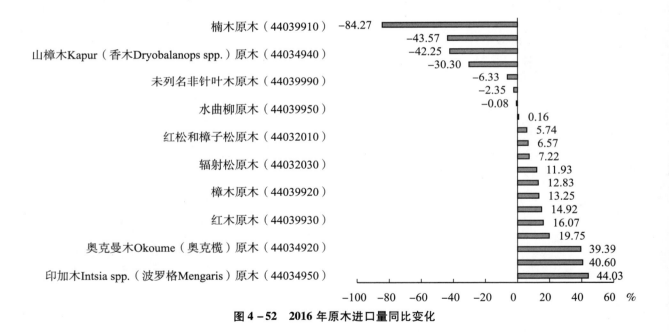

图4-52　2016年原木进口量同比变化

如图4-53所示，2016年原木进口额度增长幅度最大的是北美硬阔叶木（包括樱桃木、黑胡桃木、枫木）原木，同比增长28.31%，其次为印加木Intsiaspp.（波罗格Mengaris）原木，同比增长25.52%。减少幅度最大的是龙脑香木，同比减少84.27%。

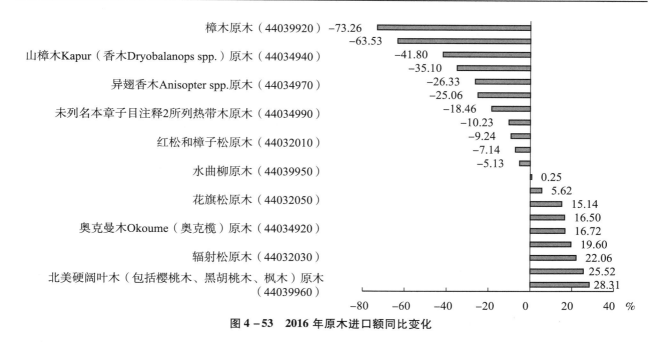

图 4 - 53 2016 年原木进口额同比变化

（三）分类分析

1. 按照国家（地区）分类。如图 4 - 54 所示，2016 年原木进口量排名前十的来源国分别为新西兰、俄罗斯、美国、澳大利亚、巴布亚新几内亚、加拿大、所罗门群岛、莫桑比克、赤道几内亚、乌克兰。其中从新西兰的进口量最大，为 9 704 719.95 吨。

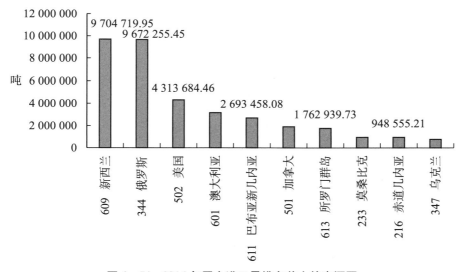

图 4 - 54 2016 年原木进口量排名前十的来源国

如图 4 - 55 所示，2016 年原木进口额排名前十的来源国分别为新西兰、俄罗斯、美国、巴布亚新几内亚、加拿大、澳大利亚、所罗门群岛、莫桑比克、赤道几内亚、尼日利亚。其中从新西兰的进口金额最大，为 137 965.11 万美元。

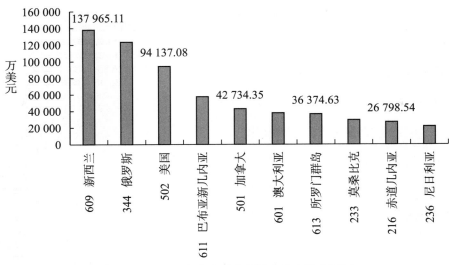

图 4 - 55　2016 年原木进口额排名前十的来源国

如表 4 - 12 所示，2016 年原木出口国（地区）有越南、泰国、中国台北单独关税区、孟加拉国、缅甸。其中出口量和出口额最大的国家越南，出口量为 101 705.90 吨，出口额为 2 828.46 万美元。

表 4 - 12　　　　　　　　　　2016 年原木出口国（地区）的出口量和出口额

	国家（地区）	出口量（吨）	出口额（万美元）
141	越南	101 705.90	2 828.46
136	泰国	3 526.63	91.15
143	中国台北单独关税区	1 428.52	42.48
103	孟加拉国	401.41	8.02
106	缅甸	54.08	9.23

2. 按照省份分类。如图 4 - 56 所示，2016 年原木进口量排名前十的省份分别为江苏、山东、黑龙江、内蒙古、广东、福建、上海、浙江、天津、广西。其中，进口量最大的是江苏省，进口量为 15 345 658.02 吨。

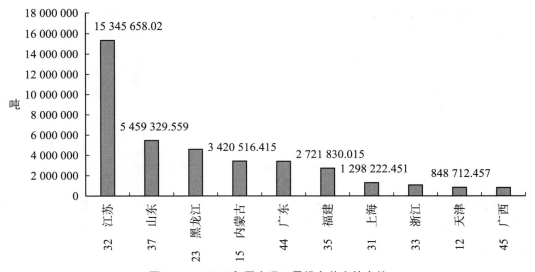

图 4 - 56　2016 年原木进口量排名前十的省份

如图 4-57 所示，2016 年原木进口量排名前十的省份分别为江苏、广东、山东、黑龙江、内蒙古、上海、福建、浙江、云南、天津。其中，进口量最大的是江苏省，进口金额为 317 551.09 万美元。

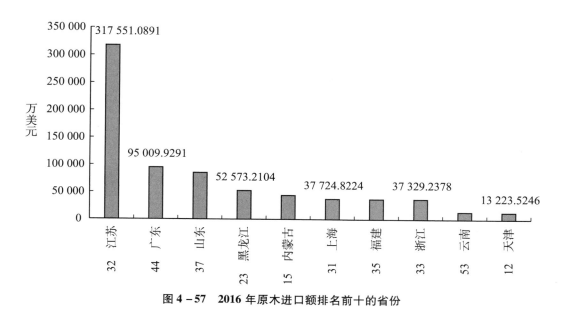

图 4-57　2016 年原木进口额排名前十的省份

根据表 4-13，2016 年原木出口省份主要是江苏，其出口量为 107 062.5 吨，出口额为 2 970.11 万美元。福建、云南、江西、上海、湖北、浙江、北京有少量出口。

表 4-13　　　　　　　　　　　　　　　2016 年原木出口省份的出口量和出口额

省份	出口量（吨）	出口额（万美元）
32　江苏	107 062.50	2 970.11
35　福建	54.85	4.66
53　云南	54.08	9.23
36　江西	42.24	3.54
31　上海	23.34	2.03
42　湖北	1.26	2.32
33　浙江	0.89	0.02
11　北京	0.01	0.15

3. 按照海关分类。如图 4-58 所示，2016 年原木进口量排名前十的海关分别为南京海关、青岛海关、哈尔滨海关、满洲里海关、黄埔海关、厦门海关、上海海关、深圳海关、南宁海关、天津海关。其中南京海关的进口量最大，为 15 085 119.31 吨。

如图 4-59 所示，2016 年原木进口量排名前十的海关分别为南京海关、青岛海关、黄埔海关、上海海关、哈尔滨海关、满洲里海关、厦门海关、深圳海关、宁波海关、昆明海关。其中南京海关的进口金额最大，为 311 665.0594 万美元。

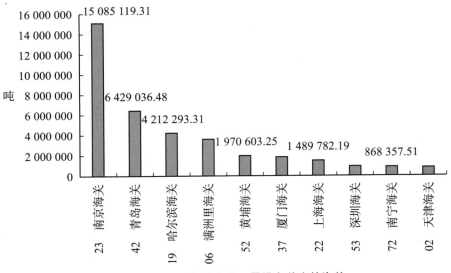

图 4 – 58　2016 年原木进口量排名前十的海关

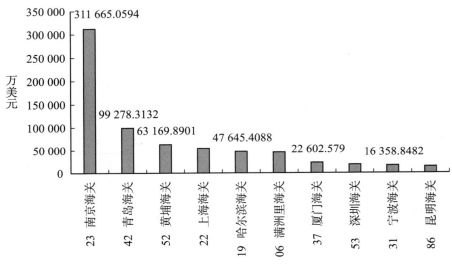

图 4 – 59　2016 年原木进口额排名前十的海关

　　根据表 4 – 14，2016 年原木出口海关主要为南京海关，出口量为 10 762.45 吨，占比 99.95%，出口额为 2 970.11 万美元，占比 99.69%，还有少部分原木通过昆明海关出口。

表 4 – 14　　　　　　　　　2016 年原木出口海关的出口量及占比，出口额及占比

海关	出口量（吨）	出口量占比（%）	出口额（万美元）	出口额占比（%）
23　南京海关	107 062.45	99.95	2 970.11	99.69
86　昆明海关	54.08	0.05	9.23	0.31

七、数据分析——观赏植物

（一）总量分析

表 4 - 15　　　　　　　　　　　　　　　观赏植物名称及 HS 码

序号	生物资源
1	种用百合球茎（06011021）
2	种用休眠的鳞茎、块茎、块根、球茎、根颈及根茎（06011091）
3	未列名休眠的鳞茎、块茎、块根、球茎、根颈及根茎（06011099）
4	生长或开花的鳞茎、块茎、块根、球茎、根颈及根茎，菊（06012000）
5	无根插枝及接穗植物（06021000）
6	种用杜鹃（06023010）
7	其他杜鹃（不论是否嫁接）（06023090）
8	种用玫瑰（06024010）
9	兰花（种用除外）（06029092）
10	菊花（种用除外）（06029093）
11	百合（种用除外）（06029094）
12	康乃馨（种用除外）（06029095）
13	未列名活植物（06029099）
14	鲜的制花束或装饰用的不带花及花蕾的植物枝、叶或其他（06042090）
15	鲜、冷、冻或干的竹芋、兰科植物块茎、菊芋及未列名含（07149090）
16	草本花卉植物种子（12093000）

如图 4 - 60 所示，与 2015 年相比，2016 年观赏植物的进口量及进口额，出口量及出口额都有所增长。2015 年进口量为 505 195.80 吨，2016 年进口量为 570 546.79 吨，增长率为 12.9%。2015 年出口量为 1 446 308.70 吨，2016 年出口量为 2 291 584.51 吨，增长率为 58.4%，2015 年进口额为 16 390.82 万美元，2016 年进口额为 17 459.96 万美元，增长率为 6.5%，2015 年出口额为 14 716.38 万美元，2016 年出口额为 15 650.31 万美元，增长率为 6.3%。整体来看，我国原木的进口贸易总额大于出口贸易总额，呈现贸易逆差。

如图 4 - 61 所示，2015 年和 2016 年观赏植物进口量超过千吨的观赏植物有五类，其中中用百合球茎的进口量最大，2015 年其进口量为 293 933.45 吨，2016 年其进口量为 307 891.91 吨，增长了 4.7%。

如图 4 - 62 和图 4 - 63 所示，2015 年和 2016 年观赏植物出口量超过千吨的观赏植物有八类，其中未列名活植物的进口量最大，2015 年其进口量为 1 193 194.3 吨，2016 年其进口量为 2 056 700.69 吨，增长了 72.4%。

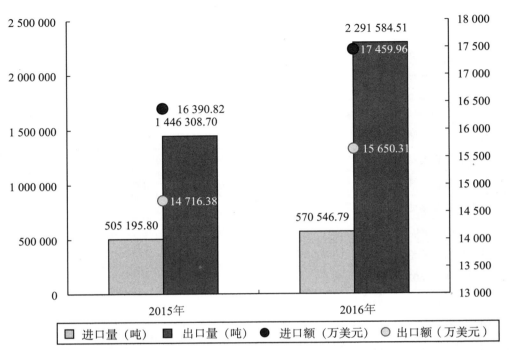

图 4 - 60　2015～2016 年观赏植物进出口量和进出口额

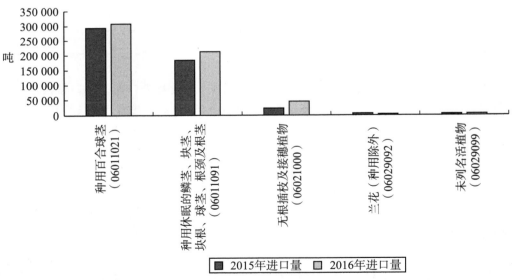

图 4 - 61　2015 年和 2016 年原木进口量超过千吨的观赏植物

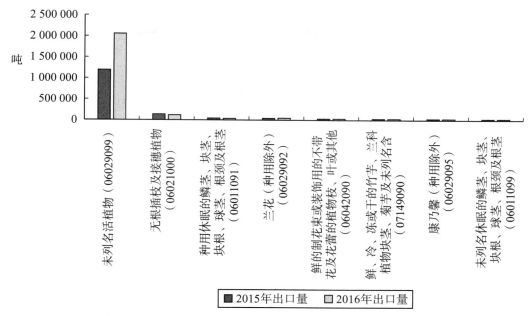

图4－62　2015年和2016年原木出口量超过千吨的观赏植物

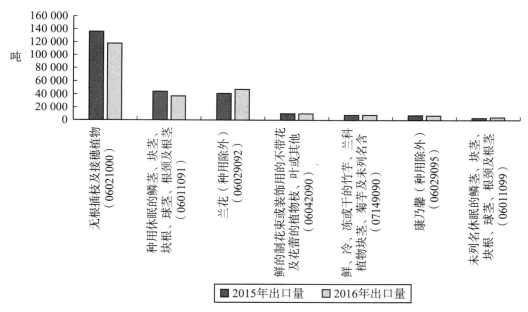

图4－63　2015年和2016年进出口量超过千吨的观赏植物（除未列名活植物（06029099））

（二）变化分析

如图4－64所示，2016年观赏植物进口量同比增长最大的品种是其他杜鹃（不论是否嫁接），增长率为167.66%，同比减少最大的是百合（种用除外），同比减少100%。

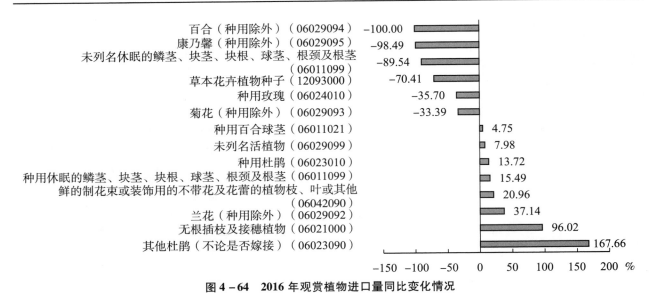

图 4 - 64　2016 年观赏植物进口量同比变化情况

如图 4 - 65 所示，2016 年观赏植物进口额同比增长最大的品种是种用玫瑰，增长率为 260.46%，同比减少最大的是百合（种用除外），同比减少 100%。

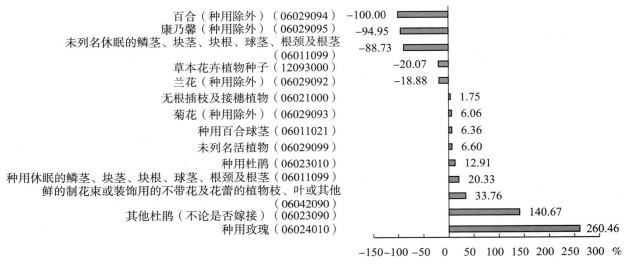

图 4 - 65　2016 年观赏植物进口额同比变化情况

如图 4 - 66 所示，2016 年观赏植物出口量同比增长最大的品种是种用杜鹃，增长率为 455.56%，同比减少最大的是生长或开花的鳞茎、块茎、块根、球茎、根颈及根茎，菊，同比减少 39.57%。

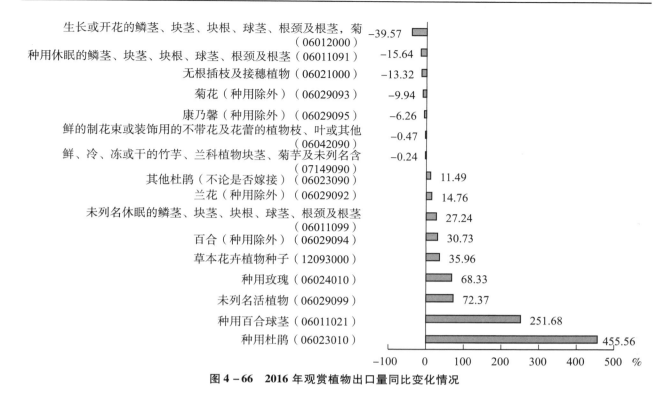

图 4 – 66　2016 年观赏植物出口量同比变化情况

如图 4 – 67 所示，2016 年观赏植物出口量同比增长最大的品种是种用玫瑰，增长率为 144.16%，同比减少最大的是生长或开花的鳞茎、块茎、块根、球茎、根颈及根茎，菊，同比减少 55.95%。

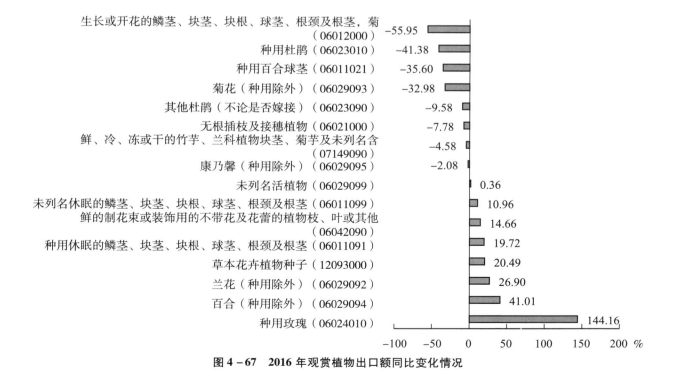

图 4 – 67　2016 年观赏植物出口额同比变化情况

根据表 4 - 16，2016 年进口量同比增长最大的是其他杜鹃（不论是否嫁接），进口量同比变化 167.66%，进口额同比变化最大的是种用玫瑰，同比增长 260.46%。出口量同比增长最大的是种用杜鹃，同比增长 455.56%，出口额同比增长最大的是种用玫瑰，同比增长 144.16%。

表 4 - 16　　　　　　　　　　2015~2016 年进出口量和进出口额同比增长最大的观赏植物

	进口量同比	进口额同比	出口量同比	出口额同比
生物资源名称	其他杜鹃（不论是否嫁接）（06023090）	种用玫瑰（06024010）	种用杜鹃（06023010）	种用玫瑰（06024010）
数值（%）	167.66	260.46	455.56	144.16

（三）分类分析

1. 按照国家（地区）分类。如图 4 - 68 所示，2016 年观赏植物进口量最多的来源国为荷兰，进口量为 467 384 吨，占比 81.9%，其次为智利，进口量为 36 681 吨。

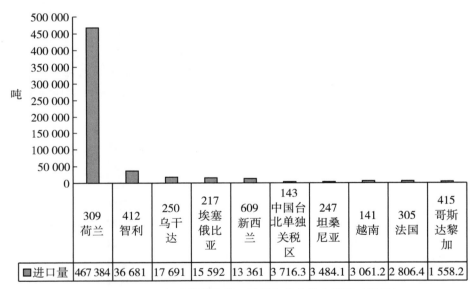

图 4 - 68　2016 年观赏植物进口量排名前十的来源国（地区）

如图 4 - 69 所示，2016 年观赏植物进口额最多的来源国为荷兰，进口额为 8 975.1 万美元，占比 51.4%，其次为日本，进口金额为 4 778 万美元，占比 27.4%。

如图 4 - 70 所示，2016 年观赏植物出口量排名前十的国家和地区有中国香港、日本、荷兰、美国、韩国、德国、印度、中国澳门、马来西亚、阿联酋。出口量最多的国家和地区为中国香港，出口量为 1 925 352 吨，占比 84.0%。

如图 4 - 71 所示，2016 年观赏植物出口额排名前十的国家和地区有日本、荷兰、韩国、美国、中国香港、马来西亚、德国、新加坡、中国澳门、印度。其中日本出口额最大，为 4 269.92 万美元。

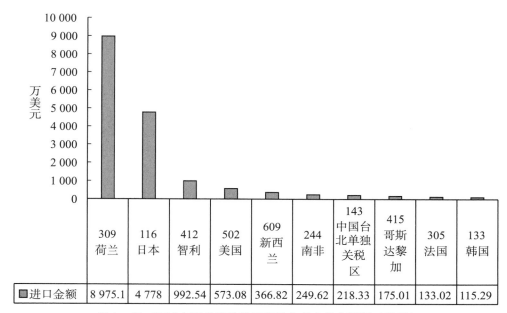

图 4 - 69　2016 年观赏植物进口额排名前十的来源国（地区）

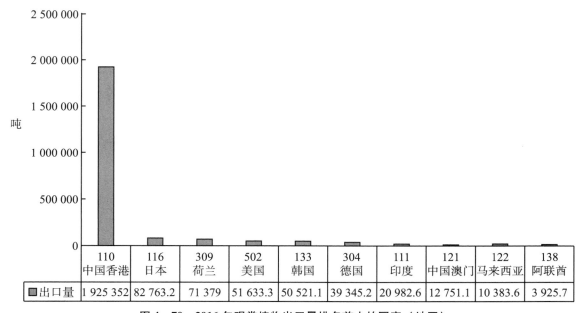

图 4 - 70　2016 年观赏植物出口量排名前十的国家（地区）

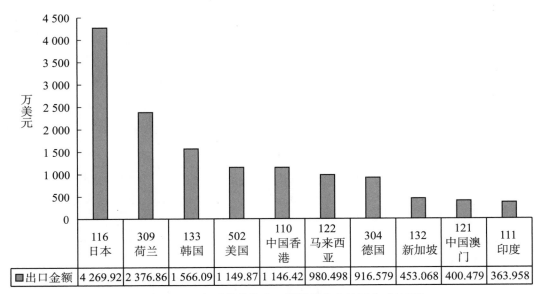

图 4 - 71　2016 年观赏植物出口额排名前十的国家（地区）

2. 按照省份分类。如图 4 - 72 所示，2016 年观赏植物进口量排名前七的省份分别为云南、上海、浙江、北京、辽宁、江苏、广东。其中云南的进口量最大，为 353 883.23 吨，占比 62%。

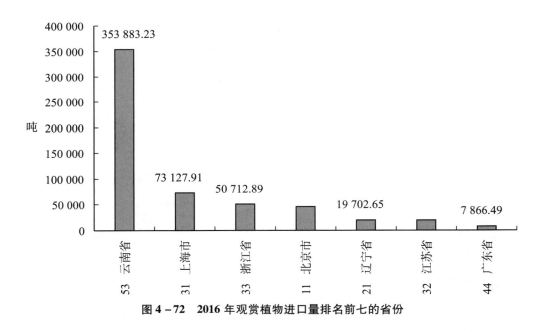

图 4 - 72　2016 年观赏植物进口量排名前七的省份

如图 4 - 73 所示，2016 年观赏植物进口量排名前五的省份分别为云南、浙江、广东、北京、上海。其中云南的进口金额最大，为 7 331.75 万美元，其次为浙江省，进口金额为 4 350.56 万美元，广东省进口金额为 1 930.87 万美元，北京市为 1 483.47 万美元，上海市为 1 363.46 万美元。

根据表 4 - 16，2016 年观赏植物出口量最大的省份为广东省，出口量为 2 123 540.41 吨，占比 92.67%。

如图 4 - 74 所示，2016 年出口额排名前十的省份分别为广东、福建、浙江、云南、甘肃、辽宁、江苏、内蒙古、山东、湖南。广东的出口额最大，为 4 267.22 万美元。

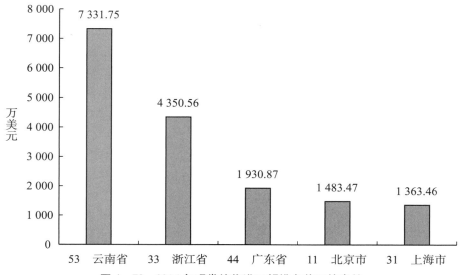

图 4－73 2016 年观赏植物进口额排名前五的省份

表 4－17   2016 年观赏植物出口量排名前十的省份及占比

省份	出口量（吨）	出口量占比（％）
44 广东省	2 123 540. 41	92. 67
53 云南省	57 591. 77	2. 51
35 福建省	32 308. 40	1. 41
31 上海市	24 055. 73	1. 05
32 江苏省	16 289. 27	0. 71
33 浙江省	10 126. 20	0. 44
51 四川省	9 293. 97	0. 41
21 辽宁省	7 182. 40	0. 31
37 山东省	4 366. 14	0. 19
11 北京市	2 145. 41	0. 09
其他	4 684. 825	0. 20

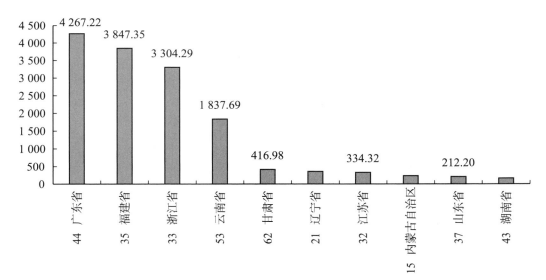

图 4－74   2016 年观赏植物出口额排名前十的省份

3. 按照海关分类。如图 4 – 75 所示，2016 年观赏植物进口量排名前五的海关分别为昆明海关、上海海关、北京海关、大连海关、南京海关。昆明海关的进口量最大，为 353 861.72 吨。

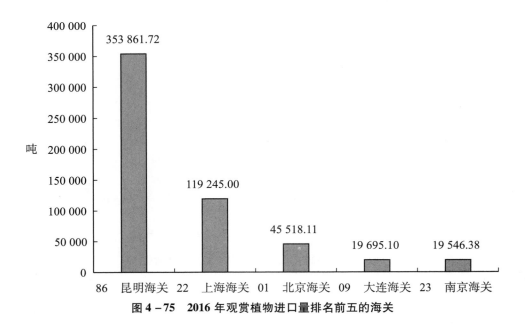

图 4 – 75　2016 年观赏植物进口量排名前五的海关

如图 4 – 76 所示，2016 年观赏植物进口额排名前五的海关分别为昆明海关、宁波海关、上海海关、北京海关、广州海关。昆明海关的进口额最大，为 7 323.01 万美元。

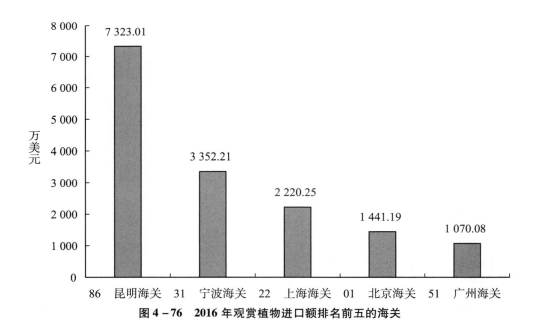

图 4 – 76　2016 年观赏植物进口额排名前五的海关

如图 4 – 77 所示，2016 年观赏植物出口量排名前八的海关分别为深圳海关、湛江海关、上海海关、广州海关、昆明海关、厦门海关、青岛海关、拱北海关。深圳海关出口量最大，为 1 975 564.72 吨，占比 86.4%。

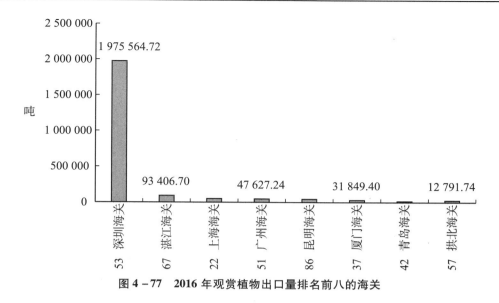

图 4-77　2016 年观赏植物出口量排名前八的海关

如图 4-78 所示，2016 年观赏植物出口金额排名前十的海关分别为厦门海关、上海海关、深圳海关、昆明海关、广州海关、湛江海关、北京海关、拱北海关、天津海关、大连海关。厦门海关出口金额最大，为 3 738.30 万美元。

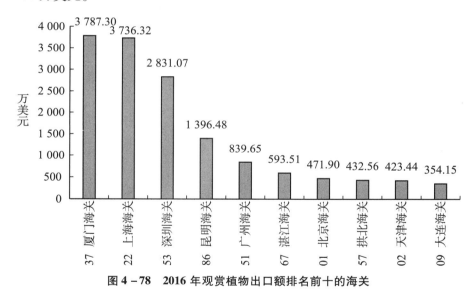

图 4-78　2016 年观赏植物出口额排名前十的海关

第三节　案 例 分 析

一、其他活鱼的进出境情况分析

（一）进出口量及进出口额分析

如图 4-79 所示，与 2015 年相比，2016 年其他活鱼的进口量和进口额均有上升，2016 年进口量为 13 813.51 吨，进口额为 5 375.94 万美元，出口量稍有提升，从 2015 年的 29 357.54 吨增长到 29 421.73 吨，但是出口额有小幅度下降，从 19 786.35 万美元减少到 19 371.7928 万美元，说明单位其他活鱼的出口额有所下降，这可能与其他活鱼的市场需求，竞争力以及出口国情况有一定的关系。

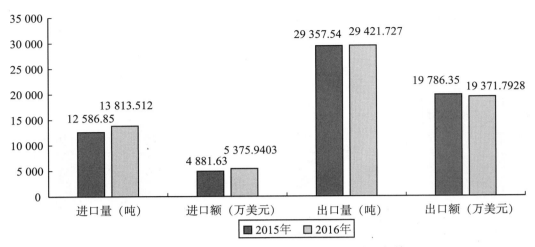

图 4 – 79　2015～2016 年其他活鱼进口量和进出口额情况

图 4 – 80 描述了 2015～2016 年其他活鱼的进出口量的占比情况。从进口量来看，2015 年其他活鱼的进口量占比为 66.34%，2016 年进口量占比 75.74%，提高了 9.4%。从出口量来看，2015 年其他活鱼的出口量占比为 64.63%，2016 年出口量占比为 64.93%，提高了 0.3%。

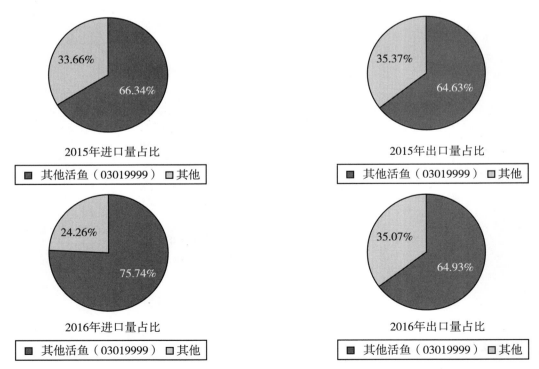

图 4 – 80　2015～2016 年其他活鱼进出口量占比

（二）进出口分类分析

如图 4 – 81 所示，2015 年其他活鱼进口来源国家和地区主要为孟加拉国、印度尼西亚、菲律宾，从三个国家的进口比例占到 97.57%，除此之外，进口来源来包括中国台北单独关税区、越南、美国、马来西亚、韩国、澳大利亚、缅甸、斯里兰卡。2016 年进口来源国家和地区中，孟加拉国、菲律宾、印度尼西亚、中国台北单独关税区进口量占比约 98.93%。与 2015 年相比，2016 年的进口国家和地区增加了日本和柬埔寨，减少了马来西亚和斯里兰卡。2016 年从日本进口其他活鱼 10 吨，进口金额为 6.94 万美元。

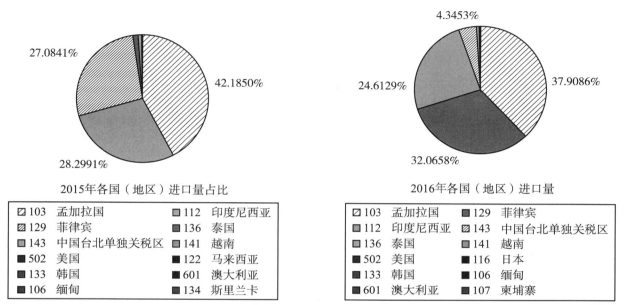

图 4 - 81　2015 ~ 2016 年进口来源国家和地区分布情况

如图 4 - 82 所示，2015 年其他活鱼的出口国家和地区主要是韩国、中国香港、中国澳门、日本、越南、马来西亚、中国台北单独关税区。其中出口到韩国的数量占比达到了 65.36%，出口到中国香港的数量占比为 22.93%。与 2015 年相比，2016 年出口国（地区）的数量更多，从 2015 年的 7 个增加到 12 个，主要出口国家和地区依然为韩国、中国香港、中国澳门、越南、日本。

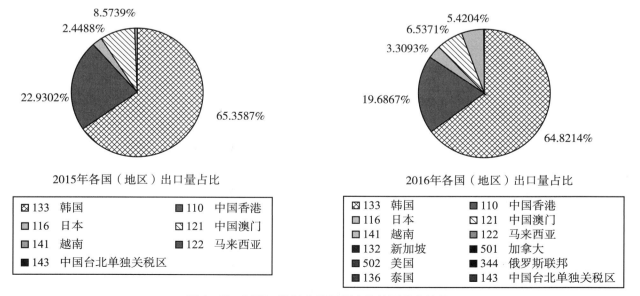

图 4 - 82　2015 ~ 2016 年出口国家和地区分布情况

二、淡水观赏鱼的进出境分析

观赏鱼是指具有观赏价值的有鲜艳色彩或奇特形状的鱼类。世界的鱼类有近五万种，而其中可供观赏的鱼类仅有 2 000～3 000 种，而实际普遍饲养和常见的只有 500 多种。近年来，随着世界经济的快速发展，人民生活水平和对生活质量要求的不断提高，鱼类早已经不仅仅用于食用，越来越多的消费者开始关注观赏鱼市场，观赏鱼养殖俨然成为一个新兴产业和一种家庭消费新时尚。如今，观赏鱼已遍布全世界，观赏鱼贸易额在水产品贸易额中所占的比例不断扩大。

（一）淡水观赏鱼进出境情况分析

如图 4 - 83 所示，2016 年淡水观赏鱼的进口量为 209.17 吨，2015 年进口量为 140.95 吨，同比增长 48.40%，2016 年淡水观赏鱼的出口量为 219.905 吨，较 2015 年同比减少 7.4%。

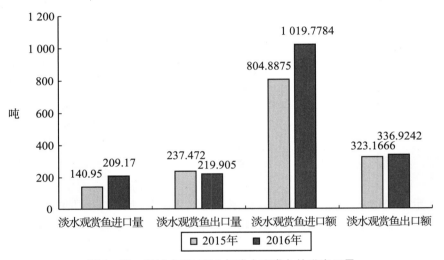

图 4 - 83　2015 年和 2016 年淡水观赏鱼的进出口量

如图 4 - 84 所示，2016 年淡水观赏鱼的进口额为 1 019.78 万美元，2015 年进口额为 804.89 万美元，同比增长 26.70%，2016 年淡水观赏鱼的出口额为 336.92 万美元，较 2015 年同比增加 4.26%。

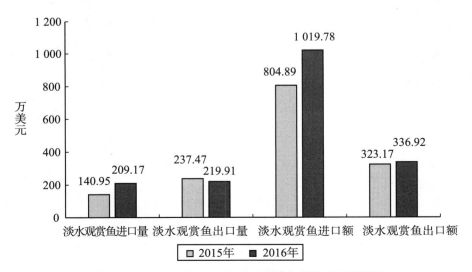

图 4 - 84　2015 年和 2016 年淡水观赏鱼的进出口额情况

根据表4-18，我国淡水观赏鱼的进口来源国家和地区主要是印度尼西亚、马来西亚、泰国、新加坡、中国台北单独关税区，其中2016年从泰国进口量为84.64吨，印度尼西亚进口67.67吨，从马来西亚进口34.61吨，从以上四个国家进口量占到全部进口量的90%以上。

表4-18　　　　　　　　　2016年排名前十的淡水观赏鱼进口来源国（地区）

国家（地区）	进口量（吨）	进口额（万美元）
印度尼西亚	67.67	430.72
马来西亚	34.61	326.26
泰国	84.64	121.07
新加坡	4.46	44.64
中国台北单独关税区	8.75	28.50
哥伦比亚	4.14	26.79
巴西	2.82	22.97
秘鲁	0.69	10.54
苏里南	0.52	2.83
美国	0.32	1.91

根据表4-19，我国淡水观赏鱼出口量最大的国家和地区分别为中国香港和美国，2016年我国出口对中国香港的淡水观赏鱼出口量为115.93吨，出口到美国27.02吨。美国是全球最大的观赏鱼市场，据统计，约有10%的人饲养观赏鱼，饲养观赏鱼已经成为美国宠物产业中的第二大产业。美国的观赏鱼进口市场中，亚洲大约占到进口贸易额的90%，主要供应国为新加坡、马来西亚、泰国、巴西及菲律宾。

表4-19　　　　　　　　　2016年排名前十的淡水观赏鱼出口国（地区）

国家（地区）	出口量（吨）	出口额（万美元）
美国	27.02	57.25
澳大利亚	7.69	34.73
荷兰	4.35	25.58
俄罗斯	4.76	24.84
中国香港	115.93	24.64
日本	6.62	23.68
韩国	7.92	23.64
新加坡	8.53	23.25
波兰	3.67	18.22
法国	3.81	12.30

根据表4-20，我国淡水观赏鱼进口排名前五的省份分别为广东、福建、上海、天津、云南，其中广东省进口量和进口额位居第一，2016年广东省进口量为125.65吨，进口额为592.84万美元，远远超过位居第二位的福建。

表 4 - 20　　　　　　　　　　　　2016 年排名前五的淡水观赏鱼进口省份

省份	进口量（吨）	进口额（万美元）
广东	125.65	592.84
福建	20.52	207.72
上海	17.01	134.51
天津	33.57	61.39
云南	10.82	14.07

根据表 4 - 21，我国淡水观赏鱼出口量较多的省份为广东省，其次为上海市，2016 年广东省出口淡水观赏鱼 166.68 吨，出口额 178.72 万美元。

广东省由于地理位置和气候条件的优势形成了东莞、顺德、南海产业带，在全国规模最大，出口最多，其淡水观赏鱼占全国市场的大半。广东省珠江三角洲的广大渔农养殖户采取多种模式大力发展观赏鱼养殖业，目前已成为全国乃至世界最大的观赏鱼养殖基地。

表 4 - 21　　　　　　　　　　　　　2016 年淡水观赏鱼出口省份

省份	出口量（吨）	出口额（万美元）
广东	166.68	178.72
上海	36.61	99.69
北京	6.07	30.85
江苏	3.75	15.13
湖北	4.05	4.86
安徽	0.59	3.29
福建	1.03	2.29

根据表 4 - 22，我国淡水观赏鱼的进口海关主要是广州海关、厦门海关、上海海关、深圳海关、北京海关、昆明海关。其中广州海关的进口量占比最大，2016 年进口量为 114.64 吨，进口额为 476.94 万美元。我国进口量最大的省份为广东省，因此广州海关的进口量较大。

表 4 - 22　　　　　　　　　　　　　2016 年淡水观赏鱼进口海关

口岸	进口量（吨）	进口额（万美元）
广州海关	114.64	476.94
厦门海关	20.52	207.72
上海海关	17.01	134.51
深圳海关	11.00	115.90
北京海关	35.10	70.18
昆明海关	10.82	14.07

根据表 4 - 23，我国淡水观赏鱼的出口海关主要为深圳海关、上海海关、广州海关。其中深圳海关的出口量最大，2016 年深圳海关的出口量为 124.35 吨，但出口额仅为 27.99 万美元。这与其出口的国

家和地区有关，根据 2016 年我国淡水观赏鱼出口国家和地区表格来看，出口量最大的国家和地区为中国香港，由此可知，我国出口到中国香港的淡水观赏鱼主要经过深圳海关。

表 4 – 23 　　　　　　　　　　　　　　2016 年淡水观赏鱼出口海关

口岸	出口量（吨）	出口额（万美元）
广州海关	42.33	150.72
上海海关	44.37	121.79
北京海关	6.67	32.00
深圳海关	124.35	27.99
福州海关	1.03	2.29

（二）淡水观赏鱼进口量增加的原因分析

近些年来，我国经济发展迅速，人民生活水平逐渐提高，广大人民群众对健康文明的生活方式以及精神生活水平有了更高的追求，鱼以其特殊的象征含义，越来越受到广大公民的喜爱。

观赏鱼产业作为一种新兴产业，发展迅速的原因可以总结为以下几点：一是基于该产业包含的观赏鱼养殖、饲料、水族器材、文化等一系列要素，使得其产业链延伸广。二是产品附加值高，同食用性的水产品相比，观赏鱼更注重其色、形、态，不同观赏鱼间价格差异大。三是单位产出高，观赏鱼的养殖效果较好，单位水体产出明显高于其他水产品和农产品的种养生产。

（三）我国应该如何应对淡水观赏鱼市场的竞争

我国是世界上最早饲养观赏鱼的国家之一，但由于收到地理、气候以及传统习俗等多种因素的影响，我的观赏鱼养殖主要以金鱼为主。当前，国内观赏鱼市场存在政府不够重视、技术不够先进、环境污染严重、观赏鱼文化宣传不到位等多种问题。

1. 增加资金、战略和组织规划支持。进行行业管理，整合产业链，推进观赏鱼产业化，实现区域化布局、专业化生产、一体化经营、社会化服务、企业化管理的健康发展模式，同时通过打通产业链解决信息不对称的问题，积极应对国际竞争。

2. 研发和引进先进的养殖技术。我国观赏鱼养殖技术较多沿用传统的养殖方法，技术含量低，使得产业不稳定，阻碍观赏鱼的国际贸易水平。我国应该自主研发或引进国外的先进养殖技术，减小和国外竞争者的差距，提高观赏鱼养殖的科技水平。

3. 结合旅游业发展观赏鱼产业。通过产业联动效应发展观赏鱼产业，例如，在淡水湖观赏区增加观赏鱼产业文化的介绍，扩大产业的影响力和知名度，同时有助于品牌宣传。

专栏 4 – 3　天津口岸进口观赏鱼数量显增

从天津检验检疫局获悉，天津口岸进口观赏鱼数量显著增长，再创新高。据天津检验检疫局统计，截至 4 月中旬，2016 年天津口岸共进口观赏鱼达 270 万尾，重达 8 660 千克，同比增加约 35%。据悉，天津口岸进口的观赏鱼主要为热带淡水观赏鱼，占进口观赏鱼总量的 95%，种类有慈鲷鱼、丝足鲈鱼、脂鲤鱼等近 40 种，其中慈鲷鱼约占进口总量的 40%，主要来自印度尼西亚、泰国、马来西亚等低纬度国家。

"观赏鱼进口数量快速增长，一方面因为人民生活水平逐步提高，精神文化生活不断丰富，从而使观赏鱼需求量增大；另一方面，国家提倡供给侧改革，为满足市场需求，观赏鱼养殖业在天津迅速发展。"天津检验检疫人员表示。

天津检验检疫局观赏鱼检疫专家提醒养鱼爱好者，养热带鱼切不可一步到位，初次饲养可以首选胎生鱼类，如孔雀鱼、红剑、黑玛丽等对水质和水温要求不严格，且容易饲养的品种。积累一些饲养经验后可逐渐选养霓虹脂鲤、金菠萝、七彩神仙鱼等品种。这样由低到高，由简单到复杂，可以较全面地了解热带鱼的各种习性，提高饲养技术，顺利地踏入饲养热带鱼之门，给生活增添情趣。

资料来源：http：//news. enorth. com. cn/system/2016/05/05/030954529. shtml。

三、辐射松原木的进出口分析

辐射松是一个高度速生、用途广泛的用材树种。目前辐射松产业已成为新西兰的经济支柱产业之一，林业从业人员约占总人口的0.56%，除了新西兰，辐射松还在澳大利亚、南非、智利和西班牙得到较好发展。近几年来，在我国进口原木中，辐射松原木进口量一直处于上升趋势，当前已经成为我国进口原木量最高的原木。

（一）辐射松的进出境分析

如图4－85所示，2015年辐射松原木的进口量为1 059.8万吨，2016年辐射松原木的进口量为1 186.3万吨，较2015年增长了11.9%，2015年辐射松原木的进口额为13.2亿美元，2016年进口额为16.1亿美元，较2015年增长了22.0%。2015年辐射松原木的进口单价为0.12美元/千克，2016年辐射松原木的进口单价为0.14美元/千克。

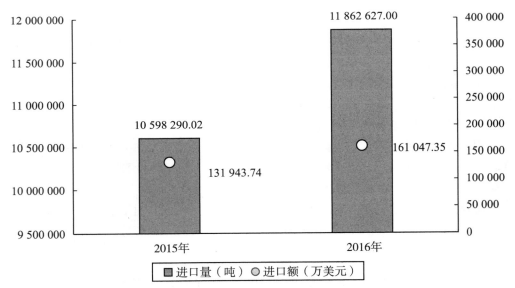

图4－85　2015年和2016年辐射松原木的进口量和进口额

如图4－86所示，2015年我国辐射松原木的进口来源国分别为新西兰、澳大利亚、巴西、智利、南非、西班牙。进口辐射松原木数量最多的国家是新西兰，进口量为852.7万吨，占辐射松原木总进口量的80.46%。

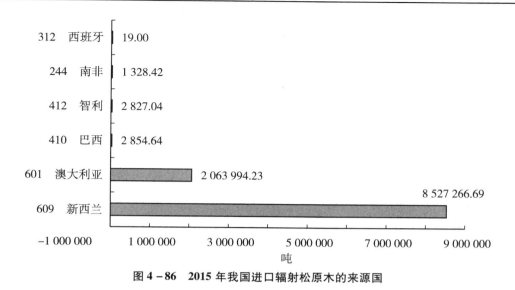

图 4 - 86　2015 年我国进口辐射松原木的来源国

如图 4 - 87 所示，2016 年我国辐射松原木的进口来源国分别为新西兰、澳大利亚、南非、智利、美国、巴西、津巴布韦。进口辐射松原木数量最多的国家是新西兰，进口量为 913.3 万吨，占辐射松原木总进口量的 78.5%。

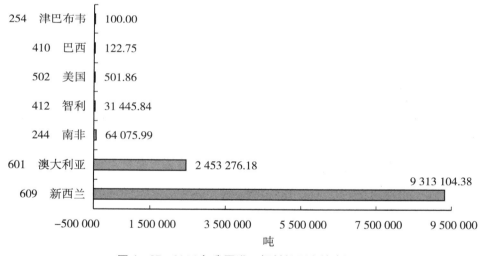

图 4 - 87　2016 年我国进口辐射松原木的来源国

如图 4 - 88 所示，2015 年辐射松原木进口量排名前十的省份分别是江苏、山东、福建、广东、上海、浙江、广西、北京、四川、天津。其中，江苏省的进口量最大，为 376.3 万吨，其次为山东省，进口量为 253.3 万吨。

如图 4 - 89 所示，2016 年辐射松原木进口量排名前十的省份分别是江苏、山东、福建、广东、广西、上海、浙江、天津、北京、河北。其中，江苏省的进口量最大，为 408.2 万吨，其次为山东省，进口量为 337.9 万吨。

如图 4 - 90 所示，2015 年辐射松原木进口量排名前十的海关分别是南京海关、青岛海关、厦门海关、上海海关、南宁海关、广州海关、深圳海关、黄埔海关、福州海关、天津海关。其中，南京海关的进口量最大，为 420.5 万吨，其次为青岛海关，进口量为 290.3 万吨。

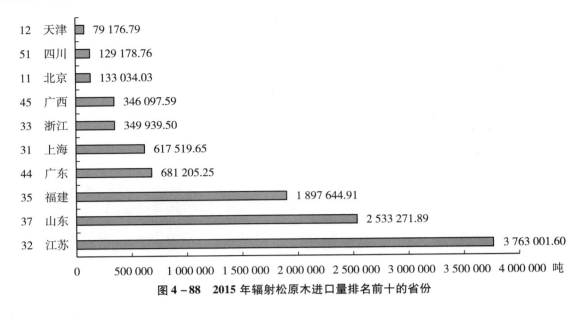

图 4 – 88　2015 年辐射松原木进口量排名前十的省份

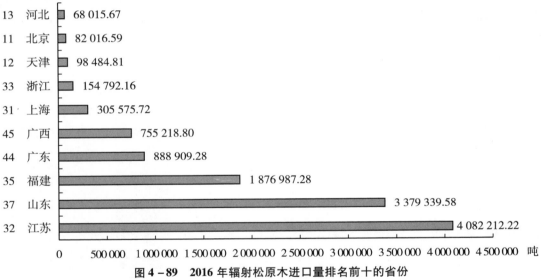

图 4 – 89　2016 年辐射松原木进口量排名前十的省份

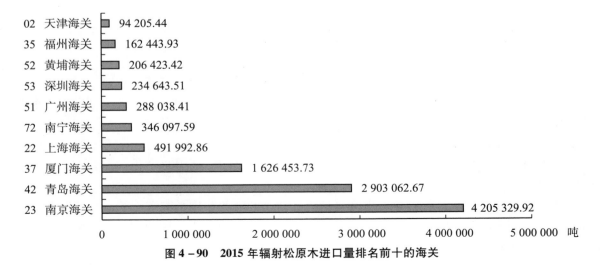

图 4 – 90　2015 年辐射松原木进口量排名前十的海关

如图 4 - 91 所示，2016 年辐射松原木进口量排名前十的海关分别是南京海关、青岛海关、厦门海关、南宁海关、黄埔海关、上海海关、福州海关、广州海关、合肥海关、深圳海关。其中，南京海关的进口量最大，为 413.5 万吨，其次为青岛海关，进口量为 353.0 万吨。

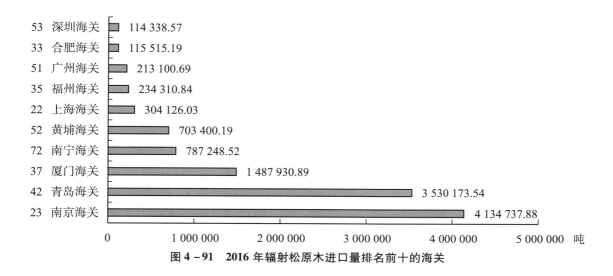

图 4 - 91 2016 年辐射松原木进口量排名前十的海关

（二）辐射松进口量持续上升的原因

2009 年以来，俄罗斯政府出台了一系列限制俄罗斯原木出口的政策，使俄罗斯木材的成本逐渐增加，客观上使得辐射松的性价比占据了优势。辐射松逐渐成为俄罗斯原木的替代品。

辐射松木材具有良好的材性和广泛的用途。辐射松木材是中密度，结构均匀，收缩效率平均，稳定性强的优质软材。完好的原木不存在腐朽、心腐和虫咬等问题。木材握钉力好，渗透性强，极易防腐、干燥、固化和上色等处理。辐射松木材的用途十分广泛，这也是其他针叶树种难以比拟的。辐射松是制造人造板的优质材料，它可以用来生产胶合板、纤维板、刨花板、单板、建筑胶合板等各种人造板。在造纸方面，辐射松木材纤维长，是生产高强度纸的好材料，用它可生产薄叶纸、印刷纸、新闻纸、纸板和其他纸制品。在家具生产方面，辐射松木材色泽柔和，握钉力强，是很好的家具用材。利用固化技术，可使辐射松材家具更坚固，而且有更好的色泽质感。经防腐处理的辐射松木材也是制作电杆的好材料，使用寿命长。同时辐射松木材经杂酚钠处理，可制作铁路枕木，具有很强的防腐性能。正是因为辐射松木材有多种的优点，才使它成为近年来在中国木材市场上出现的热销材种。

我国经济持续稳定发展的条件下，尤其是国家基建项目和扩大内需的拉动下，提升了辐射松木材的需求量。辐射松原木从过去主要生产胶合板的芯板，现已发展为基建、包装等多种用途。辐射松主要进货港以上海及周边地区、漳州、山东为主。其中形成了上海为综合加工利用、漳州为家具生产、山东为包装材料和胶合板生产为主的主要消费市场。

辐射松的价格竞争优势显而易见。而这一点是我国木材交易市场中重要的一环，经营者都是要努力降低成本，来获取更大的利润。家具行业尤为明显，从传统的实木到现在的人造板家具，生产成本是不断降低，建材更是如此。随着辐射松的大量使用，我国已形成一个较为广泛而固定的消费市场。

第五章 中 医 药

第一节 行 业 介 绍

中医药学是传统医学中最为杰出的代表，有着完善的用药理论体系，建立了独特的整体观和辨证论治思维模式，为人类的生存繁衍发挥了极为重要的作用。现代工业的发展使中医药得到了快速传播和更广泛的应用。随着中医药国际认可度的提升，中药的国际贸易额也呈不断递增的趋势，2016 年中药贸易总额为 46.00 亿美元，较 2007 年增长了 198.70%。中药产业涉及进出境的产品有四类，分别是中药材及饮片、中药提取物、中成药和中药保健品。

《生物多样性公约》第二条对各个专业术语进行了界定，"生物资源"指对人类具有实际或潜在用途或价值的遗传资源、生物体或其部分，生物群体，或生态系统中任何其他生物组成部分。"遗传资源"是指具有实际或潜在价值的遗传材料。"遗传材料"是指来自植物、动物、微生物或其他来源的任何含有遗传功能单位的材料。陈焕亮和卢晓东（1998）认为中药资源是指在一定地区或范围内分布的各种药用植物、动物和矿物及其蕴藏量的综合，又可概括为凡是可供人类直接或间接应用的，以中医药理论为指导用于防病、治病的药物资源。段金廒和周荣汉（2013）认为狭义的中药资源包括植物药资源、动物药资源和矿物药资源；广义的中药资源还包括栽培和饲养的药用植物和动物，以及利用生物技术繁殖的生物个体和产生的活性有效物质。基于中药生产使用的主要原料，利用现代生物或化学等技术方法，如组织培养、细胞发酵等所生产的用于替代自然物质作为中药原料的人工生产物质，也应列入中药资源的范畴。根据《生物多样性公约》对生物资源的定义和中药资源的定义，本章讨论的中药产业生物遗传资源进出境问题所涉及的产品仅指中药材及饮片和中药提取物。

一、中药资源的产业发展现状

我国中药材主要来源于野生资源，20 世纪 50 年代开始大力发展中药材栽培和养殖。魏建和等（2015）指出目前 70% 左右的中药材品种来自野生资源，30% 的品种来自人工栽培和养殖。2015 年中药材播种面积 3 630.33 千公顷（5 045.50 万亩），占我国农作物总播种面积的 3.03%，已经超过了烟叶（1 313.97 千公顷）和糖料（1 736.54 千公顷）的播种面积，成为不容小觑的种植品种。截至 2015 年我国有中药材市场 22 个，中药材市场经营面积 265.27 万平方米，有摊位 49 010 个[①]，其中规模最大的是安徽亳州、河北安国、河南禹州和江西樟树中药材交易市场。2017 年中药材被纳入现代农业产业技术体系，系统收集中药材产地信息，开展中药材产地适应性区划研究及其生产布局，建设中药材特色农产品优势区和开展中药材绿色安全生产及加工技术研究与示范。同时，我国建立了以《中华人民共和国

---

① 中华人民共和国国家统计局，http://data.stats.gov.cn/。

药典》为主体，各省（区市）中药材标准为补充，相对完整的中药材质量标准体系。2015 版《中华人民共和国药典》收载中药材及饮片标准 618 个。

2016 年我国中药饮片加工主营业务收入 1 956.36 亿元，中成药制造主营业务收入 6 697.05 亿元，两者合并达 8 653.41 亿元，占我国医药工业总收入 29.2%[①]。中药饮片和中成药已经成为医药工业中仅次于化学药的支柱产业，随着化学药使用比例的下降和中医药使用的快速增长，我国中药工业和化药工业产值上的差距逐步缩小。《中医药发展"十三五"规划》中预计，到 2020 年中药工业规模以上企业主营业务收入将达到 15 823.00 亿元，预计 2015 ~ 2020 年中药工业规模以上企业主营业务收入的年均增长率将达 15.00%。

《中医药发展"十三五"规划》中提出，中药材资源的保护和利用将得到进一步重视，重点实现目标包括：（1）中药材生产稳步发展：种植养殖中药材产量年均增长 10%；（2）解决濒危中药材供需矛盾：100 种药典收载的野生中药材实现种植养殖；（3）中药材种植规范化，质量提升：100 种中药材质量标准显著提高，中药生产企业使用产地确定的中药材原料比例达到 50%，流通环节中药材规范化集中仓储率达到 70%；全国有 200 多种常用大宗中药材实现规模化种植，种植面积超过 3 000 万亩。

二、中药资源的生物多样性

《生物多样性公约》对生物多样性的定义是：所有来源的形形色色的生物体，这些来源除其他外包括陆地、海洋和其他水生生态系统及其所构成的生态综合体；包括物种内部、物种之间和生态系统的多样性，即：生物多样性包括遗传多样性、物种多样性和生态系统多样性。

（一）遗传多样性

遗传多样性是物种多样性和生态系统多样性的基础。通常遗传多样性被认为是种内不同居群间和一个群体内不同个体间遗传变异的总和，它源于染色体或 DNA 的变异，是基因水平上的变化，亦称基因多样性。杜鹃等（2006）研究表明，不同种源的半夏其染色体数目及倍性差异很大，同一种源半夏的不同植株之间染色体倍性也很可能存在差异。我国有着悠久的中药材引种栽培驯化历史，培育了大量的人工栽培品种和改良种。中药资源在长期适应多样的自然环境条件下，进化形成了丰富的遗传多样性。张本刚和张昭（1999）指出地黄有金状元、小黑英、邢疙瘩和拐状元等；人参有大马牙、二马牙、圆芦、长脖鞭条参等。文苗苗等（2012）认为黄芩种质资源不同居群间存在一定的遗传分化和基因交流，遗传变异主要存于居群内，总体上具有较高的遗传多样性。

黄璐琦等（2008）认为道地药材和非道地药材的品质差异，是由遗传和环境共同调控的。道地性是道地药材所拥有的基因型受到特定生境（道地产区）中环境因子诱导后表达的产物。吴波等（2015）发现桔梗种内遗传变异程度巨大，与其地理位置显著相关，不同产地的桔梗具有遗传多样性。

（二）物种多样性

王利松等（2015）认为我国是生物资源最丰富的 12 个国家之一，有超过 35 000 种高等植物，物种数位居世界第四。张惠源等（1995）发现我国的药用植物资源有 383 科、2 309 属、11 146 种（包括 9 933 种和 1 213 种下单位）。藻类 42 科、56 属、115 种；菌类 40 科、117 属、292 种；地衣类 9 科、15 属、52 种；苔藓类 21 科、33 属、43 种；蕨类 49 科、116 属、456 种；种子植物类 222 科、1 972 属、10 188 种。李玲等（2017）药用动物资源有 395 科、862 属、1 581 种（包括种下单位，不含亚种），分

属 11 门、33 纲、141 目、415 科、861 属，其中陆栖动物 330 科、720 属、1 306 种，海洋动物 85 科、141 属、275 种。张惠源等（1995）根据 1985～1989 年全国第三次中药资源普查的统计，我国中药资源达 12 807 种（含种下分类单位），其中药用植物占全部种类的 87.03%，药用动物占 12.35%，药用矿物占 0.62%。

（三）生态系统多样性

生态系统是各种生物与其周围环境所构成的自然综合体。我国幅员辽阔，气候、地貌类型复杂多样，形成了森林、灌丛、草原、海洋、淡水、荒漠等生态系统类型。陈士林等（2005）认为中药资源在分布规律上存在三大生态型区：东部季风区域分布的药材种类以喜湿喜温为主要特征，如四大淮药、浙八味等；西北干旱地区的药材分布特点是以旱生植物药材为主，如甘草、黄芪等；青藏高原区域分布的药材具有耐旱耐寒的特点，是藏药产区，如冬虫夏草、藏红花等。

生态系统的多样性赋予中药资源不同的药用价值和经济价值。钟方丽（2008）发现林下参和园参不仅在形态上存在差异，而且林下参的总皂苷含量高于园参；万燕晴（2016）发现野生半抚育黄芪和大田栽培的黄芪在皂苷类和黄酮类的化学成分存在差异。

三、中药资源的生物多样性保护

随着中药产业的快速发展，野生中药资源遭到破坏，蕴藏量大幅减少，大量野生中药资源分布已不成规模，只是零星分布。第三次全国中药资源普查的结果为我国 98% 以上中药资源为野生资源，但 2011 年开展的第四次中药资源普查试点工作发现大量野生资源已遭到破坏，300 多种常用中药材进行人工栽培或养殖。黄和平等（2013）发现 20 世纪 80 年代野生何首乌的产量约 20 000 吨，到 90 年代减至 800～1 000 吨，且野生何首乌的产量每年递减 15% 左右。黄明进（2010）甘草资源总蕴藏量也在不断减少，至 2008 年我国野生甘草总蕴藏量不足 50 万吨。20 世纪 50 年代市场上的黄芪多为野生资源，但现在市场上的黄芪多为人工栽培品，基本没有野生品。

野生中药资源锐减不仅破坏了生物的多样性，对生态型药用植物的过度采挖，也导致了生态退化问题。我国 1980 年加入《濒危野生动植物种国际贸易公约》（CITES），以保护野生物种市场的永续利用，保护品种包括白及、沉香、甘松、紫衫等药用植物。国务院 1987 年 11 月 30 日发布《野生药材资源保护管理条例》，对 76 种野生药材物种、42 种中药材资源进行保护管理。

除此之外我国还建立了专业的药用植物园和种质资源库对我国的中药资源进行保护。李标等（2013）我国现有 38 所专业药用植物园，其中高校所属药用植物园 20 多所，国家级专业药用植物园 13 所（包括中国台湾昆仑药用植物园和中国大陆 12 家专业药用植物园），35 所综合性植物园中设有药用植物园或草药园等。第四次全国中药资源普查在海南和四川建立 2 个国家基本药物所需中药材种质资源库（以下简称"海南库"、"四川库"），海南库以国家基本药物所需南方区热带和亚热带中药品种的种质资源为收集重点，目前已收集保存海南省普查种质材料、数百种南方区中药材种质；四川库已收集保存全国中药资源普查工作中，共计 1.5 万余份种子实物，并完成图像拍摄和数据整理工作，药用植物种质资源圃已保存 1 000 余种药用植物。

四、中药生物资源多样性的政策支持

（一）生物多样性公约

1992 年 6 月在巴西里约热内卢召开的联合国环境与发展大会上 150 多个国家签署了保护生物多样性

和持续利用的《生物多样性公约》。我国于1992年6月11日签署该公约，1992年11月7日批准，1993年1月5日交存加入书。为了更好地完成生物多样性保护工作，我国成立了中国履行《生物多样性公约》工作协调组和生物物种资源保护部际联席会议，建立了生物多样性和生物安全信息交换机制。2016年6月加入《生物多样性公约关于获取遗传资源和公正和公平分享其利用所产生惠益的名古屋议定书》，促进遗传资源和相关传统知识的利用以及增进公正和公平地分享其利用所产生惠益的机会。

（二）中国生物多样

原环境保护部印发《中国生物多样性保护战略与行动计划》（2011~2030年）（以下简称《行动计划》），进一步加强我国的生物多样性保护工作，有效应对我国生物多样性保护面临的新问题、新挑战。《行动计划》的战略目标是：到2020年，努力使生物多样性的丧失与流失得到基本控制，生物多样性保护优先区域的本底调查与评估全面完成，并实施有效监控；基本建成布局合理、功能完善的自然保护区体系，国家级自然保护区功能稳定，主要保护对象得到有效保护；生物多样性监测、评估与预警体系、生物物种资源出入境管理制度以及生物遗传资源获取与惠益共享制度得到完善；到2030年，使生物多样性得到切实保护。各类保护区域数量和面积达到合理水平，生态系统、物种和遗传多样性得到有效保护。形成完善的生物多样性保护政策法律体系和生物资源可持续利用机制，保护生物多样性成为公众的自觉行动。

（三）自然保护区管理体系

从1956年我国建立起现代第一个自然保护区开始，到2014年底，建立了各种类型、不同级别的自然保护区2 729个（国家级自然保护区428个，省级自然保护区858个，地市级自然保护区414个，县级自然保护区1 029个），保护区总面积14 699万公顷，初步形成了布局较为合理、类型较为齐全、功能比较健全的自然保护区网络。自然保护区事业的发展，有效保护了我国90%的陆地生态系统类型、85%的国家重点保护野生动物、86%的国家重点保护野生植物以及重要自然遗迹，大熊猫、朱鹮、羚羊珙桐、苏铁等一批珍稀濒危物种种群数量呈明显恢复和发展的趋势。我国已初步形成了有关自然保护区的政策、法规和标准体系，建立了比较完整的自然保护区管理体系和科研监测支撑体系，有效发挥了资源保护、科研监测和宣传教育的作用。

专栏 5-1 《生物多样性公约》信息及相关背景介绍

《生物多样性公约》（以下简称"公约"）于1992年6月5日在里约热内卢召开的联合国环境与发展大会期间开放签字，于1993年12月29日生效。截至2015年，公约已有196个缔约方。

公约的三大目标为：保护生物多样性、可持续利用其组成部分，以及公平合理分享由利用遗传资源产生的惠益。

公约活动由全球环境基金提供资金。

公约秘书处设在加拿大蒙特利尔。

公约的最高权力和决策机构为公约的缔约方大会，它定期审议公约的履行情况，并就促进公约的有效履行做出必要决定。

目前，公约已经召开了十二次缔约方大会会议。

公约缔约方大会第十次会议于2010年10月召开，通过了《生物多样性公约关于遗传资源获取及公平、公正地分享其利用所产生惠益的名古屋议定书》和《公约战略计划（2011~2020年）》。

中国政府于1992年6月11日签署了公约，于1993年1月5日交存了批准书，是世界上最早签署并批准公约的国家之一。公约自 1999 年 12 月 20 日起适用于中国澳门特区，2011 年 5 月 9 日起适用于中国香港特区。

中国政府高度重视公约的履行工作。2010 年成立了"2010 国际生物多样性年中国国家委员会"，并审议通过了《中国生物多样性保护战略与行动计划（2011～2030 年）》，作为未来二十年我国生物多样性保护的行动纲领。2011 年，"2010 国际生物多样性年中国国家委员会"更名为"中国生物多样性保护国家委员会"，由 25 个部门组成，作为生物多样性保护的工作机制，统筹协调生物多样性保护工作。此外，国家一级还设立了由原环境保护部牵头、20 多个相关政府部门参加的公约履约协调机制——中国履行《生物多样性公约》工作协调组，专门负责协调和推进国内履约工作，协调组办公室设在原环境保护部生态司。为加强生物物种资源的保护和管理，2004 年又建立了物种资源部际联席会议制度。目前中国已颁布了《中国生物多样性国情报告》，制定并实施了《中国生物多样性保护行动计划》，开始着手制定遗传资源获取与惠益分享的有关政策、法规。中国的生物多样性保护也得到了国际社会的广泛关注和大力支持，并开展了许多卓有成效的国际合作活动。

资料来源：http：//www.mep.gov.cn/。

第二节　进出境数据分析

根据第三次全国中药资源普查，我国药用资源种类达 12 807 种，2015 版《中华人民共和国药典》一部收载中药材和饮片 618 种、植物油脂和提取物 47 种，成方制剂和单味制剂 1 493 种，品种合计 2 598 种。我国中药类生物资源丰富，有 172 种具有 10 位 HS 编码，能明确统计其贸易量和金额。2016 年我国中药饮片及提取物的贸易总额 36.13 亿美元，同比下降 4.82%。其中，出口额为 29.52 亿美元，同比下降 8.35%；进口额为 6.61 亿美元，同比增长 14.96%。

一、数据描述

中药遗传资源进出境数据类型包括进出口的国家（地区）、进口海关及省份、进出口金额和数量以及进出口品种。书中所用数据来源于海关信息网，统计数据涉及 161 个 10 位海关编码、104 个 8 位海关编码和 2 个 4 位海关编码，其中中药材及饮片的数据涉及 76 个 8 位海关编码和 2 个 4 位海关编码（见附录），中药材提取物的数据涉及 27 个 8 位海关编码。由于海关在统计植物提取物数据时，未区分药用植物和非药用植物，且非药用植物提取物的占比较少，故提取物的数据用植物提取物的进出口数据代替。由于统计口径的差异，课题组统计整理的中药遗传资源进出境数据与中国医保商会统计的数据存在一定差异。

二、数据分析——中医药数据总体分析

2015 年中药资源进口量为 143 409.44 吨，2016 年进口量为 143 980.96 吨，同比减少 3.09%，2015 年中药资源出口量为 721 285.67 吨，2016 年出口量为 825 672.61 吨，同比增加 14.47%。2015 年中药资源进口额为 55 453.79 万美元，2016 年的进口额为 49 528.44 万美元，同比减少 1.07%，2015 年中药资源出口额为 345 914.33 万美元，2016 年的出口额为 825 672.61 万美元，同比减少 8.31%（见图 5－1）。虽然我国的中药资源处于贸易顺差地位，但与 2015 年相比，中药资源的进口单价增加，出口单价下降，

且出口单价的下降幅度远高于进口单价的增加幅度。

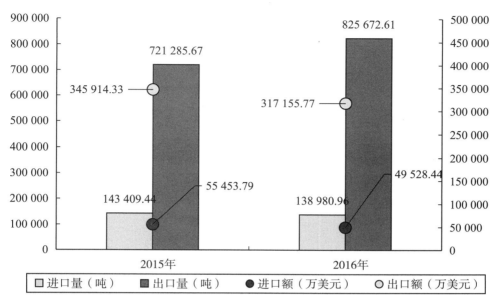

图 5-1 2015~2016 年中药资源进出口量和进出口额

三、数据分析——中药材及饮片

(一) 总量分析

与 2015 年相比，2016 年中药材及饮片的进口量几乎没有变化，但出口量增加了 18.38%；进口额和出口额均会出现一定幅度下跌，进口额下降了 17.80%，出口额下降了 3.31%；进口单价与出口单价均出现下滑，进口单价同比下滑 16.30%，出口单价同比下滑 18.32%（见图 5-2）。我国中药材及饮片虽然处于贸易顺差状态，但出口单价下跌幅度较大，导致了出口量增加但出口额下降。

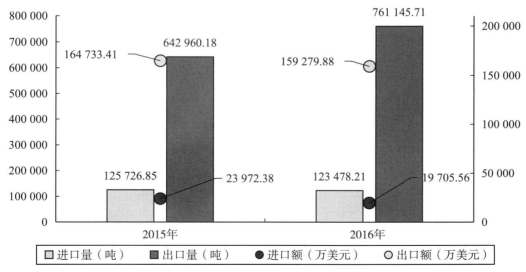

图 5-2 2015~2016 年中药材及饮片的进出口量和进出口额

2016 年我国中药材及饮片的进出口总量为 884 623 911 千克，其中进口量 123 478 205 千克，出口量 761 145 706 千克，出口量是进口量的 6.16 倍，处于显著的贸易顺差状态。

2016 年我国中药材及饮片的进出口总额为 1 789 854 458 美元，其中进口额 197 055 614 美元，出口额 1 592 798 844 美元，进口单价为 1.60 美元/千克，出口单价为 2.09 美元/千克（见图 5 - 3）。

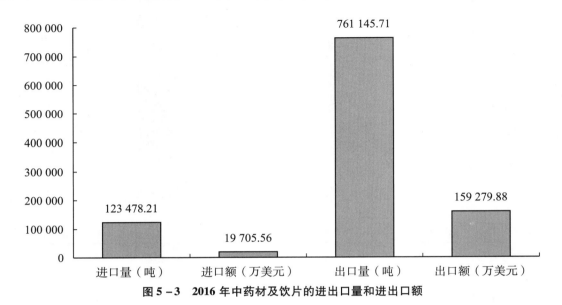

图 5 - 3　2016 年中药材及饮片的进出口量和进出口额

2016 年进口量排前十的中药材及饮片（按海关编码）分别是珊瑚及类似品及软体、甲壳或棘皮动物壳、墨鱼骨、甘草，其他蓖麻子，未列名主要用作药料的植物及某部分，其他未经加工或经脱脂简单整理的骨及角柱、松脂、软体、甲壳或棘皮动物及墨鱼骨的粉末及废料，主要用作香料的植物及某部分，龟壳、鲸须、鲸须毛、鹿角及其他角，未列名树胶、树脂，这十个编码的进口量之和为 113 913 051 千克，占进口总量的 86.98%（见图 5 - 4）。进口量排名前十的海关编码中，存在一个编码统计多个品种的情况，剔除这些编码，进口量排名前十的中药材及饮片是甘草，其他蓖麻子，松脂，未列名树胶、树脂，甜叶菊叶，肉桂及肉桂花，西洋参，鹿茸及粉末，沙参和姜黄，这十个品种的进口量之和为 53 268 091 千克，占总进口量的 40.67%（见图 5 - 5）。

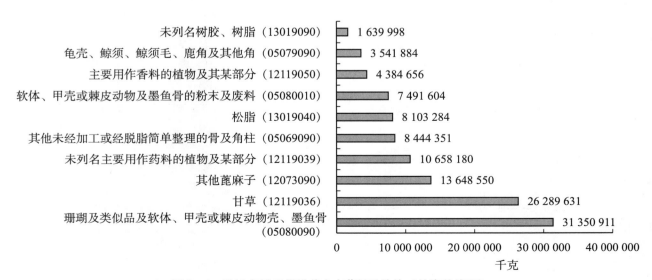

图 5 - 4　2016 年进口量排前十中药材及饮片（按海关编码）

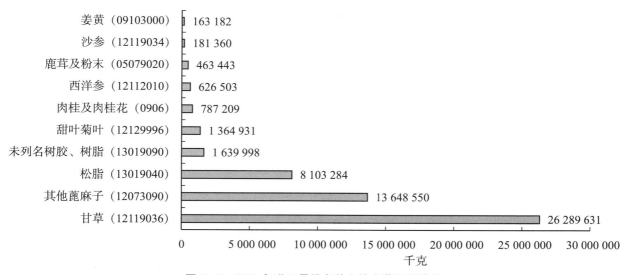

图 5 - 5 2016 年进口量排名前十的中药材及饮片

2016 年出口额排量排名前十的中药材及饮片（按海关编码）是未磨的姜，未列名主要用作药料的植物及某部分，肉桂及肉桂花，已磨的姜，枸杞，珊瑚及类似品及软体、甲壳或棘皮动物壳、墨鱼骨，地黄，苦杏仁，茯苓，川芎，这十个海关编码的出口量之和为 689 022 043 千克，占出口总量的 90.52%（见图 5 - 6）。排除统计多个产品的海关编码，出口量排名前十的品种为未磨的姜、肉桂及肉桂花、已磨的姜、枸杞、地黄、苦杏仁、茯苓、川芎、白芍和菊花，这十个品种的出口量之和为 627 976 761 千克，占出口总量的 82.50%（见图 5 - 7）。与进口量相比，中药材及饮片的出口品种更集中，少数品种占据绝大部分出口量。

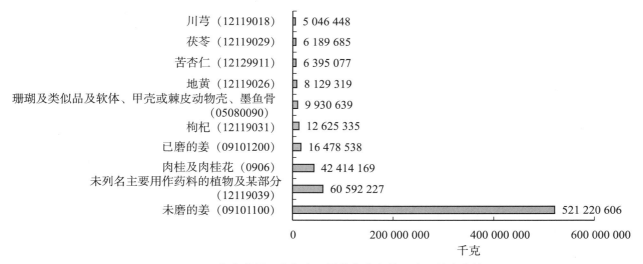

图 5 - 6 2016 年中药材及音频出口量排名前十的品种（按海关编码）

2016 年进口额排前十的中药材及饮片（按海关编码）为西洋参，未列名主要用作药料的植物及某部分，甘草，乳香、没药及血竭，珊瑚及类似品及软体、甲壳或棘皮动物壳、墨鱼骨，鹿茸及粉末，其他蓖麻子，龟壳、鲸须、鲸须毛、鹿角及其他角，其他未经加工或经脱脂简单整理的骨及角柱，兽牙、兽牙粉末及废料，这十个编码的进口额之和为 149 860 764 美元，占进口总额的 76.05%（见图 5 - 8）。除统计多个商品的海关编码，进口额前十的品种为西洋参，甘草，鹿茸及粉末，其他蓖麻子，兽牙、兽牙

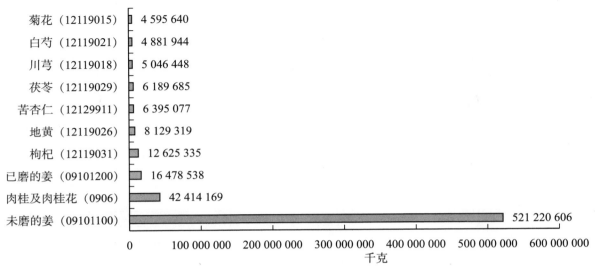

图 5 - 7　2016 年中药材及饮片出口量排前十的品种

粉末及废料，其他为列名人参，未列名树胶、树脂，松脂，甜叶菊叶，番红花，十个品种的进口额之和为 100 505 877 美元，占进口总额的 51.00% （见图 5 - 9）。

图 5 - 8　2016 年中药材及饮片进口额排前十的品种 （按海关编码）

2016 年出口额排前十的中药材及饮片（按海关编码）是未磨的姜、未列名主要用作药料的植物及某部分、其他未列名人参、枸杞、肉桂及肉桂花、茯苓、地黄、党参、半夏、已磨的姜，这十个海关编码的出口额之和为 1 173 690 532 美元，占出口总额的 73.69% （见图 5 - 10）。除统计多个产品的编码，中药材及饮片出口额排前十的品种依次为未磨的姜、其他未列名人参、枸杞、肉桂及肉桂花、茯苓、地黄、党参、半夏、已磨的姜、莲子，十个品种的出口额之和为 885 930 388 美元，占出口总额的 55.62% （见图 5 - 11）。与进口额的统计相比，一个海关编码下统计一个品种的出口额占比更大，而进口的中药材及饮片多被统计在 "其他或未列名" 这一编码项下。

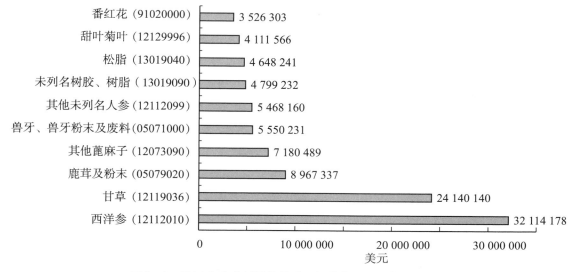

图 5 - 9 2016 年中药材及饮片进口额排前十的中药材及饮片

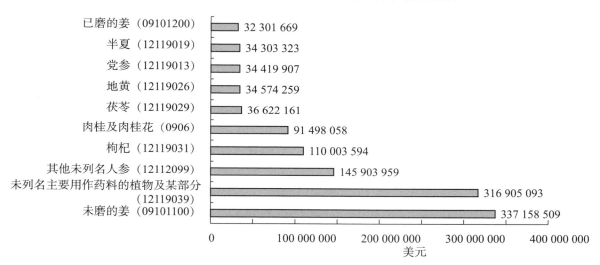

图 5 - 10 2016 年中药材及饮片出口额前十的品种（按海关编码）

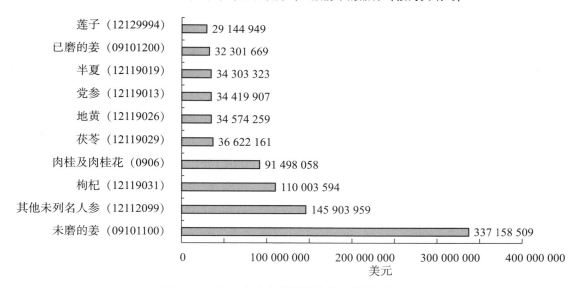

图 5 - 11 2016 年中药材及饮片进口额前十的品种

中药材及饮片进出口涉及的 77 个海关编码中，地黄、党参、川芎等有 29 个品种没有进口，沉香、麝香等 13 个品种没有出口，干海龙、海马等 10 个品种既没有进口也没有出口（见表 5-1）。

表 5-1　　　　　　　　　　　　　　2016 年不存在进口或出口的海关编码及品种

分类	海关编码	品种
既无进口也无出口的品种	03055910	干海龙、海马
	05061000	经酸处理的骨胶原及骨
	12079991	牛油树果
	05100010	黄药
	05100030	麝香
	05079010	羚羊角及其粉末和废料
	12112020	野山参（西洋参除外）
	05100020	龙涎香、海狸香、灵猫香
	12114000	罂粟杆
	12113000	古柯叶
没有出口的品种	05071000	兽牙、兽牙粉末及废料
	05061000	经酸处理的骨胶原及骨
	13019010	胶黄蓍树胶（卡喇杆胶）
	03055910	干海龙、海马
	12119033	沉香
	05079010	羚羊角及其粉末和废料
	05100010	黄药
	05100030	麝香
	12079991	牛油树果
	12112020	野山参（西洋参除外）
	12113000	古柯叶
	12114000	罂粟杆
	05100020	龙涎香、海狸香、灵猫香
没有进口的品种	09072000	已磨的丁香（母丁香、公丁香及丁香梗）
	51000400	斑蝥
	12119016	冬虫夏草
	03055910	干海龙、海马
	05061000	经酸处理的骨胶原及骨
	05079010	羚羊角及其粉末和废料
	09071000	未磨的丁香（母丁香、公丁香及丁香梗）
	12119038	椴树（欧椴）花及叶
	12079991	牛油树果
	12112020	野山参（西洋参除外）
	05100020	龙涎香、海狸香、灵猫香
	12119026	地黄
	12119018	川芎

续表

没有进口的品种	12119021	白芍
	12119013	党参
	12119037	黄芩
	12119023	黄芪
	12119028	杜仲
	12119024	大黄、籽黄
	12079100	罂粟子
	12119027	槐米
	12119014	黄连
	05100030	麝香
	12119022	天麻
	12119012	三七（田七）
	05100010	黄药
	12119035	青蒿
	12114000	罂粟杆
	12113000	古柯叶

（二）变化分析

2016 年中药材及饮片进口量同比增长幅度最大的是肉桂及肉桂花，同比增长 1 371.45%，同比增长率超过 100% 的品种还有沙参，番红花，甜杏仁，鱼胶、其他动物胶，松脂。同比减少最多的是地黄、川芎、白芍、罂粟子、椴树（欧椴）花及叶、未磨的丁香、干海龙及海马、羚羊角及其粉末和废料、牛油树果，这 9 个品种均是 2015 年有进口但 2016 年无进口，同比增长率为 -100%（见图 5-12）。

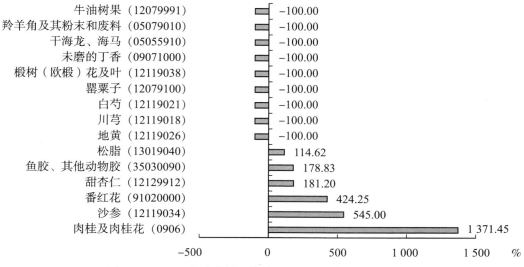

图 5-12　2016 年中药材及饮片进口量同比变化最大的品种

2016 年中药材及饮片出口量变化最大的品种为大海子，同比增长 7 794.60%，且 2015 年没有进口大海子。此外有 6 个品种的同比增长率超过 200%，分别是阿魏、已磨的丁香、肉桂及肉桂花、杜仲、槐米和半夏。2016 年出口量同比下降最多的中药材及饮片为牛油树果，从 2015 年的出口 40 000 千克减少至 2016 年出口 0 千克。整体上，出口量的波动幅度大于进口量的波动幅度（见图 5 – 13）。

图 5 – 13　2016 年中药材及饮片出口量同比变化最大的品种

2016 年进口额同比增长率最大的品种为肉桂及肉桂花，同比增长 2 813.24%，其次为番红花，同比增长 439.80%。除此之外，还有四个品种的同比增长率超过 200%，分别是沙参，沉香，鱼胶、其他动物胶，阿魏。除 9 个 2015 年有进口 2016 年没有进口的品种，矿物性药材和白术的同比增长减少最多，同比增长分别为 –76.77% 和 –76.12%（见图 5 – 14）。值得注意的是，中药材及饮片的进口量与进口额同比变化存在较大差距，表明各年度之间中药材及饮片的进口单价波动幅度较大。

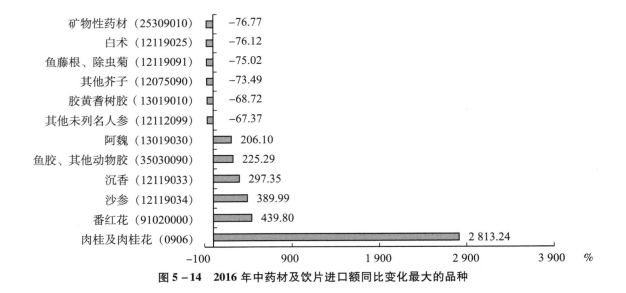

图 5 – 14　2016 年中药材及饮片进口额同比变化最大的品种

2016 年中药材及饮片出口额同比变化最大品种为大海子，同比增加了 3 427.64%，与其出口量的同比变化相比，出口额的同比增长率仅为出口量同比增长率的 1/2，表明大海子 2016 年的出口单价大幅下跌。除牛油树果外，其他蓖麻子的出口额降幅较大，同比减少 75.78%（见图 5 – 15）。

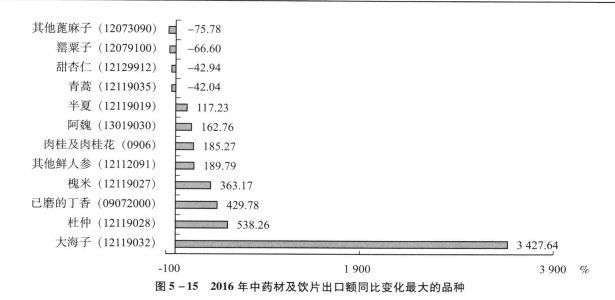

图 5 - 15　2016 年中药材及饮片出口额同比变化最大的品种

（三）分类分析

1. 按国家（地区）分类。2016 年我国从 112 个国家（地区）进口中药材及饮片，出口中药材及饮片至 161 个国家（地区）。从日本进口中药材及饮片的数量最多，进口量为 19 001 419 千克，其次是印度尼西亚。2016 年与我国发生中药材及饮片贸易的国家中，从斯洛文尼亚进口的数量最少，进口量不到 1 千克。进口量主要来源国家有日本、哈萨克斯坦、印度尼西亚、埃塞俄比亚、乌兹别克斯坦、缅甸、澳大利亚、泰国、马达加斯加和印度，来源于这十个国家的中药材及饮片进口量之和为 89 541 007 千克，占我国进口总量的 72.52%（见图 5 - 16）。

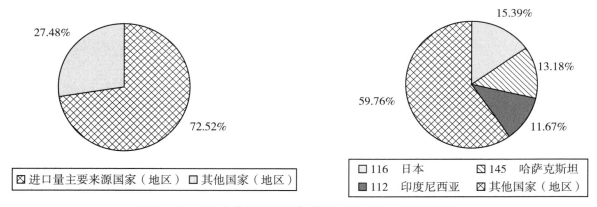

图 5 - 16　2016 年我国进口中药材及饮片的主要来源国及份额

2016 年我国出口中药材及饮片数量最多的国家为巴基斯坦，出口量达 89 892 323 千克，占 2016 年出口总量的 11.81%。2016 年我国出口中药材及饮片数量前十的国家（地区）分别是巴基斯坦、孟加拉国、美国、中国香港、荷兰、日本、韩国、阿联酋、马来西亚和沙特阿拉伯，出口至这十个国家（地区）的数量之和达 556 740 329 千克，占我国出口总量的 73.15%（见图 5 - 17）。

2016 年我国从印度尼西亚进口的中药材及饮片金额最高，达 22 782 517 美元，占进口总额的 11.56%。从印度尼西亚、加拿大、美国、哈萨克斯坦、新西兰、印度、澳大利亚、埃塞俄比亚、乌兹别克斯坦、加纳进口的中药材及饮片金额较高，从这十个国家的进口金额之和为 120 466 912 美元，占进口总额的 61.13%（见图 5 - 18）。

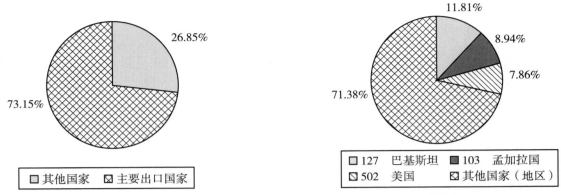

图 5 – 17　2016 年我国中药材及饮片的主要出口国家（地区）及份额

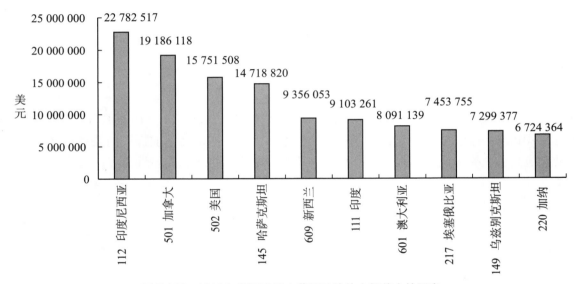

图 5 – 18　2016 年我国进口中药材及饮片金额前十的国家

2016 年我国出口至中国香港的中药材及饮片金额最高，达 351 094 739 美元，占出口总额的 22.04% 。中药材及饮片出口额前十的国家（地区）依次是中国香港、日本、韩国、美国、中国台北单独关税区、荷兰、马来西亚、巴基斯坦、德国和孟加拉国，这个十个国家（地区）的出口额之和为 1 221 201 401 美元，占出口总额的 76.67%（见图 5 – 19）。值得注意的是，出口量和出口金额最大的国家为不同国家（地区），各国（地区）之间出口单价中差异较大，出口品种也存在较大差异。

2. 按进出口单价分类。2016 年中药材及饮片进口单价最高的品种为番红花，达 1 832.80 美元/千克，其次为其他未列名人参，进口单价为 345.06 美元/千克。进口单价最高的十个品种依次是番红花，其他未列名人参，沉香，兽牙、兽牙粉末及废料，胶黄耆树胶，西洋参，其他鲜人参，鹿茸及粉末，乳香、没药及血竭，鱼胶、其他动物胶（见图 5 – 20）。除胶黄耆树胶，其他鲜人参，乳香、没药及血竭，另外七个品种的进口单价较 2015 年均有一定幅度上涨。

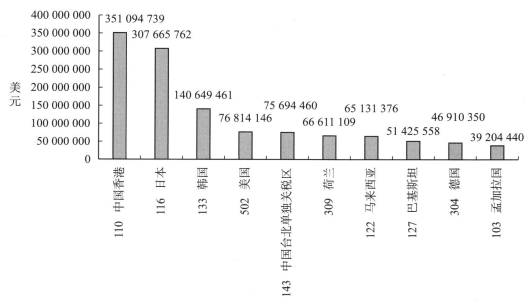

图 5 - 19 2016 年我国出口中药材及饮片金额前十的国家（地区）

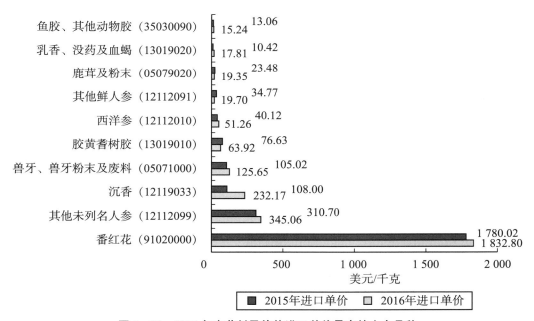

图 5 - 20 2016 年中药材及饮片进口单价最高的十个品种

　　2016 年中药材及饮片出口单价最高的品种为冬虫夏草，达 17 547.22 美元/千克，其次是鹿茸及粉末，出口单价为 149.98 美元/千克。出口单价最高的十个品种依次为冬虫夏草，鹿茸及粉末，斑蝥，其他未列名人参，肉豆蔻、肉豆蔻衣及豆蔻，西洋参，三七，贝母，未列名配药用腺体及其他动物产品和其他鲜人参（见图 5 -21）。除鹿茸及粉末、西洋参、其他鲜人参，其他 7 个品种的出口单价与 2015 年相比均出现较大幅度下跌。特别是冬虫夏草，出口单价下跌 4 735.52 美元/公斤，其他鲜人参的出口单价下跌幅度最大，同比下降 37.86%。

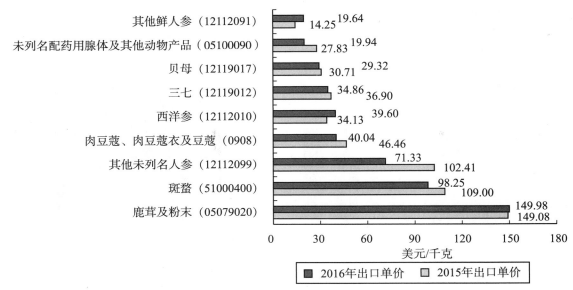

图 5 - 21　2016 年中药材及饮片出口单价前十的品种

注：由于冬虫夏草的单价与其他 9 个品种的单价相差近百倍，难以与另外 9 个品种的单价放在同一个图中比较，所以图 5 - 21 没有列出冬虫夏草的单价。

2016 年进口单价增加幅度最大的五个品种为沉香，番红花，其他未列名人参，兽牙、兽牙粉末及废料，西洋参。除沉香、兽牙、兽牙粉末及废料没有出口外，番红花、其他未列名人参和西洋参出口单价的增长幅度均低于进口单价增加幅度（见图 5 - 22）。

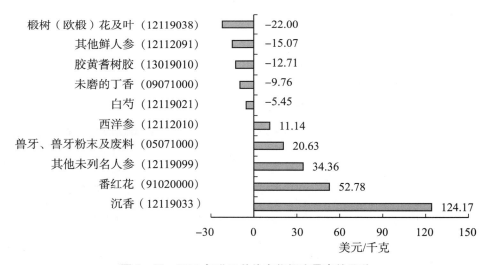

图 5 - 22　2016 年进口单价变化幅度最高的品种

2016 年进口单价下降幅度最大的五个品种分别是椴树（欧椴）花及叶、其他鲜人参、胶黄耆树胶、未磨的丁香和白芍。除胶黄耆树胶无出口，椴树（欧椴）花及叶和未磨的丁香出口单价与 2015 年相比出现下跌，但出口单价的下跌幅度小与进口单价的下跌幅度，而其他鲜人参和白芍的出口单价与 2015 年相比出现小幅上涨。

2016 年出口单价增加幅度最大的五个品种依次是其他未经加工或经脱脂简单整理的骨及角柱、西洋参、其他鲜人参、天麻和白术。出口单价降低幅度最大的五个品种依次为其他未列名人参、阿魏、斑螯、未列名配药用腺体及其他动物产品、已磨的丁香（见图5-23）。值得注意的是出口单价整体的增长幅度要低于进口单价的增长幅度，且其他未列名人参的进口单价大幅上涨而出口单价却出现大幅下降。

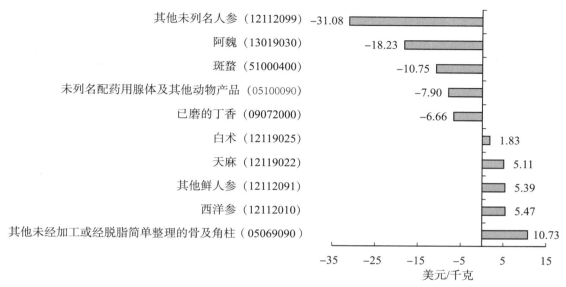

图5-23 2016年出口单价变化幅度最高的品种

四、数据分析——中药提取物

（一）总量分析

与2015年相比中药提取物的进出口量和进出口额均出现一定幅度下降（见图5-24），进口量同比下降12.33%，出口量同比下降17.62%，进口额同比下降5.08%，出口额同比下降12.86%。中药提取物的进出口单价与2015年相比均出现小幅上涨，进口单价的涨幅大于出口单价的涨幅，进口单价同比上涨8.05%，出口单价同比上涨5.78%。中药提取物与中药材及饮片的一个显著差异是出口单价高于进口单价，而中药材及饮片则正好相反。

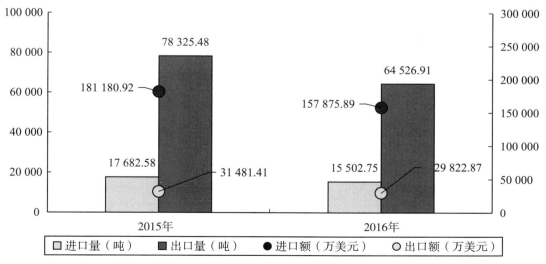

图5-24 2015~2016年中药提取物的进出口额及进出口量

　　2016 年我国中药提取物的进出口总量为 80 029 658 千克，其中进口量为 15 502 751 千克，出口量为 64 526 907 千克，出口量是进口量的 4.16 倍，处于贸易顺差状态（见图 5 - 25）。2016 年中药提取物的出口总额为 1 876 987 630 美元，其中进口额为 198 228 748 美元，出口额为 1 578 758 882 美元，出口额是进口额的 5.29 倍，进口单价为 19.24 美元/千克，出口单价为 24.47 美元/千克，中药提取物的进出口单价远高于中药材及饮片的进出口单价。

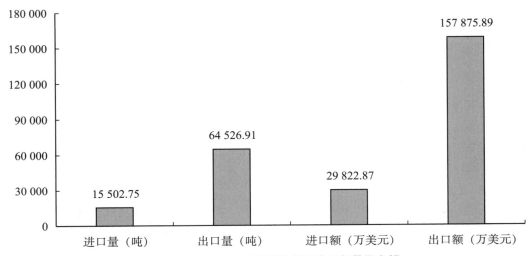

图 5 - 25　2016 年中药提取物的进出口数量及金额

　　值得注意的是，鸦片液汁及浸膏（13021100）和除虫菊或含鱼藤酮植物根茎的液汁及浸膏（13021930）这两个品种在 2016 年既没有进口也没有出口，生漆（13021910）仅有出口无进口，印楝素（13021920）和鸢尾凝脂（33013010）仅有进口无出口。

　　2016 年我国进口其他苷及其盐、醚、酯及其衍生物的数量最大，达 3 079 013 千克；进口量最多的五种提取物（按海关编码）依次是其他苷及其盐、醚、酯及其衍生物，其他薄荷油，其他植物液汁及浸膏，甘草液汁及浸膏和橙油，五种提取物的进口量之和为 12 678 323 千克，占进口总量的 87.18%（见图 5 - 26）。除包含多种提取物的海关编码，2016 年进口量前五的中药提取物是其他薄荷油、甘草液汁及浸膏、橙油、柠檬油和提取的油树脂，这五个品种的进口量之和为 8 279 693 千克，占进口总量的 53.41%。

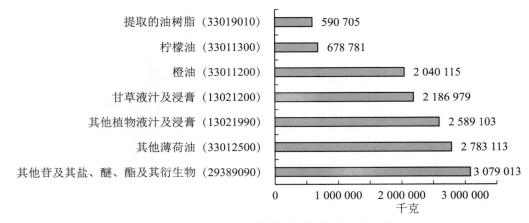

图 5 - 26　2016 年中药提取物进口量最大的品种

2016 年出口量最大的中药提取物为其他植物液汁及浸膏，达 18 871 970 千克，占出口总量的 29.25%。出口量前五的品种（按海关编码）依次是其他植物液汁及浸膏，桉叶油，其他苷及其盐、醚、酯及其衍生物，未列名非柑橘属果实精油和柠檬油，这五个品种的出口量之和为 48 575 526 千克，占出口总量的 75.28%（见图 5－27）。剔除统计多个品种的编码，出口量前五的品种是桉叶油、柠檬油、甘草液汁及浸膏、茴香油和桂油，五个品种 2016 年出口量之和为 23 615 284 千克，占出口总量的 36.60%。

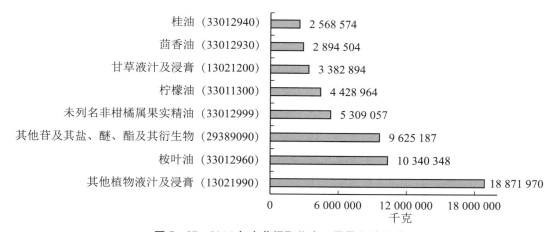

图 5－27　2016 年中药提取物出口量最大的品种

2016 年进口额最大的中药提取物为其他苷及其盐、醚、酯及其衍生物，进口额达 55 184 298 美元，占进口总额的 18.50%。进口额最大的五个品种（按海关编码）依次是其他苷及其盐、醚、酯及其衍生物，其他植物液汁及其浸膏，未列名非柑橘属果实精油，其他薄荷油和柠檬油，其进口额之和达 217 321 462 美元，占进口总额的 72.87%（见图 5－28）。剔除统计多个品种的编码，进口额前五的品种依次是其他薄荷油、柠檬油、橙油、胡椒薄荷油和甘草液汁及浸膏，五个品种的进口额之和达 116 138 559 美元，占进口总额的 38.94%。值得注意的是非列名柑橘属果实精油的进口量仅为 993 116 千克，但进口额达 46 155 615 美元，进口单价为 46.48 美元/千克，是中药提取物平均进口单价的 2.42 倍。

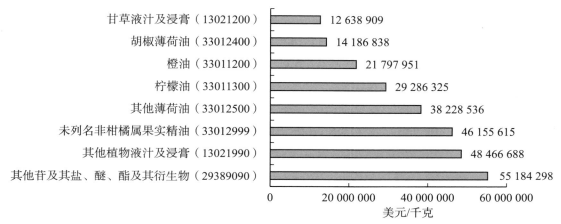

图 5－28　2016 年中药提取物进口额最大的品种

2016 年出口额最大的中药提取物为其他植物液汁及浸膏，出口额达 691 072 452 美元，占出口总额的 43.77%。出口总额前五的中药提取物（按海关编码）依次是其他植物液汁及浸膏，其他苷及其盐、醚、酯及其衍生物，桉叶油，未列名非柑橘属果实精油和桂油，五个品种的出口额之和达 1 356 344 384 千克，占出口总额的 85.91%（见图 5 - 29）。除统计多个品种的编码，出口额前五的品种依次是桉叶油、桂油、柠檬油、银杏的液汁及浸膏和茴香油，五个品种的出口额之和为 268 029 473 美元，占出口总额的 16.98%。值得注意的是，我国出口的中药提取物多统计在其他植物液汁及浸膏（13021990）和其他苷及其盐、醚、酯及其衍生物（29389090）这两个编码中，具有单独编码的中药提取物较少。

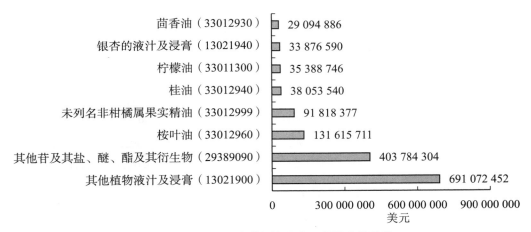

图 5 - 29　2016 年中药提取物出口额较大的品种

（二）变化分析

2016 年中药提取物有 13 个品种的进口量增加，10 个品种的进口量减少。进口量同比变化最大的品种为山苍子油，同比增长 1 625.45%，其次是未列名非柑橘属果实精油，同比增长 670.54%。进口量同比下降最大的五个品种依次是啤酒花液汁及浸膏、银杏的液汁及浸膏、桂油、甘草液汁及浸膏和其他薄荷油（见图 5 - 30）。

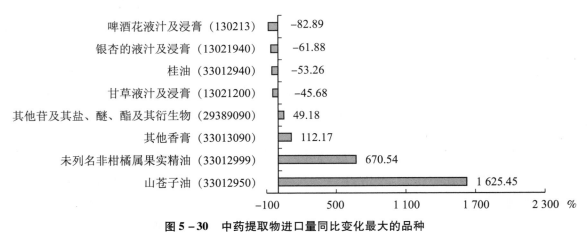

图 5 - 30　中药提取物进口量同比变化最大的品种

2016 年中药提取物有 10 个品种的出口量增加，13 个品种的出口量减少。出口量同比增加最大的品种是未列名非柑橘属果实精油，同比增加 53.60%；出口量同比减少最大的品种是鸢尾凝脂，同比减少

100%，从 2015 年的出口 1 千克，减少为 2016 年没有出口，且鸢尾凝脂是进口单价最高的品种，达 820.38 美元／千克（见图 5-31）。值得注意的是未列名非柑橘属果实精油，山苍子油，其他苷及其盐、醚、酯及其衍生物，无论进口量还是出口量的同比变化都在中药提取物的前列。

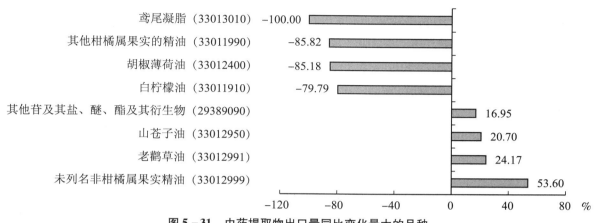

图 5-31　中药提取物出口量同比变化最大的品种

2016 年中药提取物进口额同比变化最大的品种为山苍子油，同比增加 869.19%。进口额同比增加超过 10% 的品种仅三个，分别是山苍子油、未列名非柑橘属果实精油和老鹳草油。进口额同比减少最大的品种为啤酒花液汁及浸膏，同比下降 81.02%。有 11 个品种的进口额同比下降超过 10%，啤酒花液汁及浸膏、银杏的液汁及浸膏和甘草液汁及浸膏的进口额同比下降超过 40%（见图 5-32）。值得注意的是进口额的同比变化幅度小于进口量的同比变化幅度，说明整体上 2016 年中药提取物的进口单价上涨了。

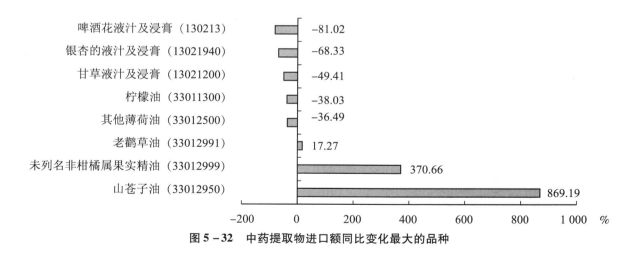

图 5-32　中药提取物进口额同比变化最大的品种

2016 年中药提取物出口额同比增长率超过 20% 的品种有三个，依次为未列名非柑橘属果实精油、提取的油树脂和甘草液汁及浸膏，同比增长率分别是 53.60%、32.27% 和 20.03%。出口量同比减少的品种，除鸢尾凝脂外，胡椒薄荷油、其他柑橘属果实的精油和白柠檬油的进口额同比下降超过 80%，同比增长率分别是 -89.31%、-88.73% 和 -88.52%（见图 5-33）。

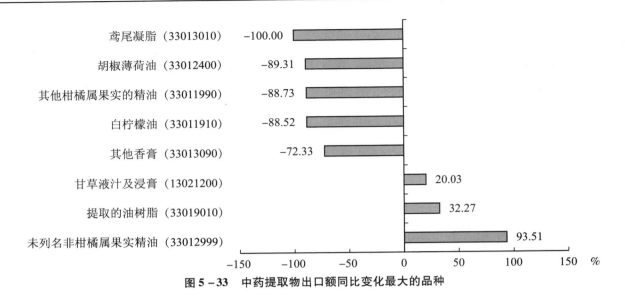

图 5 - 33　中药提取物出口额同比变化最大的品种

（三）分类分析

1. 按国家分类。2016 年我国从 99 个国家进口中药提取物，出口中药提取物至 143 个国家。从印度进口的中药提取物数量最多，为 2 469 426 千克，占进口总量的 15.93%；其次是乌兹别克斯坦，进口量为 2 146 125 千克，占进口总量的 13.84%。与我国发生中药提取物贸易的国家中，我国从五个国家进口的中药提取物数量超过 100 万千克，除上述两个国家外还有美国、土库曼斯坦和巴西，这五个国家进口的中药提取物的数量之和为 9 306 088 千克，占进口总量的 60.03%（见图 5 - 34）。从菲律宾和斯洛伐克进口的中药提取物数量最少，进口量均不足 1 千克。

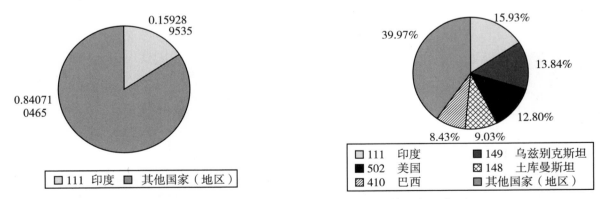

图 5 - 34　2016 年我国中药提取物进口数量前五的国家（地区）

2016 年我国出口至美国的中药提取物数量最多，达 12 932 156 千克，占出口总量的 20.04%（见图 5 - 35）；其次是马来西亚，出口量为 6 127 948 千克，占出口总量的 9.50%。除这两个国家外，出口至泰国、墨西哥、法国、日本、澳大利亚的数量均超过 250 万千克。值得注意的是，我国从少数国家进口的中药提取物占据了进口总量的大部分，但出口至各国的数量较分散，除美国外，出口至剩余 142 个国家中任一个国家的数量均不超过 10%。

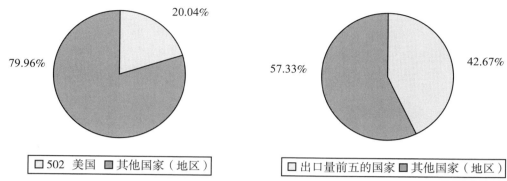

图 5 – 35 2016 年我国中药提取物出口数量前五的国家（地区）

2016 年我国从美国进口中药提取物的金额最高，达 65 902 226 美元，占进口总额的 22. 10%。除美国外，从印度、乌兹别克斯坦、法国和英国进口的金额较高，分别是 37 290 971 美元、23 836 481 美元、19 998 825 美元和 11 281 681 美元，分别占进口总额的 12. 50%、7. 99%、6. 71% 和 3. 78%（见图 5 – 36）。

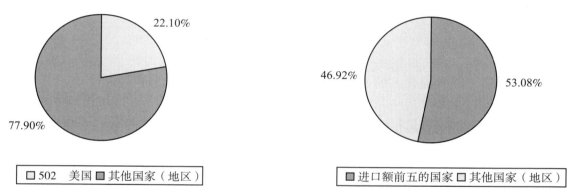

图 5 – 36 2016 年我国中药提取物进口金额最大的国家（地区）

2016 年中药提取物出口金额前五的国家（地区）依次是美国、日本、韩国、中国香港和马来西亚，出口金额分别为 389 786 671 美元、191 098 569 美元、88 460 351 美元、78 148 172 美元和 77 826 706 美元，分别占出口总额的 24. 69%、12. 10%、5. 60%、4. 95% 和 4. 93%（见图 5 – 37）。虽然出口至马来西亚与中国香港的金额相差不大，但出口至马来西亚的数量是出口至中国香港数量的 3. 09 倍，即：中药提取物出口至中国香港的单价是马来西亚的 3. 10 倍。

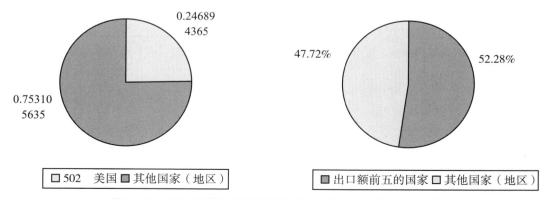

图 5 – 37 2016 年我国中药提取物出口金额最大的国家（地区）

2. 按省份分类。中药提取物进口量最大的三个省份（地区）依次是上海、江苏和广东，进口数量分别为 4 279 380 千克、4 104 131 千克和 1 653 266 千克，三个省份（地区）的进口量之和占进口总量的 64.74%（见图 5 - 38）。

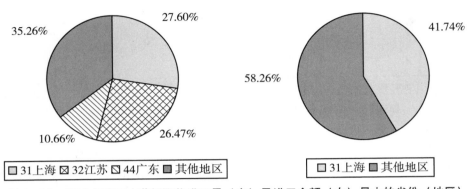

图 5 - 38　2016 年我国中药提取物进口量（左）及进口金额（右）最大的省份（地区）

2016 年进口金额超过 1 000 万美元的省份（地区）有 5 个，依次是上海、广东、江苏、北京和新疆，进口金额分别是 124 495 553 美元、55 041 603 美元、39 950 178 美元、13 582 521 美元和 10 042 174 美元，这 5 个省份（地区）的进口额之和占进口总额的 81.52%。值得关注的是，上海与江苏的进口数量相差较小，但上海的进口额是江苏的 3.12 倍，表明江苏进口的中药提取物单价较低，仅 9.73 美元/千克。

2016 年中药提取物出口数量超过 100 万千克的省份（地区）有 13 个，其中广东的出口数量最大，达到 21 039 787 千克，占出口总量的 32.61%。出口数量前五的省份依次是广东、云南、四川、江苏和陕西，五个省份的出口量之和达 41 065 098 千克，占出口总量的 63.64%（见图 5 - 39）。

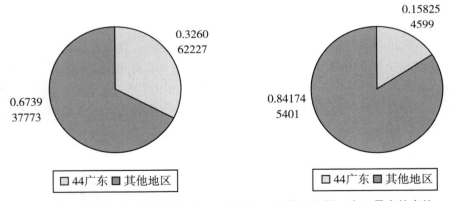

图 5 - 39　2016 年我国中药提取物出口量（左）和出口金额（右）最大的省份

2016 年中药提取物出口金额超过 1 亿元的省份（地区）有 7 个，其中广东的出口金额最高，达 249 845 853 美元，占出口总额的 15.83%（见图 5 - 39），其次是浙江，出口额达 143 494 122 美元，占出口总额的 9.09%。值得关注的是，广东的出口量和出口金额虽然很大，但出口单价仅为 11.87 美元/千克，远低于中药提取物的平均出口单价 24.47 美元/千克。

2016 年中药提取物进口单价最高的五个省份依次是海南、湖南、江西、广西和山东，进口单价分别是 732.46 美元/千克、379.98 美元/千克、372.43 美元/千克、304.37 美元/千克和 62.48 美元/千克。除山东外，其他四个省份的进口数量均不超过 2 000 千克，即：进口单价高的省份，进口数量均较小。

中药提取物出口单价最高的五个省份（地区）分别是甘肃、重庆、黑龙江、天津和山西，出口单价依次是 103.47 美元/千克、69.22 美元/千克、67.24 美元/千克、65.09 美元/千克和 64.19 美元/千克。整体上，各省出口中药提取物的单价均低于进口中药提取物的单价（见表 5 - 2）。

表 5 - 2　　　　　　　　　　　中药提取物进出口单价前五的地区　　　　　　　　　单位：美元/千克

地区	进口单价	地区	出口单价
46 海南	732.46	62 甘肃	103.47
43 湖南	379.98	50 重庆	69.22
36 江西	372.43	23 黑龙	67.24
45 广西	304.37	12 天津	65.09
37 山东	62.48	61 山西	64.19

3. 按海关分类。2016 年 34 个海关涉及中药提取物的进口，有 4 个海关的进口数量超过 100 万千克，分别是上海海关、南京海关、乌鲁木齐海关和天津海关，其中上海海关的进口数量最大，达 6 115 583 千克，占进口总量的 39.45%。

上海海关、黄埔海关、广州海关、南京海关和乌鲁木齐海关的进口额均超过 1 000 万美元，五个海关的进口额之和达 239 297 555 美元，占进口总额的 80.24%（见表 5 - 3）。

表 5 - 3　　　　　　　　　2016 年中药提取物进口量和进口金额前五的海关

口岸名称	进口数量（千克）	口岸名称	进口金额（美元）
22 上海海关	6 115 583	22 上海海关	149 837 901
23 南京海关	2 992 575	52 黄埔海关	27 811 194
94 乌鲁木齐海关	1 441 405	51 广州海关	24 058 615
02 天津海关	1 243 298	23 南京海关	21 048 466
52 黄埔海关	805 019	94 乌鲁木齐海关	16 541 379

2016 年有 32 个海关涉及中药提取物的出口，11 个海关的出口数量超过 100 万千克，其中黄埔海关和上海海关的出口数量最大，分别是 21 789 414 千克和 16 416 122 千克，分别占出口总量的 33.77% 和 25.44%。上海海关、黄埔海关、青岛海关、深圳海关、北京海关和天津海关的出口金额超过 1 亿美元，这 6 个海关的出口额之和达 1 228 048 201 美元，占出口总额的 77.79%（见表 5 - 4）。

表 5 - 4　　　　　　　　　2016 年中药提取物出口量和出口金额前五的海关

口岸名称	出口数量（千克）	口岸名称	出口金额（美元）
52 黄埔海关	21 789 414	22 上海海关	488 257 365
22 上海海关	16 416 122	52 黄埔海关	240 190 044
42 青岛海关	4 985 552	42 青岛海关	161 966 147
57 拱北海关	3 360 595	53 深圳海关	131 424 715
53 深圳海关	3 298 383	01 北京海关	106 000 791

　　2016 年中药提取物进口单价最高的五个口岸依次是海口海关、济南海关、汕头海关、西安海关和杭州海关，进口单价分别是 732.46 美元/千克、700.00 美元/千克、500.00 美元/千克、287.00 美元/千克和 126.52 美元/千克。除杭州海关外，其他四个海关的进口量之和不超过 500 千克，即：进口单价最高的海关，进口量均较少。

　　出口单价最高的五个口岸依次是哈尔滨海关、乌鲁木齐海关、福州海关、昆明海关和长春海关，出口单价分别是 1 612.83 美元/千克、103.53 美元/千克、99.93 美元/千克、92.40 美元/千克和 87.19 美元/千克（见表 5 - 5）。

表 5 - 5　　　　　　　　　　　　　　2016 年中药提取物进出口单价前五的海关

口岸名称	进口单价（美元/千克）	口岸名称	出口单价（美元/千克）
64 海口海关	732.46	19 哈尔滨海关	1 612.83
43 济南海关	700.00	94 乌鲁木齐海关	103.53
60 汕头海关	500.00	35 福州海关	99.93
90 西安海关	287.00	86 昆明海关	92.40
29 杭州海关	126.52	15 长春海关	87.19

第三节　案 例 分 析

一、人参的进出境情况分析

　　人参，多年生草本，在《神农本草经》中列于"上品"，有"百草之王"之称，张仲景所著《伤寒论》收载药方 113 首，含人参的处方 21 个，占 18.6%。2015 版《中华人民共和国药典》记载人参为五加科植物 Panax ginseng C. A. Mey. 的干燥根和根茎。大田栽培的俗称"园参"，播种在山林野生状态下自然生长的称"林下山参"，习称"籽海"。味微苦、甘，香气特异，归脾、肺、心、肾经，具有大补元气、补脾益肺、生津养血等功效。在 CNKI 上以人参为检索关键词[①]，共检索到 50 704 篇文献，研究领域涵盖化学成分分析、药理药效、本草考证等领域。2016 年我国出口人参 2 563.38 吨，出口创汇 1.66 亿美元。

　　世界范围内，人参属（Panax Linn.）约有 5 种，分布于亚洲东部、中部和北美洲。我国有 3 种，分布于辽宁东部、吉林东半部和黑龙江东部，生于海拔数百米的落叶阔叶林或针叶阔叶混交林下。现吉林、辽宁栽培甚多，河北、山西有引种。苏联、朝鲜有分布，朝鲜和日本多为栽培品[②]。20 世纪 80 年代引种栽培的西洋参与人参同属不同种。在 CNKI 中以人参为检索关键词，检索日期 2017 年 12 月 15日，检索到人参有国际专利 4 758 项，其中世界知识 327 项，欧洲专利 134 项，韩国申请的专利最多有 3 756 项。人参在海关统计中有三个编码，分别是 121120（人参）、12112091（其他鲜人参）和 12112099（未列名人参）。

---

① 检索时间：2017 年 12 月 15 日。
② http://frps.eflora.cn/frps/Panax%20ginseng。

（一）进出口国家（地区）

2016 年人参的进出口涉及 33 个国家（地区），其中进口涉及 5 个国家，出口涉及 32 个国家（地区）。按地区分类，欧洲有最多的国家与我国发生人参贸易，有 14 个国家（地区）；亚洲地区次之，有 13 个国家（地区）；美洲有 3 个国家，大洋洲有 2 个国家，非洲有 1 个国家。按进出口数量分类，亚洲地区的进出口数量最大，达 2 016 608 千克；其次为美洲地区，为 730 898 千克；欧洲为 484 381 千克，大洋洲为 1 533 千克，非洲为 1 000 千克。按进出口金额分类，亚洲地区的进出口金额最大，占总进出口额的 68.71%，美洲地区占进出口总额的 20.22%，欧洲地区占进出口总额的 10.98%，非洲和大洋洲的进出口额不到总额的 1%。人参进出口数量排名前十的国家（地区）分别是日本、中国香港、加拿大、中国台北单独关税区、美国、德国、意大利、马来西亚、韩国、新加坡（见图 5－40）。

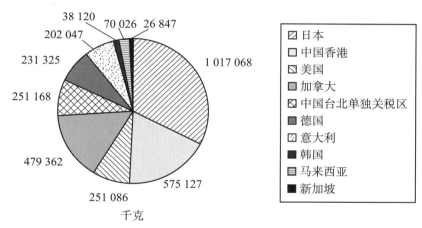

图 5－40　2016 年人参进出口数量排名前十的国家（地区）

（二）进出口量及进出口额

2016 年人参的进出口量为 3 234 420 千克，进出口金额为 203 938 858 美元，其中进口量 671 041 千克，出口量为 2 575 514 千克；进口额为 38 147 499 美元，出口额为 166 523 083 美元。2016 年其他鲜人参的出口量为 30 917 千克，出口额为 607 266 美元；进口量为 28 691 千克，进口额为 565 161 美元。未列名人参的出口量为 2 045 544 千克，出口额为 145 903 959 美元；进口量为 15 468 千克，进口额为 5 468 160 美元。

（三）进出口单价

2016 年人参的进口单价为 56.85 美元/千克，其中其他鲜人参的进口单价为 19.70 美元/千克，未列名人参的进口单价为 353.51 美元/千克。2016 年人参的出口单价为 64.66 美元/千克，其中其他鲜人参的出口单价为 19.62 美元/千克，未列名人参的出口单价为 71.33 美元/千克。12112099（未列名人参）这个编码下的人参进出口单价均远高于 12112091（其他鲜人参）编码下的人参产品，其他鲜人参的进出口单价相差不大，但未列名人参的进口价格是出口价格的 5 倍，而我国的人参出口多归在 12112099（未列名人参）编码下（见图 5－41）。2016 年人参进出口单价排名前十的国家分别是乌兹别克斯坦、埃及、捷克、美国、保加利亚、日本、越南、新加坡、法国、瑞士（见表 5－6）。

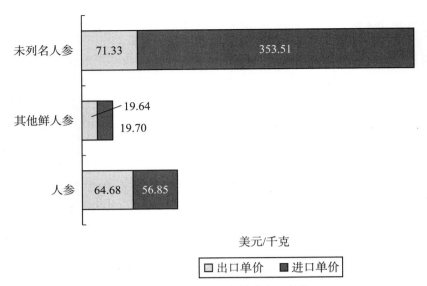

图 5 – 41　2016 年人参的进出口单价

表 5 – 6　　　　　　　　　　2016 年人参进出口数量、金额、价格排名前十的国家（地区）

国家（地区）	进出口数量 （千克）	国家（地区）	进出口金额 （美元）	国家（地区）	进出口单价 （美元/千克）
日本	1 017 068	日本	83 679 548	乌兹别克斯坦	163. 23
中国香港	575 109	中国香港	28 893 800	埃及	97. 72
中国台北单独关税区	251 168	中国台北单独关税区	15 154 030	捷克	93. 37
德国	231 325	德国	10 686 468	美国	90. 17
意大利	202 047	美国	8 849 605	保加利亚	82. 30
美国	98 144	意大利	8 626 978	日本	82. 28
马来西亚	70 026	马来西亚	3 285 939	越南	79. 00
新加坡	26 847	新加坡	1 951 546	新加坡	72. 69
西班牙	18 496	法国	1 161 503	法国	71. 21
法国	16 310	西班牙	994 317	瑞士	67. 35

（四）海关口岸

2016 年人参的进口涉及 17 个海关口岸，其中拱北海关的进口量最大，进口 325 240 千克，武汉海关的进口单价最高，达 543. 11 美元/千克。有 10 个海关的进口量占比高于 1%，累计占比达 98. 13%，进口量排名前五的海关占比达 86. 09%。人参进口量排名前五的海关分别是拱北海关、南京海关、黄埔海关、北京海关和重庆海关。有 11 个海关的进口额占比高于 1%，累计占比达 97. 62%，进口额排名前五的海关占比达 77. 64%。人参进口额排名前五的海关分别是拱北海关、南京海关、北京海关、上海海关和重庆海关。进口单价最高的五个海关分别是武汉海关、宁波海关、广州海关、上海海关和南宁海关，除上海海关外，其他四个海关的进口量均不足 1 吨（见表 5 – 7）。

表 5 - 7　　　　　　　　　2016 年人参进口数量、金额、单价最高的五个海关

海关名称	进口数量 （千克）	海关名称	进口金额 （美元）	海关名称	进口单价 （美元/千克）
拱北海关	325 240	拱北海关	9 042 510	武汉海关	543. 11
南京海关	110 328	南京海关	7 275 341	宁波海关	539. 69
黄埔海关	71 750	北京海关	6 601 208	广州海关	385. 76
北京海关	43 274	上海海关	4 037 421	上海海关	296. 35
重庆海关	27 118	重庆海关	2 659 431	南宁海关	212. 17

2016 年人参的出口涉及 22 个海关口岸，其中天津海关的出口量最大，出口 611 440 千克，深圳海关的出口金额最高，出口额为 53 635 682 美元，沈阳海关出口单价最高，达 1 383.14 美元/千克。有 9 个海关的出口量占比高于 1%，累计占比达 97.35%，出口量排名前五的海关占比达 81.97%。人参出口量排名前五的海关分别是天津海关、深圳海关、大连海关、拱北海关和广州海关。有 11 个海关的出口额占比高于 1%，累计占比达 98.28%，进口额排名前五的海关占比达 84.10%。人参出口额排名前五的海关分别是深圳海关、天津海关、大连海关、广州海关和上海海关。出口单价最高的五个海关分别是沈阳海关、重庆海关、长春海关、深圳海关和南京海关（见表 5 - 8）。

表 5 - 8　　　　　　　　　2016 年人参出口数量、金额、单价最高的五个海关

海关名称	出口数量 （千克）	海关名称	出口金额 （美元）	海关名称	出口单价 （美元/千克）
天津海关	611 440	深圳海关	53 635 682	沈阳海关	1 383. 14
深圳海关	557 672	天津海关	38 869 589	重庆海关	127. 41
大连海关	477 196	大连海关	24 645 186	长春海关	104. 88
拱北海关	268 241	广州海关	12 994 521	深圳海关	96. 18
广州海关	186 701	上海海关	9 287 652	南京海关	89. 26

（五）省份（地区）

2016 年人参的进口涉及 13 个省份（地区），广东的进口量最大，达 412 907 千克，广西的进口量最小，仅有 18 千克，湖北的进口单价最高，为 543.11 美元/千克。进口量排名前五的省份（地区）依次为广东、江苏、北京、重庆和山东，进口额排名前五的省份（地区）依次为广东、北京、江苏、上海和重庆，进口单价排名前五的省份（地区）为湖北、上海、广西、浙江和北京（见表 5 - 9）。

表 5 - 9　　　　　　　2016 年人参进口数量、金额、单价最高的五个省份（地区）

地区	进口数量 （千克）	地区	进口金额 （美元）	地区	进口单价 （美元/千克）
广东	412 907	广东	12 510 511	湖北	543. 11
江苏	110 328	北京	7 745 925	上海	297. 91
北京	56 352	江苏	7 275 341	广西	212. 17
重庆	27 118	上海	4 013 190	浙江	188. 35
山东	22 623	重庆	2 659 431	北京	137. 46

2016 年人参的出口涉及 23 个地区，其中吉林的出口量最大，为 764 131 千克，重庆的出口量最小但出口单价最高，出口量仅 44 千克，出口单价为 127.41 美元/千克。各省进口人参价格远高于出口价格。出口量排名前五的省份（地区）依次是吉林、广东、北京、黑龙江和浙江，出口金额排名前五的省份（地区）依次为吉林、北京、天津、广东和黑龙江，出口单价排名前五的省份（地区）为重庆、天津、北京、江苏和山东（见表 5 - 10）。

表 5 - 10　　　　　　　　　　2016 年人参出口数量、金额、单价最高的五个地区

地区	出口数量 （千克）	地区	出口金额 （美元）	地区	出口单价 （美元/千克）
吉林	764 131	吉林	48 658 118	重庆	127. 41
广东	424 482	北京	23 195 780	天津	122. 09
北京	233 252	天津	19 130 733	北京	99. 45
黑龙江	182 500	广东	16 692 254	江苏	89. 48
浙江	165 126	黑龙江	11 363 601	山东	81. 83

二、甘草及其提取物进出境情况分析

甘草有"十方九草"之美誉，地下根茎入药，有清热解毒、化痰止咳、补脾和胃、调和诸药等功效。全属约 20 种，全球各大洲均有分布，以欧亚大陆为多，又以亚洲中部的分布最为集中。我国有 8 种，主要分布于黄河流域以北各省区，个别种见于云南西北部[①]。2015 版《中国药典》记载，甘草为豆科植物甘草 *Glycyrrhiza uralensis* Fisch、胀果甘草 *Glycyrrhiza inflata* Bat. 或光果甘草 *Glycyrrhiza glabra* L. 的干燥根和根茎。甘草是甘草片等 100 多种中成药的主要原料，西药用其祛痰与矫味。甘草不仅广泛应用于中医临床上，其制品在食品、保健品、化妆品、烟草、轻工、石油、消防等许多行业也备受青睐，国际市场的需求量日益增长。除此之外，甘草还是我国三北荒漠化地区最重要的防风固沙植物，对环境资源保护起着不可替代的作用。

甘草及其制品在国际贸易上主要涉及两个海关编码，分别是甘草（12119036）和甘草液汁及浸膏（13021200）。实际上在其他植物液汁及浸膏（13021990）、其他苷及其盐、醚、酯和其他衍生物（29389090）这两个编码中也涉及小部分甘草及其制品，但统计在这两个编码中的甘草及其制品的数量较少，本节不做讨论。

（一）甘草及其制品进出口概况

甘草及其制品是我国重要的中药资源类出口商品之一，出口形式可分为以下三个方面：（1）鲜或干的甘草（不论是否切割、压碎或研磨成粉），主要出口到韩国、日本；（2）甘草液汁及浸膏，主要出口到美国、英国；（3）甘草酸盐类及其衍生物，主要出口到日本。由于事关三北地区生态保护，国家对甘草类产品的出口实施了最为严格的管理，甘草和甘草液汁及浸膏一直被列为出口主动配额管理之中。1995 年，甘草和甘草液汁及浸膏被列为出口配额招标管理的商品。2001 年，制定了《甘草麻黄草专营和许可证管理办法》，加强了甘草、麻黄草野生资源保护管理，保护生态环境，制止乱采乱挖甘草和麻

---

① http：//frps. eflora. cn/frps/Glycyrrhiza。

黄草，合理利用甘草、麻黄草资源，保障市场供应。2002 年，我国又将甘草酸等深加工的甘草类制品纳入了配额管理的范围。甘草类产品的出口配额管理，比较有效地遏制了甘草类产品出口迅速增长的态势。在我国 300 多种出口的中药材之中，甘草是少数几个出口数量基本稳定、出口价格呈现上涨趋势的品种。

我国甘草资源紧缺，虽然有人工栽培甘草进行补充，但仍需进口大量甘草以满足国内市场需求。近年来，甘草已成为我国中药材及饮片的主要进口品种，鲜或干的甘草进口量均高于出口量，且进口总体上还趋于上升趋势，而出口则呈现下降趋势，进口和出口的差额逐年增加。究其原因，一方面是由于国际甘草市场比较活跃，另一方面是由于国务院关税税则委员会在 2008 年将甘草、甘草液汁及浸膏的进口关税从 6% 降为 0，激发了企业进口甘草的热情。从进口地区来看，中亚的土库曼斯坦、乌兹别克斯坦、哈萨克斯坦和阿塞拜疆是我国进口甘草的主要地区，另外我国从巴基斯坦、塔吉克斯坦和阿富汗也进口少量甘草。但进口只是有效缓解国内的资源紧张，并没有从根本上解决我国甘草资源短缺问题。

（二）进出口国家（地区）

甘草的进出口涉及 24 个国家（地区），其中从 8 个国家（地区）进口，出口至 16 个国家（地区）。我国从哈萨克斯坦进口的甘草数量最多，达 15 978 359 千克，同比增加 10.90%，进口金额为 13 452 460 美元，同比下降 21.30%。我国出口至日本的数量最多，达 970 027 千克，同比下降 30.40%，出口金额为 7 501 074 美元，同比减少 43.50%。进口数量前五的来源国依次是哈萨克斯坦、乌兹别克斯坦、土库曼斯坦、吉尔吉斯斯坦和阿富汗，出口数量前五的国家（地区）依次是日本、韩国、中国台北单独关税区、德国和泰国（见图 5 - 42）。

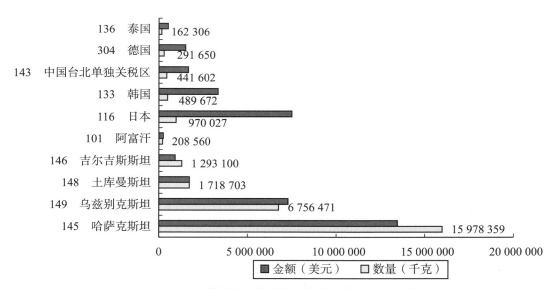

图 5 - 42　甘草进出口数量及金额前五的国家（地区）

甘草液汁及浸膏的进出口涉及 30 个国家（地区），其中从 14 个国家进口，出口至 23 个国家。我国从土库曼斯坦进口甘草液汁及浸膏最多，达 1 400 000 千克，同比增长 24.70%，进口金额为 7 949 734 美元，同比增加 18.80%。出口至美国的数量最多，达 2 224 398 千克，同比增加 75.7%，出口金额为 16 852 586 美元，同比增加 58.7%。进口数量前五的来源国依次是土库曼斯坦、阿联酋、美国、伊拉克和乌兹别克斯坦，出口数量前五的国家（地区）依次是美国、德国、印度尼西亚、中国台北单独关税区和法国（见图 5 − 43）。

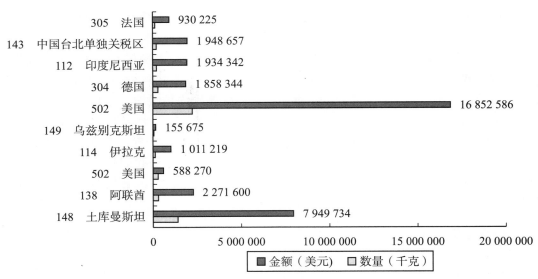

图 5 − 43　甘草液汁及浸膏进出口数量及金额前五的国家（地区）

（三）进出口数量及进出口额

2016 年甘草及制品的进出口总量为 34 424 020 千克，进出口金额为 78 615 509 美元，其中进口量为 28 476 610 千克，进口额为 36 779 049 美元；出口量为 5 947 410 千克，出口额为 41 836 460 美元。2016 年甘草的进口数量为 26 289 631 千克，进口金额为 24 140 140 美元；出口数量为 2 564 516 千克，出口金额为 15 653 759 美元；甘草液汁及浸膏的进口数量为 2 186 979 千克，进口金额为 12 638 909 美元；出口数量为 3 382 894 千克，出口金额为 26 182 701 美元（见图 5 − 44）。

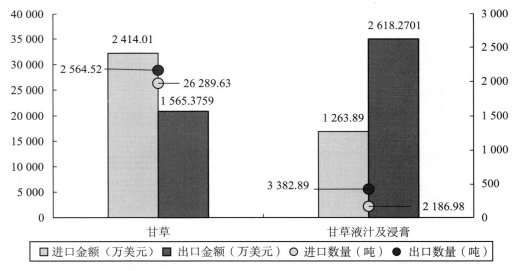

图 5 − 44　2016 年甘草及其制品的进出口数量及金额

（四）进出口单价分析

2016 年甘草及其制品的进口单价为 1. 29 美元/千克，其中甘草的进口单价为 0. 92 美元/千克，甘草液汁及浸膏的进口价格为 5. 68 美元/千克。2016 年人参的出口单价为 7. 03 美元/千克，其中甘草的出口单价为6.10美元/千克，甘草液汁及浸膏的出口单价为7.74美元/千克。甘草及其制品的出口单价高于进口单价，甘草的出口单价是进口单价的6.63倍，甘草液汁及浸膏的出口单价是进口单价的1.36倍（见图5-45）。

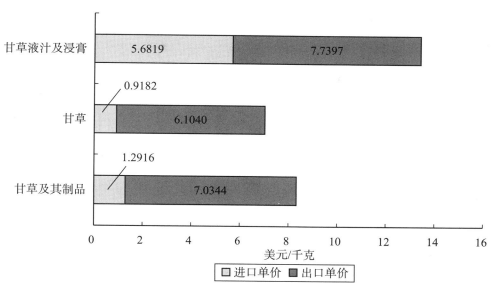

图5-45　2016年甘草及其制品的进出口单价

各国的进出口单价存在较大差异，甘草进口单价前五的国家依次是巴基斯坦（1.86美元/千克）、阿富汗（1.21美元/千克）、阿塞拜疆（1.12美元/千克）、乌兹别克斯坦（1.08美元/千克）和土库曼斯坦（1.00美元/千克），甘草出口单价前五的国家依次是澳大利亚（13.67美元/千克）、马来西亚（7.96美元/千克）、日本（7.73美元/千克）、韩国（6.82美元/千克）和英国（6.38美元/千克）。甘草液汁及浸膏的进口单价前五的国家（地区）依次印度（1 820.27美元/千克）、中国台北单独关税区（1 399.00美元/千克）、日本（173.02美元/千克）、韩国（110.46美元/千克）和瑞士（23.28美元/千克），出口单价前五的国家（地区）依次是墨西哥（10.68美元/千克）、巴西（10.00美元/千克）、中国台北单独关税区（9.53美元/千克）、巴基斯坦（9.36美元/千克）和印度尼西亚（9.34美元/千克）。

（五）海关分析

甘草及其制品的进口涉及10个海关口岸，其中乌鲁木齐海关的进口量最大，达25 199 873千克，占进口总量的88.49%，包括进口甘草25 146 073千克和甘草液汁及浸膏53 900千克。进口金额最大的海关为乌鲁木齐海关，达22 854 666美元，占进口总额的62.14%。乌鲁木齐海关进口金额的占比远小于进口数量的占比，说明其进口单价远低于其他海关。值得关注的是，各个海关进口甘草液汁及浸膏的单价均高于甘草的进口单价。

乌鲁木齐海关进口甘草的数量为25 146 073千克，进口金额为22 698 991美元，分别占进口总量和进口总额的95.65%和94.03%（见图5-46）。南京海关进口甘草液汁及浸膏的数量和金额最大，分别是2 120 631千克和11 817 169美元，占进口总量和总额的96.97%和93.50%（见图5-47）。甘草及其制品的进口海关较为集中，个别海关的进口量占进口总量的绝大部分。

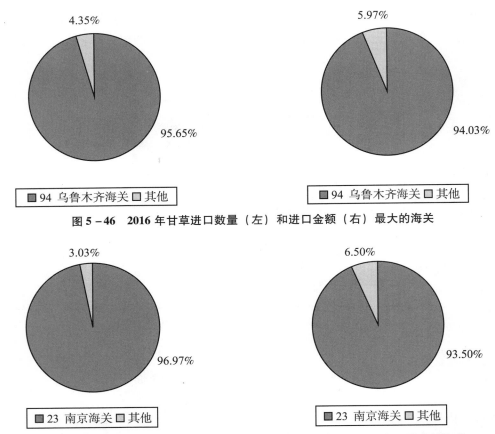

图 5 - 46 2016 年甘草进口数量（左）和进口金额（右）最大的海关

图 5 - 47 2016 年甘草液汁及浸膏进口数量（左）和进口金额（右）最大的海关

　　甘草及其制品出口涉及 4 个海关，分别是天津海关、上海海关、大连海关和南京海关。绝大部分甘草从天津海关出口，2016 年其出口数量为 2 027 547 千克，出口金额为 13 218 728 美元，分别占出口总量和总额的 79.06% 和 84.44%（见图 5 - 48）。甘草液汁及浸膏出口量最大的海关为南京海关，出口数量为 2 218 368 千克，出口金额为 16 570 319 美元，分别出口总量和总额的 65.58% 和 63.29%（见图 5 - 49）。

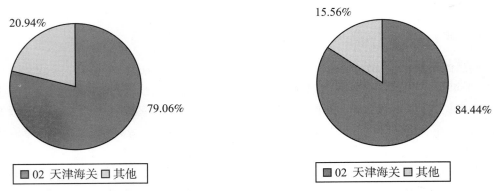

图 5 - 48 2016 年甘草出口数量（左）和出口金额（右）最大的海关

（六）省份分析

　　2016 年甘草及其制品的进口涉及 10 个省份（地区），其中甘草的进口涉及 6 个省份，甘草液汁及浸膏的进口涉及 7 个省份。甘草进口数量最多的省份为新疆，达 24 456 330 千克，进口金额为 21 944 861 美

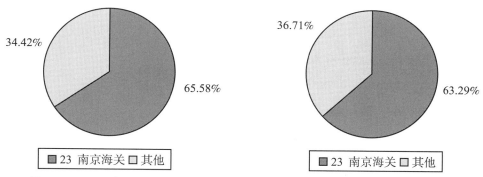

图 5 - 49 2016 年甘草液汁及浸膏出口数量（左）和出口金额（右）最大的海关

元，分别占进口总量和总额的 93.03% 和 90.91%（见图 5 - 50）。甘草液汁及浸膏进口量及金额中最大的省份是江苏，2016 年进口数量为 2 120 777 千克，进口金额为 12 077 169 美元，分别占进口总量和总额的 96.97% 和 95.56%（见图 5 - 51）。值得关注的是，新疆进口甘草的单价低于其他省份进口甘草的单价，江苏进口甘草液汁及浸膏的单价均低于其他省份的进口单价（除新疆）。

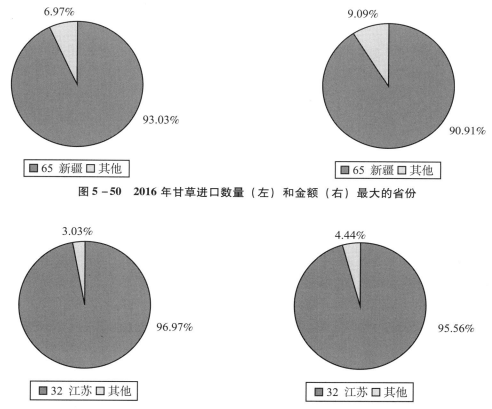

图 5 - 50 2016 年甘草进口数量（左）和金额（右）最大的省份

图 5 - 51 2016 年甘草液汁及浸膏的进口数量（左）和金额（右）最大的省份

2016 年甘草及其制品的出口涉及 20 个省份（地区），其中甘草的出口涉及 18 个省份（地区），甘草液汁及浸膏的出口涉及 11 个省份（地区）。与进口的显著差异是各省出口甘草的数量比较平均，出口量最大的贵州，其数量仅占出口总量的 16.57%。出口数量超过 200 吨的省份有甘肃、安徽、河北、陕西、辽宁和新疆，这 6 个省份的出口量之和为 1 810 938 千克，占出口总量的 70.62%。有 8 个省份出口金额超过 100 万美元，出口金额最大的省份为贵州，出口金额为 3 898 553 美元，占出口总额的 24.90%

（见图 5 - 52）。

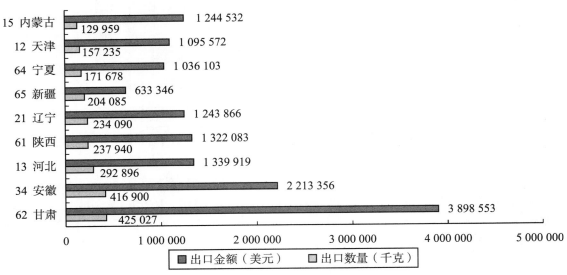

图 5 - 52　2016 年甘草出口数量及金额靠前的省份

甘草液汁及浸膏出口量及金额中最大的省份是江苏，2016 年出口数量为 2 218 368 千克，出口金额为 16 570 319 美元，分别占出口总量和总额的 65.58% 和 63.29%（见图 5 - 53）。

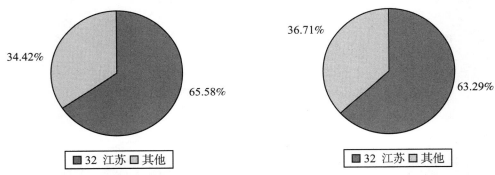

图 5 - 53　2016 年甘草液汁及浸膏的出口数量（左）和金额（右）最大的省份

第六章　其他类资源进出口分析

第一节　动物皮革类

一、动物皮革的相关定义及发展现状

动物皮革是牛、羊、猪、马、鹿或其他动物身上剥下的原皮，经鞣制整饰加工后，制成具有各种风格的材料。没有经过加工的动物皮干燥时很硬，见水又会变软，容易腐烂。制革是把动物皮种的无用物质去掉，并用鞣剂同有用的蛋白质结合，使动物皮具有经久不坏的性能。

天然皮革按其种类来分主要有猪皮革、牛皮革、羊皮革、马皮革、驴皮革和袋鼠皮革等，另有少量的鱼皮革、爬行类动物皮革、两栖类动物皮革、鸵鸟皮革等。其中牛皮革又分黄牛皮革、水牛皮革、牦牛皮革和犏牛皮革；羊皮革分为绵羊皮革和山羊皮革。

按其层次分，有头层革和二层革，其中头层革有全粒面革和修面革；二层革又有猪二层和牛二层革等。在主要几类皮革中，黄牛皮革和绵羊皮革，其表面平细，毛眼小。内在结构细密紧实，革身具有较好的丰满和弹性感，物理性能好。因此，优等黄牛革和绵羊革一般用作高档制品的皮料，其价格是大宗皮革中较高的一类。

在诸多的皮革品种中，全粒面革应居榜首，因为它是由伤残较少的上等原料皮加工而成，革面上保留完好的天然状态，涂层薄，能展现出动物皮自然的花纹美。它不仅耐磨，而且具有良好的透气性。

修面革，是利用磨革机将革表面轻磨后进行涂饰，再压上相应的花纹而制成的。实际上是对带有伤残或粗糙的天然革面进行了"整容"。此种革几乎失掉原有的表面状态，涂饰层较厚，耐磨性和透气性比全粒面革较差。

二层革，是厚皮用片皮机剖层而得，头层用来做全粒面革或修面革，二层经过涂饰或贴膜等系列工序制成二层革．它的牢度、耐磨性较差，是同类皮革中最廉价的一种。

人工皮革包括人造革和合成革两大类。根据《中国大百科全书》（轻工卷）的定义，人造革是一类外观、手感类似皮革并可代替其使用的塑料制品，通常以织物为底基，涂覆合成树脂和各种塑料添加剂。

合成革是模拟动物皮革的组成和结构并作为其代用材料的塑料制品，通常以经浸渍的无纺布作为网状层，微孔 PU 层作为粒面层，其正、反面都与动物皮革十分相似，并具有一定的透气性。因此，合成革比普通的人造革更接近动物皮革，被广泛用于制鞋、靴、箱包和球类等。

皮革业在我国经济和社会生活中扮演着非常重要的角色，在解决就业、出口创汇、满足人们的日常消费需求等方面发挥了不可替代的作用。我国皮革业从不能满足国内市场需求，发展到占全世界皮革产量的23.33%，2007 年我国已成为世界第一大皮革及其制品生产与出口国。作为世界皮革大国，中国不仅在皮革及其相关产品的生产、销售方面在世界皮革行业中扮演者重要角色，更有着从制作、销售到教

育、研发、检测、标准制定等一系列完整的产业链条，有着极具特色的产业集群，同时也是世界做大的皮革消费市场。

中国毛皮行业在经过了持续几年的高速发展后，2014 年逐渐步入缓慢增长期，但仍然保持了总体稳定的运行态势。2015 年，全球经济形势增长动力不足，地区局势冲突博弈加剧；中国经济发展进入新旧动能转化的阵痛期，经济增长由高速转入中高速。我国皮革、毛皮及制品和制鞋业亦难以独善其身，销售收入、利润和进口保持平稳增长，但增速继续回落；出口同比出现了自 2010 年来首次下降。具体而言，2015 年皮革行业发展呈现出两大特征：一是下行压力加大；二是行业分化明显①。

2016 年我国皮革行业深入推进转型升级，承压前行。行业总体呈现景气指数渐冷下滑、销售增速放缓、利润同比下降、出口跌幅加剧等显著特征。鉴于行业利润 18 年来首次下降、进出口同步下降，且行业出口 20 年来首次出现两连降，因此，行业主要经济指标体系发生较大转变，行业发展进入深度调整期。

二、动物皮革的生物资源多样性及政策支持

（一）动物皮革的生物资源多样性

我国制革历史悠久，早在 3000 年前，我们的祖先就利用动物皮来制革。制革用的牛皮、猪皮、羊皮、马皮和制皮裘用的黑貂皮、扫雪皮、水獭皮、狐皮在我国的养殖量都很大。

我国毛皮动物养殖行业近年来得到蓬勃发展，中国毛皮动物养殖行业产量约占世界总产量的一半。据中国皮革协会统计，2013 年我国毛皮动物主要品种水貂、狐狸及貉子的产量分别是 4 000 多万只、1 000 多万只和 1 200 多万只。毛皮动物养殖主要分布于山东、辽宁、河北、黑龙江、吉林、内蒙古、山西、宁夏、新疆、安徽、江苏、天津、北京等 13 个省份，主要养殖区集中在山东、辽宁、河北、黑龙江、吉林境内，约占全国养殖总量的 95%。

我国可以用来制革的海产动物也很丰富，大量生产的有鲨鱼革。鲨鱼皮具有特殊的花纹，支撑的皮鞋、皮包别具风格。另外销量生产的还有鲸革和江猪革。鲸的体积庞大，一头鲸的皮相当于 50 张牛皮。这些动物皮的利用将大大地增加我国制革的原料。

我国幅员辽阔，地处温带，气候适宜，爬行动物资源比较丰富，其蛇皮资源居于其他爬行动物皮之首。真正的爬行动物是脊椎动物，它们的体表覆以角质鳞片、角质盾片、骨板或由角质盾片及骨板构成的龟壳。它们呼吸空气，生活在陆地上，产下带壳的卵，并依靠外界因素来保持体温。符合这个定义的爬行动物主要有龟鳖类、蛇类、蜥蜴类和鳄类四大部分。在动物学中它们都归属于爬行纲。由于自然界因素的不断变化，现在生存的爬行动物，种类已不多。为了保护自然界的生态平衡，根据我国野生动物资源保护管理条例，目前国内有三种与制革有关的爬行动物为受保护的稀有动物，它们是：扬子鳄、巨蜥和蟒蛇。我们应取数量较多而又未禁止捕捉的爬行动物皮作为研究、加工对象。做到充分利用自然资源，而不是破坏自然界的生态平衡。

专栏 6-1　裘皮文化简介

人类文明史，是一部漫长的由简单到复杂，由低级到高级的服饰文化史，毛皮在人类服饰中的应用从远古石器时代一直持续至今。

---

① http：//www.chinaleather.org/News/20160416/287791.shtml。

1. 裘皮的起源。

裘皮产生的确切年代现已无从考证，但动物毛皮是人类最古老的衣料之一，则是无可争议的事实。我国众多古代典籍中都有相关的记载。在埃及古书《旧约圣经》（公元前 1440 年）中，也记载了上帝将亚当、夏娃用毛皮遮体，逐出伊甸园的故事。

起初，防寒护体是人类早期穿着裘皮的主要动机，体现了实用的着衣原则。由于将兽皮直接披挂在身上行动十分不便，原始人学会了用石刀裁割兽皮，缝制衣服。西安半坡遗址中又发现大量缝衣用骨针，在最古老的象形文字甲骨文中，可以找到"裘"字，说明那个时代已经有了毛皮的生产。

2. 裘皮的阶级化。

在奴隶社会，裘皮的功能除了原先的御寒保暖，更加入了许多精神和社会制度方面的内容，如宗教、图腾崇拜、等级地位象征等。相应的，裘皮也随着人类社会的等级分化而被分出高低贵贱，并赋予不同的象征和含义。在古埃及，野兽皮被认为具有"魔力"而成为权力地位的象征。当时的统治者法老、祭司常穿着狮子、豹子等动物毛皮制成的服饰，且佩戴雄狮的尾巴，借此向民众显示他们的权威和力量。

在我国封建社会时期确立了"衣服有制，虽有贤身贵体，毋其爵不敢服其服"的服饰制度。裘皮的功能由原先的御寒保暖，逐渐发展成为一个人身份地位的外在标志。封建社会根据毛皮种类及不同特征，按等级划分，配于各个阶层。

3. 裘皮的时尚化和大众化。

裘皮的时装化源于近现代社会欧洲的流行风尚。尤其工业革命后，华丽奢侈的裘皮不再被当作衡量其社会地位、能力的主要标志，大量珍贵的毛皮材料更多地出现在贵族女子的服饰上。20 世纪初期，毛皮服饰开始登上流行时尚的舞台，逐渐从社会阶级地位的标志开始步入时装阶段。

19 世纪 60 年代至今，人工饲养毛皮动物的规模化和集约化的生产，使裘皮原料在数量、质量有了革命性的飞跃，大大地促进了裘皮大众化的进程。不完全统计，全球人工饲养的毛皮动物种类有水貂、狐狸、貉、毛丝鼠、獭兔等 20 余种，裘皮产业形成了从毛皮动物饲养到原料皮拍卖到裘皮服装加工销售等一整套完善的产业链条，随着全球裘皮产业的进一步的完善和发展，裘皮实现了从预约定制到成衣化的跨越，价格进一步降低，裘皮消费逐渐显露"大众化"的端倪。

资料来源：华彦、张伟、黄秋香：《动物毛皮文化与裘皮利用的关系》，载于《中国皮革》2010 年第 7 期。

（二）动物皮革的相关政策

1. 绿色贸易壁垒。绿色贸易壁垒又称"环境贸易壁垒""环境壁垒"或"绿色壁垒"，是指在国际贸易中，进口主体凭借其经济、科技优势，以保护有限资源、生态环境、人类和动植物健康为出发点，以限制进口、保护贸易为目的，通过制定环保公约、法律、法规和技术标准、环保标志、绿色制度等形式，限制或禁止外国商品或服务进口的贸易保护措施。

根据其实施的目的可以分为善意的绿色贸易壁垒和恶意的绿色贸易壁垒，善意的绿色壁垒是指以保护生态环境、保护人类动植物健康和可持续发展为目的而制定的标准，恶意的绿色贸易壁垒就是掩护贸易保护主义实质，通过保护生态环境的形式利用技术标准与相应的原则限制国外产品的进口，保护本国产业发展，其实质仍是贸易保护，不利于公平自由贸易。

在国与国之间的皮革进出口贸易中，我国一直处于贸易顺差情况，多年来各种非关税壁垒和各种贸易摩擦不断使我国外贸出口企业碰壁。其中绿色贸易壁垒一定程度上增加了皮革产业出口下行的压力，加之各种绿色技术标准、绿色环保要求与准入门槛的不断提高，使得我国皮革产业产品结构受到限制，市场准入变得更加困难，这使得一些皮革产品被迫退出市场或转型发展，这样就失去了产品竞争优势，影响皮革产品出口市场与企业经营效益，增加了皮革产业生产与经营成本，企业经营利润、出口增加进一步下降，甚至很多企业面临破产倒闭。另一方面，绿色贸易壁垒也在一定程度上要求皮革产业转变生产发展方式，逐步注重环境效益，主动进行绿色与环境相关标准的认证，引入相关环保技术，促进清洁生产与循环利用，进而增强了企业的竞争能力，增强了产品的市场竞争力。

2. 动物福利壁垒。动物福利就是指为了使动物能够健康快乐的生活而采取的一系列行为，给动物提供相应的外部条件，包括生理和精神两个方面。生理福利包括干净的环境、合理的饲养、完善的医疗等方面，能保证动物不受饥饿与疾病的困扰。精神福利不仅包括合理的设施、活动的自由和不必要的痛苦等方面，要能保证动物不受到虐待，这就是动物福利的双重性。

可以看出，动物福利与人类对动物的利用是对立统一的两个方面。人类对动物的肆意虐待与滥杀必然导致动物福利的低下。但动物福利过高就会造成生产者成本的增加而造成负担。因此，提倡重视动物福利的目的就是从人道主义的角度出发，重视动物福利，改善动物生存环境和康乐状况，尽量减少遭受不必要的痛苦，从而有利于动物更好地为人类服务。

国际贸易动物福利壁垒是指一国在有关动物的生产、养殖、运输及屠宰等方面制定较高的标准而对国际贸易构成直接或间接影响的措施的总称。它超出了传统贸易壁垒的范畴，是道德壁垒和技术壁垒的结合体。

极端主义者鼓吹的"反裘运动"给长期依靠猎杀野生动物获取毛皮原料的裘皮打上了残酷和疯狂的标签。20 世纪 80 年代末，一场轰轰烈烈的"反裘皮运动"在欧美爆发，对裘皮产业造成了巨大冲击，以美国为例，1987 年美国的毛皮市场销售额曾高达 18 亿美元，但由于"反裘运动"的肆虐，到了 1990 年，美国毛皮市场销售额竟剧减到 1 亿美元。

2015 年 4 月 16 日，中国皮革协会在北京举办了"中国毛皮动物福利进展情况新闻发布会"。发布会上，中国皮革协会理事长苏超英发布了《中国毛皮动物福利现状声明》，声明澄清了国内外个别组织及个人对于中国毛皮动物养殖行业的误解，特别强调应客观全面地看待中国毛皮产业的发展，而非片面地剥离地看待某些个案。声明介绍了中国毛皮动物养殖业从无到有、从小到大的发展历程，强调毛皮动物养殖产业所带来的积极社会效益、经济效益以及环境生态效益应该得到社会和大众的肯定和认可——解决农村劳动力就业超过 500 万人，有效地帮助农民脱贫致富，同时有效缓解了野外资源保护压力[①]。

为了规范我国毛皮动物养殖行业的发展，中央政府主管部门出台了一系列文件和规定。2005 年中国林业局发布了《野生毛皮动物驯养繁育利用暂行技术规定》（以下简称《技术规定》），2007 年发布了《中国毛皮动物繁育利用及管理白皮书》，2013 年开始又委托中国皮革协会对《技术规定》进行修订。这些文件和规定都着重对毛皮动物的饲养环境、动物福利以及处死方式等做了详细要求，与国际通行标准相一致。这些规定和标准通过各级林业部门及行业协会进行宣贯下达，并由林业部门开展监督。

专栏 6 - 2　南昌海关破获超亿元走私进口貂皮案

2015 年 4 月 18 日，南昌海关在专门针对农产品走私开展的"绿风"行动中，破获我国内陆地区最大一起加工贸易领域走私皮毛案，抓获犯罪嫌疑人 20 余名，案值约 1.35 亿元，偷逃税款 2 652.69 万元。该案被海关总署缉私局列为二级挂牌督办案件，也是南昌海关连续三年破获亿元大案的第三起。

---

① http：//px. chinaleather. org/News/20150416/279819. shtml。

据介绍，2014年上半年，南昌海关就发现这起走私皮毛案的线索，当年10月8日，南昌海关缉私部门出动45名缉私警力，在广东深圳和江西吉安两地同时行动，抓获犯罪嫌疑人7名，查扣涉嫌走私进口的水貂皮4万余张，冻结涉案赃款1034万元。随后，海关缉私部门又进行了数次抓捕，陆续抓获犯罪嫌疑人共计20余名。根据侦查办案所收集的证据显示，江西省吉安市永新县某公司先后涉嫌走私水貂皮生皮约30万张。

经南昌海关查实，自2012年11月起，江西省吉安市永新县某公司先后向吉安海关申领了8本加工贸易手册，然后采用高报单耗、以次充好和循环进出口等方式骗取手册核销，偷逃税款，是一起伪报贸易性质的走私进口貂皮大案。

据介绍，南昌海关结合江西农产品进出口特点和走私态势，明确将动物皮毛、大米、棉花等列为"绿风"行动打击重点，对加工贸易、偷运入境等重点渠道加大打击力度，从走私农产品的来源地、集散地、消费地等方面入手加强打击效果。"绿风"专项行动中，南昌海关共查获4起走私进口毛皮案、1起走私进口大米案、1起倒卖保税进口棉花走私案，有效维护了江西省群众切身利益和农业安全。

资料来源：http：//bz.chinaleather.org/News/20150422/280047.shtml。

三、数据描述

本书重点收集了与动物皮革相关的75个HS编码数据，包含75个HS编码，2015~2016年我国与其他国家的交易额和交易量、我国在不同口岸的交易额和交易量、我国不同省份对外贸易量等。75个HS编码涉及生物种类包括牛、马、绵羊、羔羊、山羊、阿斯特拉罕羔羊、喀拉科尔羔羊、波斯羔羊、爬行动物、猪、水貂、狐、兔、灰鼠、白鼬、貂、狐、獭、猞猁、其他或未列明物种等共20种，详见附录4。

（一）总量分析

动物皮革与人们生活息息相关，市场极为广阔。20世纪四五十年代，世界皮革产业的重心在欧美发达国家；20世纪五六十年代产业重心向东欧、日本等国家转移；20世纪七八十年代产业重心则转移到东南亚的"四小龙"等国家和地区；20世纪80年代末到90年代初产业重心又转移到了我国，目前我国是世界上公认的皮革大国。

我国地大物博，原料皮资源丰富，每年可提供猪皮8000多万张，羊皮近亿张，牛皮2000多万张，是世界原料皮资源大国。另外，我国拥有13多亿人口，庞大的人口基数奠定了庞大的消费基础，应该说我国还是皮鞋、皮衣及其他皮革制品的消费大国。我国既是皮革、皮鞋及其他皮革制品的生产大国，也是原料皮资源大国，也是出口创汇大国，还是皮革制品消费大国。2015~2016年我国皮革行业保持贸易顺差。

从图6-1可以看出，2015~2016年动物皮革类资源的进口量和进口额远大于出口量和出口额。2015年动物皮革的进口量是出口量的35倍多，进口额约是出口额的8倍；2016年动物皮革的进口量是出口量的28.8倍，进口额是出口额的10倍。由此可见，我国的出口皮革类物品单价高于进口皮革类物品单价。与2015年相比，2016年动物皮革类资源的进口量减少9.8%，出口量增加9.3%。仅从2015年和2016年两年的数据看，我国动物皮革类资源有减少进口，增加出口的趋势。

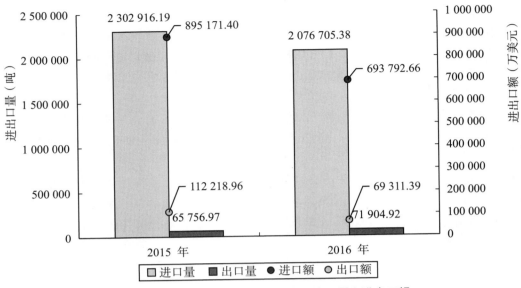

图 6 - 1　2015～2016 年动物皮革类进出口量和进出口额

2015 年我国出口皮革物品种类 46 种，其中 13 种皮革的出口量超过 100 吨，13 种皮革出口量占总出口量的 92.44%。2015 年粒面剖层革（整张革除外）（41079200）的出口量最大，出口量为 1 292.27 吨（见图 6 -2）。

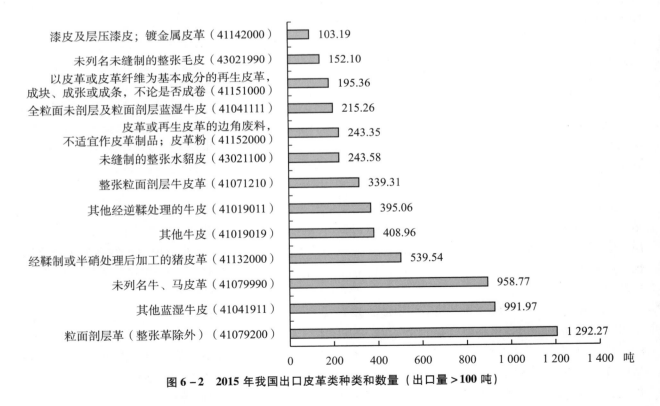

图 6 - 2　2015 年我国出口皮革类种类和数量（出口量 > 100 吨）

2015 年我国进口皮革类物品 67 种，其中，进口量超过 1 000 吨的有 14 种，该 14 种物品的进口量占 2015 年皮革类总进口量的 96.28%。进口量超过 1 000 吨的物品排名前三的有其他 > 16 千克的整张牛皮（41015019）、其他蓝湿牛皮（41041911）、全粒面未剖层及粒面剖层蓝湿牛皮（41041111）。说明我国牛皮的对外需求量很大。其他 > 16 千克的整张牛皮（41015019）的进口量最大，进口量达到 971 014.73 吨，占皮革类总进口量的 42.16%（见图 6 - 3）。

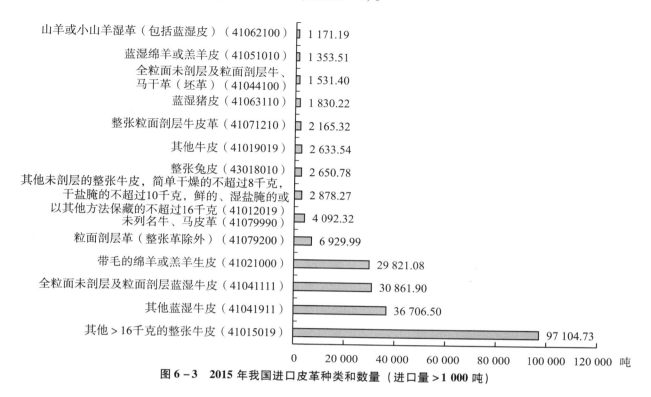

图 6 - 3　2015 年我国进口皮革种类和数量（进口量 > 1 000 吨）

2016 年我国共出口皮革种类 44 种，12 种皮革物品出口量超过 100 吨。粒面剖层革（整张革除外）（41079200），其他经逆鞣处理的牛皮（41019011），未列名牛、马皮革（41079990）的出口量位居前三，出口量分别为 1 203.64 吨、1 159.84 吨、1 001.59 吨（见图 6 - 4）。粒面剖层革（整张革除外）（41079200）在 2015 年和 2016 年皮革类出口中，出口量均最大。

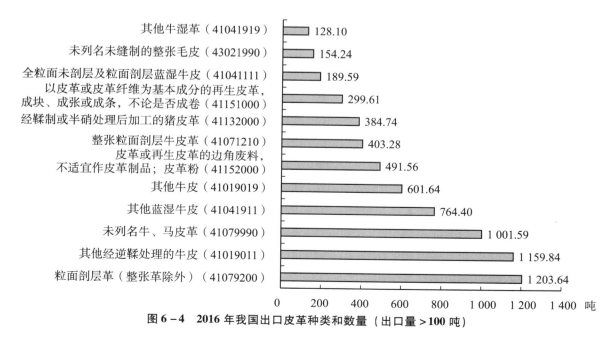

图 6 - 4　2016 年我国出口皮革种类和数量（出口量 > 100 吨）

　　2016 年我国共进口皮革种类 59 种，进口种类与 2015 年相比有所减少。15 种皮革物品进口量超过 1 000 吨，15 种物品的进口量之和占 2016 年皮革类总进口量的 97.37%。其他 >16 千克的整张牛皮（41015019）的进口量最大，进口量达到 87 120.43 吨，占皮革类总进口量的 41.95%。牛皮的进口依旧依靠进口（见图 6 – 5）。

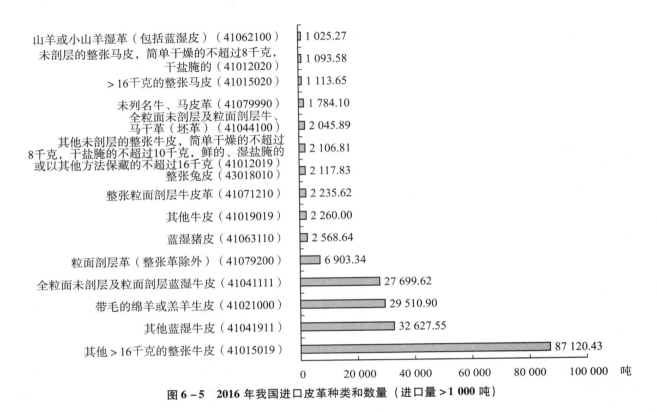

图 6 – 5　2016 年我国进口皮革种类和数量（进口量 >1 000 吨）

　　从 2016 年进出口物品占比分析可以看出，2016 年我国进口主要物品中有三类是牛皮（见图 6 – 6），三类牛皮共占比 71%，带毛的绵羊或羔羊生皮占比 14%，其他占 15%。牛皮是皮革加工业的重要原料，我国是目前世界上公认的牛皮消费第一大国，如 2013 年，我国牛皮消费量达到 230 万吨，其中 40% 左右来自进口。

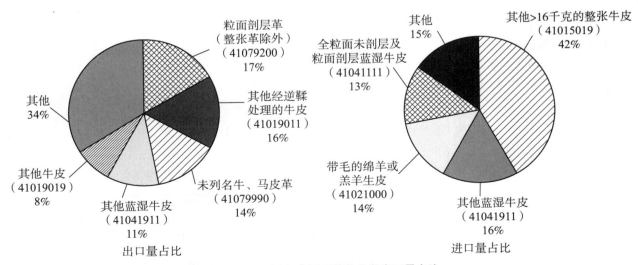

图 6 – 6　2016 年主要皮革物品进出口量占比

（二）变化分析

我国进出口皮革类物品种类多，出口变化幅度大。图 6 - 7 为 2016 年我国皮革类物品出口量的同比变化，从图 6 - 7 可以看出，同比增长最多的是其他经逆鞣处理的牛皮（41019011），同比增长 193.59%；

图 6 - 7　2016 年皮革类出口量同比变化

同比减少最多的有五种，均同比减少 100%（详见表 6－1），分别是其他全粒面未剖层及粒面剖层牛湿革（41041119），其他机器带用牛、马干革（坯革）（41044910），爬行动物皮（41032000），经逆鞣处理的其他山羊皮或小山羊皮（41039021），机器带用牛、马皮革（整张革除外）（41079910）。其中 2016 年不再出口爬行动物皮（41032000）可能与爬行动物资源逐年减少、急需加强保护有关。

表 6－1　　　　　　　　　　与 2015 年相比 2016 年无出口的皮革类物品汇总

序号	物品名称	2015 年出口量（千克）	2016 年出口量（千克）	同比变化（%）
1	其他全粒面未剖层及粒面剖层牛湿革（41041119）	1 574.00	0	－100.00
2	其他机器带用牛、马干革（坯革）（41044910）	7.00	0	－100.00
3	爬行动物皮（41032000）	3 212.00	0	－100.00
4	经逆鞣处理的其他山羊皮或小山羊皮（41039021）	49 380.00	0	－100.00
5	机器带用牛、马皮革（整张革除外）（41079910）	203.00	0	－100.00

除此之外，2016 年出口量同比增长 100% 的有猪皮（41033000）、整张水貂皮（43011000）、其他未剖层的整张牛皮（简单干燥的不超过 8 千克，干盐腌的不超过 10 千克，鲜的、湿盐腌的或以其他方法保藏的不超过 16 千克）（41012019）。整张水貂皮（43011000）2016 年增加出口在一定程度上反映出水貂养殖业的成熟（见表 6－2）。

表 6－2　　　　　　　　　　与 2015 年相比 2016 年增加出口的皮革类物品汇总

序号	物品名称	2015 年出口量（千克）	2016 年出口量（千克）	同比变化（%）
1	猪皮（41033000）	0	24 415	100.00
2	整张水貂皮（43011000）	0	204	100.00
3	其他未剖层的整张牛皮（简单干燥的不超过 8 千克，干盐腌的不超过 10 千克，鲜的、湿盐腌的或以其他方法保藏的不超过 16 千克）（41012019）	0	24 948	100.00

图 6－8 为 2016 年我国皮革类物品进口量的同比变化，从图 6－8 可以看出，2016 年我国开始其他机器带用整张牛、马皮革（41071910）的进口；2016 年不再进口全粒面未剖层及粒面剖层马湿革（41041120）；经逆鞣处理未剖层的整张牛皮（简单干燥的不超过 8 千克）（41012011）；经逆鞣处理的，＞16 千克的整张牛皮（41015011）；其他适合加工皮货用的头、尾、爪等块、片（43019090）；经逆鞣处理的浸酸的不带毛的绵羊或羔羊生皮（41022110）；全粒面未剖层及粒面剖层马湿革（41041121）；皮革或再生皮革的边角废料（不适宜作皮革制品）、皮革粉（41152000）；下列羔羊的整张毛皮：阿斯特拉罕、喀拉科尔、波斯羔羊（43013000）；其他机器带用牛、马干革（坯革）（41044910）共 9 种物品。

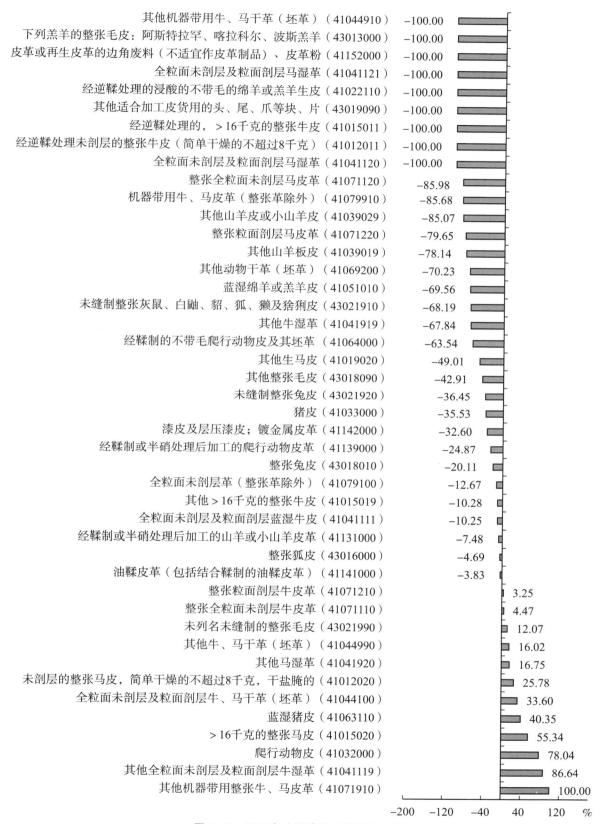

图6-8 2016年皮革类进口量同比变化

（三）分类分析

1. 按国家（地区）进行分类分析。2015 年我国皮革类物品出口至 106 个国家（地区），出口量超过 2 000 吨的有 6 个，占出口国家（地区）数的 5.7%，6 个国家（地区）的出口量占皮革类物品总出口量的 72.77%，出口额占总出口额的 79.32%。如图 6 – 9 所示，中国香港的出口量和出口额最大，中国香港出口量占总出口量的 30.51%，中国香港出口额占总出口额的 56.39%。

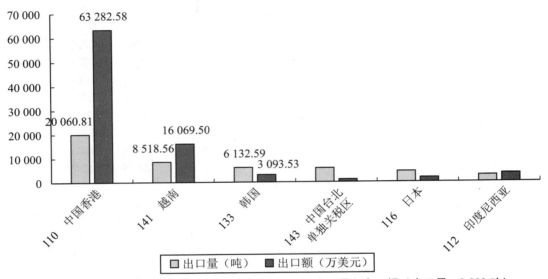

图 6 – 9　2015 年我国皮革类主要出口国家（地区）出口量和出口额（出口量 > 2 000 吨）

2015 年我国皮革类物品从 119 个国家（地区）进行进口，进口量超过 5 000 吨的有 11 个，占进口国家（地区）数的 9.24%，11 个国家（地区）的进口量占皮革类物品总进口量的 75.21%，进口额占总进口额的 57.94%。从美国的进口量和进口额最大，从美国进口量占总进口量的 21.14%，美国进口额占总进口额的 18.48%。美国是我国最大的皮革原料进口国，其次是澳大利亚和巴西（见图 6 – 10）。

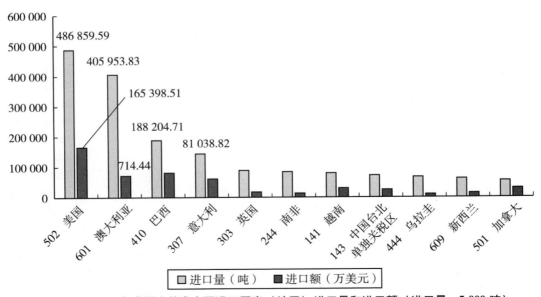

图 6 – 10　2015 年我国皮革类主要进口国家（地区）进口量和进口额（进口量 > 5 000 吨）

据文献报道，2015 年 1～11 月，美国生牛皮总销量约为 18 924 000 张，与 2014 年同期相比基本持平，只比 2014 年增加了 26 700 张生牛皮，其中中国企业采购量约为 11 336 500 张，占美国生牛皮总销量的 59.91%；2015 年 1～11 月，美国蓝湿革总销量约为 6 634 800 张，与 2014 年同期的 520 100 张相比增加了 114 700 张，涨幅为 1.76%。其中中国企业采购量约为 1 884 500 张，占美国蓝湿革总销量的 28.40%。我国是美国皮革主要出口国。

2016 年我国皮革类物品出口国家（地区）共 99 个，出口量超过 2 000 吨的有 7 个国家（地区），分别是韩国、中国香港、越南、日本、中国台北单独关税区、印度尼西亚、马来西亚（见图 6-11）。其中出口韩国的数量最多，中国香港出口额最高。2016 年我国向韩国的出口量是 2015 年的 2.3 倍。

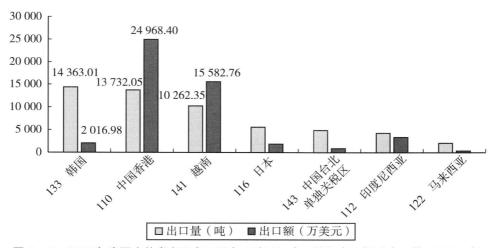

图 6-11　2016 年我国皮革类主要出口国家（地区）出口量和出口额（出口量 >2 000 吨）

2016 年我国皮革类物品从 118 个国家（地区）进行进口，进口量超过 5 000 吨的有 11 个，11 个国家（地区）的进口量占皮革类物品总进口量的 76.85%，进口额占总进口额的 58.14%。美国的进口量和进口额最大，美国进口量占总进口量的 22.34%，美国进口额占总进口额的 17.82%。2016 年我国皮革的进口国前三位与 2015 年同，分别为美国、澳大利亚和巴西（见图 6-12）。

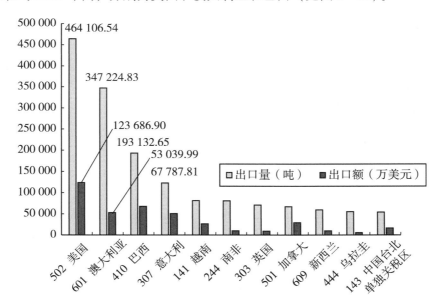

图 6-12　2016 年我国皮革类主要进口国家（地区）进口量和进口额（进口量 >5 000 吨）

2. 按省份进行分类分析。2015 年我国进口皮革类物品的有 28 个省（区、市），进口量超过 10 万吨的有 7 个省，分别是广东省、浙江省、山东省、福建省、河北省、河南省和江苏省。其中，广东省进口皮革类物品最多，进口量超过 52 万吨，进口额也最大，达 29 亿美元（见图 6 – 13）。

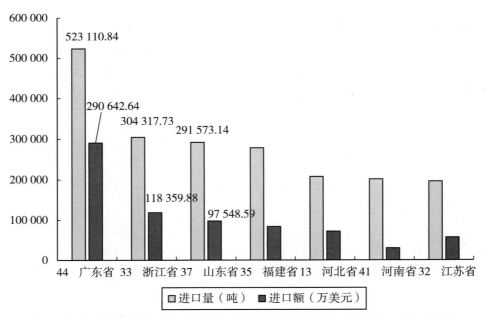

图 6 – 13　2015 年我国皮革类主要进口省份进口量和进口额（进口量 > 100 000 吨）

2015 年我国对外出口皮革类物品的省（区、市）有 31 个。出口量超过 1 000 吨的有 10 个省份（区、市），分别是广东省、河北省、广西壮族自治区、浙江省、山东省、福建省、湖北省、上海市、江苏省、河南省。广东省的出口量和出口额最大，出口量为 32 671.77 吨，出口额为 51 045.33 万美元（见图 6 – 14）。

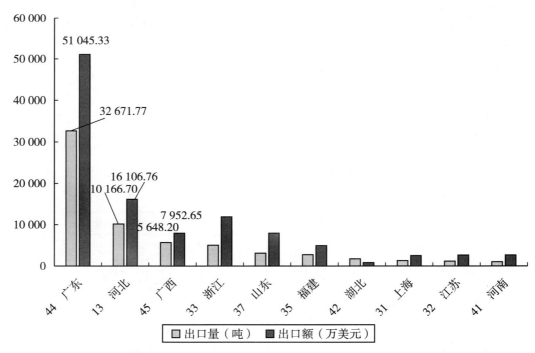

图 6 – 14　2015 年我国皮革类主要出口省份（区、市）出口量和出口额（出口量 > 1 000 吨）

广东省是进出口皮革类物品的重要省份，是皮革类物品进出口交易大省。从广东省的交易来看，进口量远高于出口量，出口量仅是进口量的 6.25%，出口额仅占进口额的 17.56%（见图 6-13 和图 6-14）。2015 年广东省进口的皮革类物品主要是牛皮，包括其他蓝湿牛皮（41041911）占比 36%，其他 >16 千克的整张牛皮（41015019）占比 19%，全粒面未剖层及粒面剖层蓝湿牛皮（41041111）占比 19%。2015 年广东省出口的皮革类物品最多的是粒面剖层革（整张革除外）（41079200）占广东省年出口量的31%（见图 6-15）。

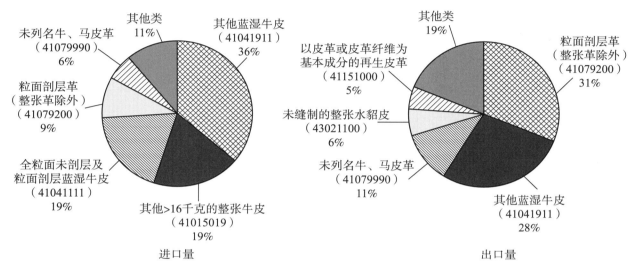

图 6-15　2015 年广东省主要皮革物品进出口占比分析

2016 年我国进口皮革类物品的有 30 个省（区、市）。进口量超过 10 万吨的有 7 个省，与 2015 年省份相同，排序稍有差异，分别是广东省、山东省、福建省、浙江省、河南省、江苏省和河北省。其中，广东省进口皮革类物品依旧最多，进口量超过 44.7 万吨，进口额也最大，达 20.90 亿美元（见图 6-16）。

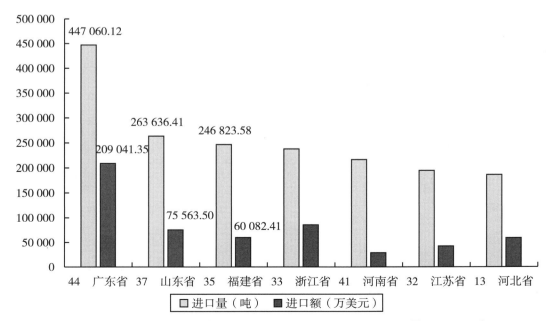

图 6-16　2016 年我国皮革类主要进口省份进口量和进口额（进口量 >100 000 吨）

2016 年我国对外出口皮革类物品的省（区、市）有 26 个。出口量超过 1 000 吨的有 8 个省（区、市），分别是广东省、河北省、浙江省、广西壮族自治区、福建省、山东省、河南省、上海市。广东省的出口量仍旧最大，为 25 834.31 吨，出口额为 30 105.05 万美元（见图 6 - 17）。

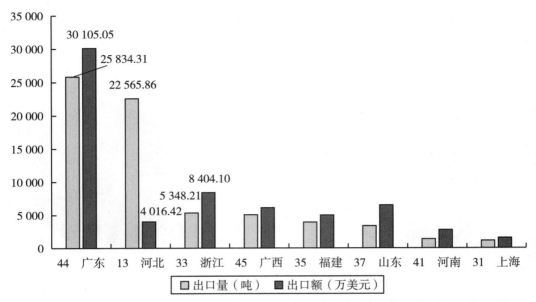

图 6 - 17　2016 年我国皮革类主要出口省份（区、市）出口量和出口额（出口量 >1 000 吨）

2016 年我国皮革类物品对外进出口最大的省份仍为广东省，广东省对皮革类物品的进口量依旧远大于出口量（见图 6 - 16 和图 6 - 17）。2016 年广东省皮革类物品进出口构成与 2015 年基本一致（见图 6 - 15 和图 6 - 18），2016 年进口量最大的仍为其他蓝湿牛皮（41041911），出口量最大的为粒面剖层革（整张革除外）（41079200）。

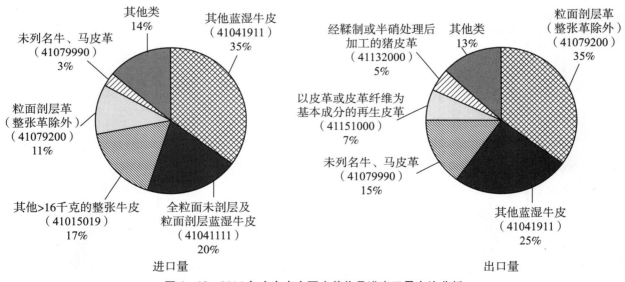

图 6 - 18　2016 年广东省主要皮革物品进出口量占比分析

3. 按口岸进行分类分析。2015 年，我国通过 37 个口岸进口皮革类物品。其中 9 个口岸的进口量超过 10 万吨，分别是青岛海关、厦门海关、杭州海关、天津海关、南京海关、湛江海关、广州海关、郑州海关、济南海关，青岛海关的进口量最多，青岛海关的进口量占总进口量的 13%（见图 6 – 19）。

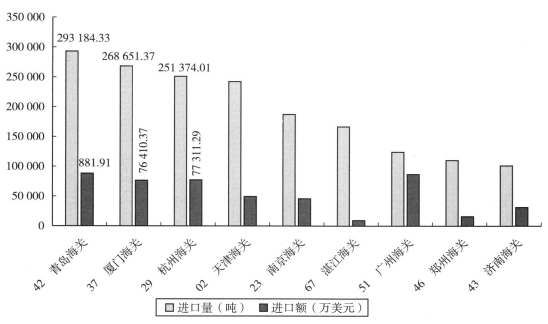

图 6 – 19　2015 年我国皮革主要进口口岸进口量和进口额（进口量 > 100 000 吨）

2015 年，我国通过 35 个口岸出口皮革类物品。其中 11 个口岸的出口量超过 1 000 吨，分别是深圳海关、黄埔海关、天津海关、上海海关、江门海关、青岛海关、拱北海关、厦门海关、广州海关、宁波海关、南宁海关，深圳海关的出口量最多（见图 6 – 20），深圳海关的出口量占总出口量的 25.23%；深圳海关的出口额最大，占总出口额的 29.33%。

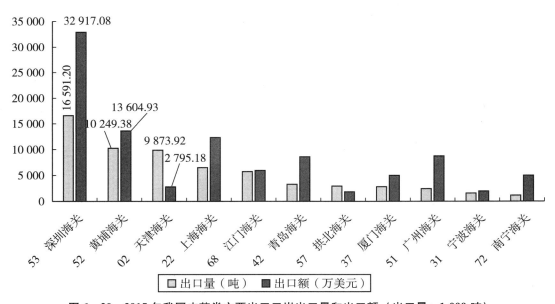

图 6 – 20　2015 年我国皮革类主要出口口岸出口量和出口额（出口量 > 1 000 吨）

2016 年，我国通过 38 个口岸进口皮革类物品。其中 8 个口岸的进口量超过 10 万吨（见图 6 – 21），分别是青岛海关、厦门海关、天津海关、杭州海关、南京海关、湛江海关、广州海关、济南海关，几乎与2015 年一致。青岛海关的进口量最多，青岛海关的进口量占总进口量的 13.96%，与 2015 年基本一致。

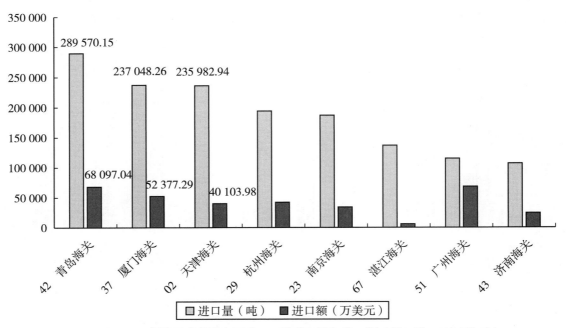

图 6 - 21　2016 年我国皮革类主要进口口岸进口量和进口额（进口量 > 100 000 吨）

2016 年，我国通过 31 个口岸出口皮革类物品。其中 11 个口岸的出口量超过 1 000 吨（见图 6 - 22），天津海关出口量最多，与 2015 年相比天津海关的出口量增加 135%，出口额同比增长 24.27%。深圳海关的出口量退居第二，出口量依旧较大，占总出口量的 17.69%；深圳海关的出口额最大，占总出口额的 19.26%。

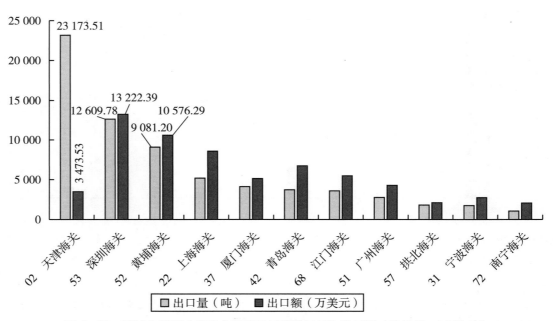

图 6 - 22　2016 年我国皮革类主要出口口岸出口量和出口额（出口量 > 1 000 吨）

2016 年天津海关出口物品占比变动不明显，出口量增加显著（见图 6 - 23 和表 6 - 3）。2016 年天津海关出口物品中其他经逆鞣处理的牛皮（41019011）出口量最大，占总出口量的 49%，其他经逆鞣处理的牛皮（41019011）的出口量同比增长 188.66%；皮革或再生皮革的边角废料（不适宜作皮革制品）、皮革粉（41152000）出口量同比增长 150.92%，以及其他牛皮的出口占比有所减少，但出口量同比增加 48.78%。

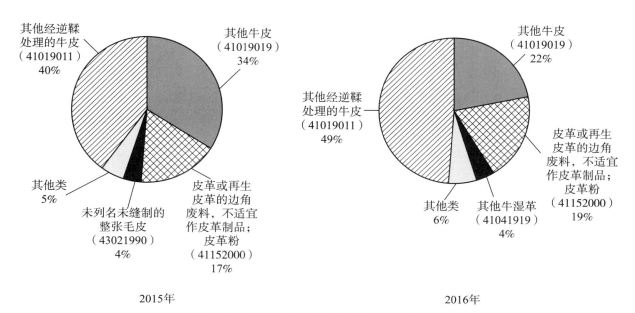

图 6 - 23　天津海关主要皮革类物品出口量占比

表 6 - 3　　　　　　　　　天津海关主要出口物品 2015 年和 2016 年出口量比较

序号	物品名称	2015 年出口量（吨）	2016 年出口量（吨）	同比增长（%）
1	其他经逆鞣处理的牛皮（41019011）	3 907.77	11 280.00	188.66
2	其他牛皮（41019019）	3 389.01	5 042.07	48.78
3	皮革或再生皮革的边角废料（不适宜作皮革制品）、皮革粉（41152000）	1 735.08	4 353.67	150.92

四、小结

我国是世界上公认的皮革大国，原皮资料丰富，庞大的人口基数奠定了庞大的消费基础，因此我国既是皮革、皮鞋及其他皮革制品的生产大国，也是原料皮资源大国，也是出口创汇大国，还是皮革制品消费大国。总体看来，2015 ~ 2016 年我国皮革行业保持贸易顺差。进口量是出口量的 30 倍左右；进口额约是出口额的 9 倍。

我国皮革的前三大进口国分别是美国、澳大利亚和巴西；主要出口到中国香港和韩国；广东省是我国皮革进出口贸易的主要省份，是进出口交易量最大的省份；皮革的进口贸易主要通过青岛和厦门海关，出口贸易主要通过深圳和天津海关。

第二节　动物毛和羽毛类

一、动物毛和羽毛的相关定义及发展现状

畜牧业属于农业的重要组成部分，是农业生产的重要支柱之一，在国民经济中具有重要地位和作用。畜牧业在给人们提供肉、蛋、奶等生活必需品的同时，也产生了皮、毛等副产品。最常见的毛有猪毛、牛毛、羊毛、鸡毛、鸭毛（鸭绒）和鹅毛（鹅绒），年产量达上百万吨。

动物毛作为天然蛋白质原料，价格便宜，数量大，用途广泛、潜藏着巨大经济价值。可针对动物毛的具体情况可分类利用，优质的可用于纺织、裘革、医药、饲料、环境保护等诸多方面的利用，而质量略差的、甚至被废弃的可以对其进行水解和改性，可以将其用于氨基酸提取、饲料制作相关行业及日常生活中。

（一）动物毛类资源现状

我国畜牧业发展迅速、养殖规模庞大，是世界畜牧业贸易大国，已连续20年以平均9.9%的速度递增，产值增长近5倍，占农业总产值的1/3以上，发达地区已超40%，畜牧业已经成为我国农业和农村经济中最有活力的增长点和最主要的支柱产业。

据联合国粮农组织2009年公布的统计资料：2008年我国生猪存栏4.4642亿头，占世界存栏总数（9.4128亿头）的47.41%，居世界第1位；绵羊1.3643亿只，占世界存栏总数（10.7817亿只）的12.65%，居世界第1位；山羊1.9377亿只，占世界存栏总数（8.6190亿只）的22.48%，居世界第1位；牛1.0576亿头，占世界存栏总数（15.2817亿头）的7.11%，居世界第3位。

中国养猪业主要分布于长江中下游地区（川、重庆、鄂、湘、赣、苏、浙、皖），猪肉产量占全国总产量的43.8%；华北区（冀、鲁、豫），占全国总产量的21.6%；东北区（辽、吉、黑），占全国总产量的6.3%；东南沿海区（闽、粤、桂、琼），占全国总产量的13.2%。

羊毛业随着人民生活水平的不断提高和国家对畜牧产业的重视，中国的山羊和绵羊养殖户数量不断增长，羊毛产量持续增加。目前中国羊毛年总产量基本维持在40万吨以上，生产总量仅次于澳大利亚。

（二）动物羽毛类资源现状

羽绒原毛是指将鹅鸭体表的羽绒经过分拣、水洗、加工过后可以用作填充的物料，主要用来填充羽绒服和羽绒被。使用羽绒原毛进行填充的衣物或者寝具就被称为羽绒制品。我国羽绒原毛主要依靠鹅鸭的家禽养殖。在中国羽绒总产量中，鸭绒约占90%，鹅绒约占10%[①]。因为中国喜欢吃鸭肉的人多，鸭的生长周期短，一般在40天左右，可以每天孵化，每天出栏宰杀，不受季节的影响。而鹅的生长周期较长，需要5~6个月的时间，每年只能春季孵化一次，而且喜欢吃鹅的人又少，因此，鸭的产量远远高于鹅。鸡毛含绒量低，多用于羽毛粉饲料、水解氨基酸生产或废弃。

我国是羽绒原料与制品的生产与出口大国，在羽绒原料的产量上大约占世界总产量的2/3，在羽绒产品的出口上，我国的羽绒原毛和羽绒制品出口量以及出口金额在世界上居于首位。我国平原地区广阔，家禽养殖业历史悠久，在羽绒原料上有着要素禀赋优势，在浙江萧山、广东、吴川、广西贵港桥

---

① 中国羽绒信息网．http：//www.cfd.com.cn/content/details_19_1259.html。

圩、河北白洋淀、安徽六安、河南台前、湖北洪湖、四川成都、重庆铜梁、山东微山、黑龙江大庆等地发展了集群化的鹅鸭养殖基地,形成了羽绒原料的主要供应区。在 2014 年,我国羽绒原料出口量为4.15 万吨,出口额为 9.97 亿美元。

我国羽毛加工企业以及羽绒制品企业已经形成规模化和产业基地化,在羽绒产业集群内部,形成了从鹅鸭养殖的上游产业链到羽绒产品的加工与制造的中游产业链再到羽绒产品销售出口的下游产业链。在产业集群内部,形成了合作共赢的规模化效应。目前我国的羽绒产业集群主要集中于浙江新塘、安徽桐城、江苏常熟、江西共青城、广东吴川等几个主要的羽绒生产基地。

(三)存在的相关问题

许多国家的技术贸易壁垒对羽绒产品的出口产生很大影响,如检验方法标准、动物福利要求、有害物质限制标准与检验认证的变化都会对企业的出口造成影响。

1. 原毛出口占比多。动物毛和羽毛类物品在出口方面,大多以原毛直接出口,在产品利润上大大降低,只有靠着大量原毛出口量上的提升来弥补产品利润率低下的问题。这是对我国原毛的低效率利用。

2. 动物福利壁垒制约了羽绒产品出口。动物福利壁垒是指在国际贸易活动中,一国以维护动物福利为由,制定一系列动物保护或维护动物福利的措施,以此来限制甚至拒绝外国货物进口,从而达到保护本国产品和市场的目的。在羽绒产品的动物福利壁垒中,要求我国出口到部分国家的羽绒产品必须保证:获取羽绒原毛的过程必须在鹅鸭已死亡的情况下进行。在现有的条件下,我国绝大部分羽绒产品的销售中无法做出这样的保证。因此在一些地区,如澳大利亚、瑞典等国家地区会直接限制我国羽绒产品对其国家的出口,这直接影响到我国羽绒产品的销售。

3. 行业里缺乏完善的质量安全体系的保障。缺乏完善的质量安全体系保障,这使我的羽绒产品在国际市场上缺乏竞争力的一个重要原因。在面临当前的国际贸易环境下,我国羽绒产业需要进行质量安全保障体系的建设,这是对我国羽绒企业在国际市场上竞争力的保障,是提升羽绒产业水平的战略决策。

二、数据描述

本书重点收集了与动物繁殖材料相关的 22 个 HS 编码(8 位)数据,数据包含 22 个 HS 编码 2015 ~ 2016 年我国与其他国家的交易额交易量、我国在不同口岸的交易额和交易量、我国不同省份对外贸易量等。22 个 HS 编码涉及生物种类包括猪、马、羊、山羊、喀什米尔山羊、獾、兔、骆驼、鸟类等动物、其他或未列明动物。

三、数据分析

(一)总量分析

2015 年和 2016 年我国动物毛和羽毛类物品的进出口均表现为进口量远大于出口量(见图 6 – 24)。2015 年进口量是出口量的 5.47 倍,进口额是出口额的 3.24 倍;2016 年的进口量是出口量的 4.76 倍,进口额是出口额的 3.54 倍。

从 2015 ~ 2016 年数据来看,我国动物毛和羽毛类有进口量减少、出口量增加的趋势。其中 2016 年进口量比 2015 年减少 15 079.5 吨,2016 年出口量比 2015 年增加 4 806.04 吨(见图 6 – 24)。

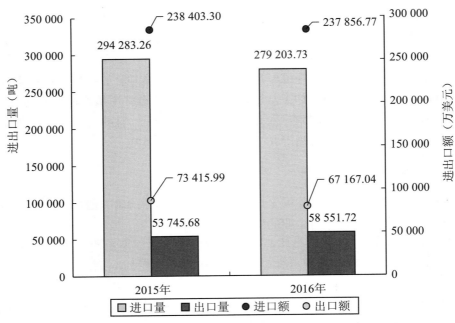

图6-24　2015~2016年我国动物毛和羽毛类进出口量和进出口额

　　2015年我国出口动物毛和羽毛类物品共15种。填充用羽毛、羽绒（05051000）；猪鬃（05021010）；带羽毛或羽绒的鸟皮等，羽毛、羽绒及其制品（67010000）；羊毛落毛（51031010）；羽毛掸（96039010）的出口量大，我国出口动物毛和羽毛类物品中出口以动物毛类物品为主（见图6-25）。填充用羽毛、羽绒（05051000）的出口量最大，占出口量的绝大部分。填充用羽毛、羽绒（05051000）的出口量占出口量第二猪鬃（05021010）的6.02倍。

图6-25　2015年我国出口动物毛和羽毛种类和数量

　　2015年我国进口动物毛和羽毛类物品共15种。未梳含脂剪羊毛（51011100），未梳其他山羊绒（51021920），填充用羽毛、羽绒（05051000），羊毛落毛（51031010），未梳动物粗毛（51022000）位居我国进口动物毛和羽毛类前五。其中未梳含脂剪羊毛（51011100）的进口量最多，进口量达

268 847.01 吨，占总进口量的91.40%（见图6-26）。

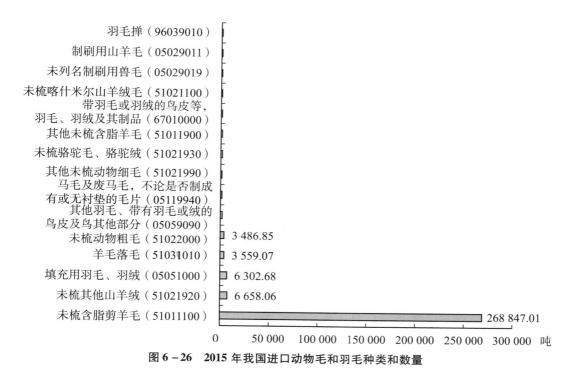

图6-26　2015年我国进口动物毛和羽毛种类和数量

2016年我国进口动物毛和羽毛类物品共16种。未梳含脂剪羊毛（51011100），未梳其他山羊绒（51021920），填充用羽毛、羽绒（05051000），未梳动物粗毛（51022000），未梳兔毛（51021910）位居进口动物毛和羽毛类前五位（见图6-27）。其中未梳含脂剪羊毛（51011100）的进口量最多，进口量达253 922.27吨，占总进口量的90.10%，与2015年未梳含脂剪羊毛（51011100）进口占比相比降低，进口量减少14 924.74吨。

图6-27　2016年我国进口动物毛和羽毛种类和数量

　　2016 年我国出口动物毛和羽毛类物品共 11 种。填充用羽毛、羽绒（05051000）；猪鬃（05021010）；未梳兔毛（51021910）；带羽毛或羽绒的鸟皮等，羽毛、羽绒及其制品（67010000）；羽毛掸（96039010）是出口前五位（见图 6 – 28）。填充用羽毛、羽绒（05051000）的出口量仍然最大，占出口量的74.60%。填充用羽毛、羽绒（05051000）的出口量是出口量第二的猪鬃（05021010）的 6.3 倍。

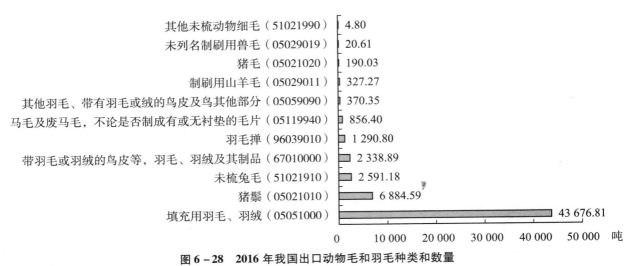

图 6 – 28　2016 年我国出口动物毛和羽毛种类和数量

　　我们对填充用羽毛、羽绒（05051000）出口占比和未梳含脂剪羊毛（51011100）进口占比进行了详细分析，从图 6 – 29 可以看出，我国填充用羽毛、羽绒（05051000）出口占比 73.10% ~74.60%，约占出口量的 3/4；未梳含脂剪羊毛（51011100）的进口量在 91.40% ~90.10%，我国进口动物毛和羽毛类物品中约 90% 是未梳含脂剪羊毛（51011100）。

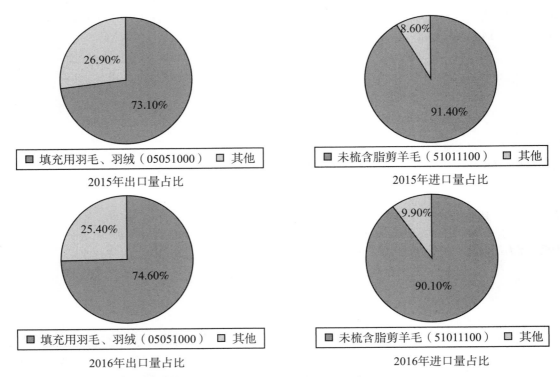

图 6 – 29　2015 年和 2016 年我国动物毛和羽毛主要进出口物品占比分析

（二）变化分析

2016 年我国动物毛和羽毛类物品进口量同比增长变化幅度最大的是制刷用山羊毛（05029011），2016 年动物毛和羽毛类物品进口新增猪鬃和未梳兔毛；进口量同比减少变化幅度最大的是羽毛掸（96039010）。未梳动物粗毛（51022000），填充用羽毛、羽绒（05051000）和未梳含脂剪羊毛（51011100）的变化幅度较小（见图 6 - 30）。

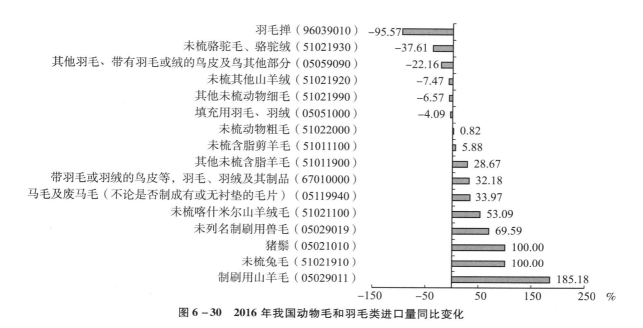

图 6 - 30　2016 年我国动物毛和羽毛类进口量同比变化

如图 6 - 31 所示，2016 年我国动物毛和羽毛类物品出口量同比增长变化幅度最大的是未梳兔毛（51021910），2015 年我国未出口未梳兔毛（51021910），2016 年出口量为 2 591.18 吨，同比增长 100%。出口量同比减少幅度小于 20%，其中其他羽毛、带有羽毛或绒的鸟皮及鸟其他部分（05059090）的减小幅度相对最大，出口量同比减少 16.2%。

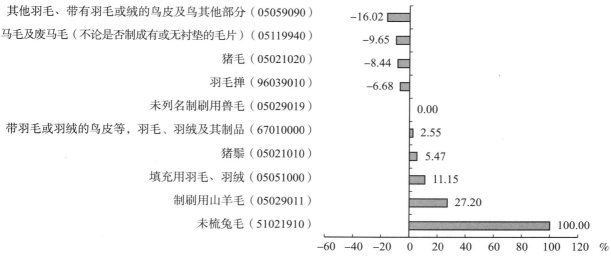

图 6 - 31　2016 年我国动物毛和羽毛类出口量同比变化

（三）分类分析

1. 按国家（地区）进行分类分析。2015 年我国出口动物毛和羽毛类物品至 102 个国家（地区），出口量超过 1 000 吨的有 10 个，这十个国家（地区）的出口量占总出口量的 78.47%。我国出口动物毛和羽毛类物品排名前三的国家分别是美国、越南和德国（见图 6 – 32），我国出口至美国的动物毛和羽毛类物品最多，达 16 414.39 吨，占我国动物毛和羽毛类总出口量的 30.54%，我国对越南和德国的出口量分别占总出口量的 10.97% 和 10.02%。

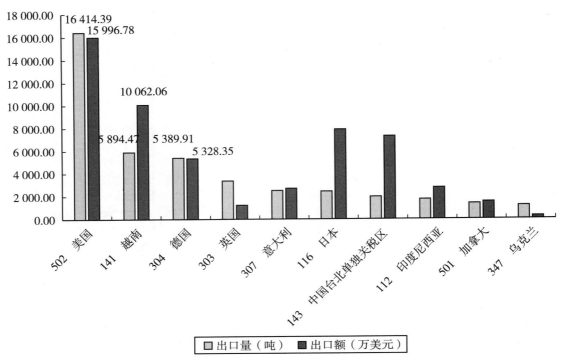

图 6 – 32　2015 年我国动物毛和羽毛类主要出口国家（地区）出口量和出口额（出口量 >1 000 吨）
注：为增强可读性，图 6 – 32 ~ 图 6 – 124 只显示部分数据。

2015 年我国动物毛和羽毛类物品从 56 个国家（地区）进口，进口量超过 5 000 吨的有 8 个，8 个国家（地区）的进口量占总进口量的 87.09%。进口量排名前三的分别是澳大利亚、新西兰和南非，从澳大利亚的进口量最多，超过 17 万吨（见图 6 – 33），占我国动物毛和羽毛类总进口量的近 60%，从新西兰和南非的进口量分别占总进口量的 9.43% 和 6.85%。

2016 年我国动物毛和羽毛类物品出口至 94 个国家（地区），出口量超过 1 000 吨的有 11 个国家（地区）（见图 6 – 34），这 11 个国家（地区）的出口量占总出口量的 80.58%。进口我国动物毛和羽毛类物品排名前三的分别是美国、德国和越南，和 2015 年一致。我国出口至美国的动物毛和羽毛类物品最多，达 16 550.74 吨，比 2015 年增加 136.35 吨，2016 年对美国的出口量占我国动物毛和羽毛类总出口量的 28.27%，对德国和越南的出口量分别占总出口量的 10.96% 和 10.39%。

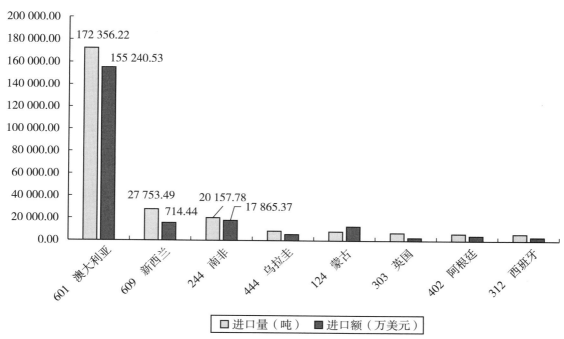

图 6 - 33　2015 年我国动物毛和羽毛类主要进口国家进口量和进口额（进口量 > 5 000 吨）

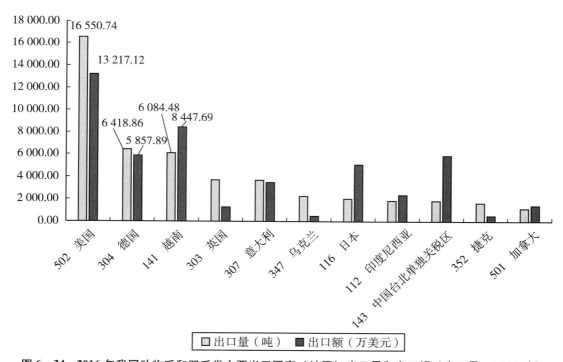

图 6 - 34　2016 年我国动物毛和羽毛类主要出口国家（地区）出口量和出口额（出口量 > 1 000 吨）

2016 年我国动物毛和羽毛类物品从 52 个国家（地区）进口，进口量超过 5 000 吨的有 8 个国家（见图 6 - 35），8 个国家的进口量占总进口量的 88.56%。进口量排名前三国家与 2015 年相同，澳大利亚的进口量仍然最多，超过 17 万吨，占我国动物毛和羽毛类总进口量的 61.52%，从新西兰和南非的进口量分别占总进口量的 7.82% 和 7.00%。澳大利亚的进口量是南非进口量的近 9 倍，澳大利亚的进口额是南非进口额的 9.13 倍。

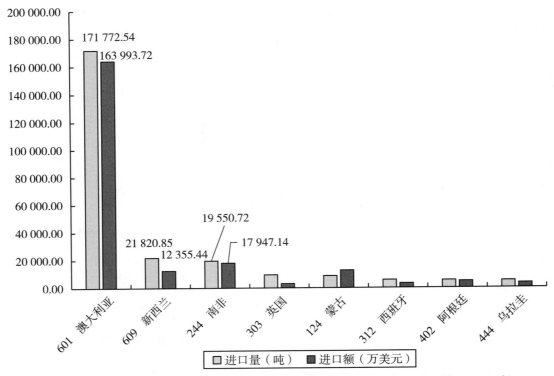

图 6 – 35　2016 年我国动物毛和羽毛类主要进口国家进口量和进口额（进口量 > 5 000 吨）

　　如图 6 – 36 所示，对进口澳大利亚和出口美国的物品进行分析发现，我国进口澳大利亚的物品几乎全部为未梳含脂剪羊毛（51011100）；出口美国的物品中有 85% 以上为填充用羽毛、羽绒（05051000），带羽毛或羽绒的鸟皮等，羽毛、羽绒及其制品（67010000）和羽毛掸（96039010）的出口占比小于 10%。

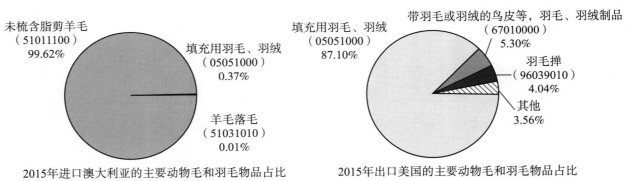

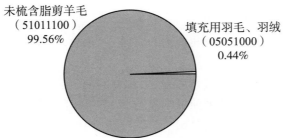

图 6 – 36　2015 ~ 2016 年进口澳大利亚、出口美国的主要动物毛和羽毛物品占比

澳大利亚是世界上养羊业最发达的国家，绵羊数量居世界首位，素有"骑在羊背上的国家"之称。养羊牧场的面积约占其陆地面积的 1/2。澳大利亚是世界上最大的羊毛生产国，羊毛产业是澳大利亚第二大产业。2012 年羊毛年产量达 110 万吨，是澳大利亚最主要的出口商品，其产量的 98% 都用来出口，占农业产值的 43%。

2. 按省份进行分类分析。2015 年我国有 27 个省（区、市）进口动物毛和羽毛类物品，有 8 个省（区、市）的进口量超过 5 000 吨，分别是江苏省、浙江省、北京市、山东省、上海市、河北省、天津市和内蒙古自治区（见图 6–37），这 8 个省（市/区）的进口量占总进口量的 97.32%，进口额占总进口额的 97.68%。江苏省进口量 18.6 万吨，位居进口省份第一，占总进口量的 63.26%；江苏省进口额占总进口额的 62.63%。

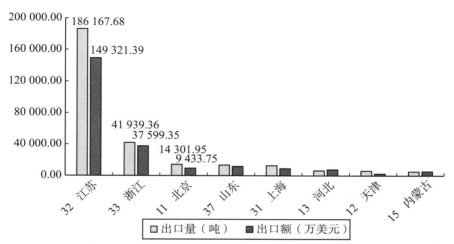

图 6–37　2015 年我国动物毛和羽毛类主要进口省份进口量和进口额（进口量 >5 000 吨）

2015 年我国共有 24 个省（区、市）出口了动物毛和羽毛类物品，有 7 个省（市）的出口量超过 1 000 吨，分别是浙江省、江苏省、安徽省、广东省、四川省、河北省和重庆市（见图 6–38）；这 7 个省（市）的出口量占总出口量的 87.84%，出口额占总出口额的 80.43%。浙江省出口量 1.9 万吨，位居出口省份第一，占总出口量的 36.69%；浙江省出口额占总出口额的 36.30%。江苏省也是动物毛和羽毛的出口大省，出口量位居第二，出口量 1.2 万吨，江苏省出口量是进口量的 6.57%。

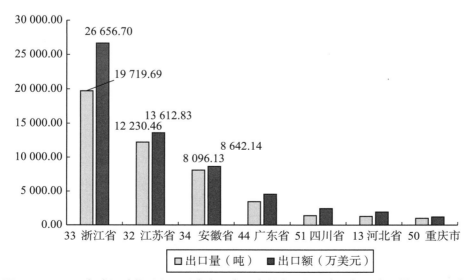

图 6–38　2015 年我国动物毛和羽毛类主要出口省份出口量和出口额（出口量 >1 000 吨）

2016 年我国有 24 个省（区、市）进口动物毛和羽毛类物品，有 8 个省（区、市）的进口量超过 5 000 吨，分别是江苏省、浙江省、山东省、北京市、河北省、内蒙古自治区、天津市和上海市（见图 6-39），前 8 个省（区、市）除排序略有差异外，与 2015 年的前 8 个省（区、市）一致，8 个省（区、市）进口量占比也与 2015 年接近，占总进口量的 97.43%，进口额占总进口额的 98.53%。江苏省进口量接近 18 万吨，保持进口省份第一，占总进口量的 64.27%；江苏省进口额占总进口额的 64.33%。

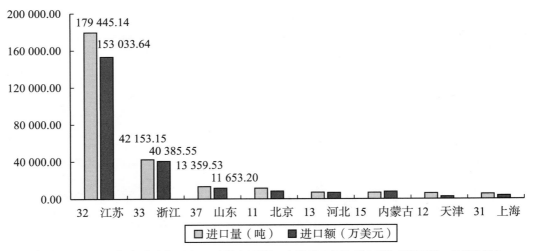

图 6-39　2016 年我国动物毛和羽毛类主要进口省份进口量和进口额（进口量 > 5 000 吨）

2016 年我国共有 21 个省（区、市）出口了动物毛和羽毛类物品，有 9 个省（市）的出口量超过 1 000 吨，这 9 个省（市）的出口量占总出口量的 91.24%，出口额占总出口额的 86.27%。如图 6-40 所示，浙江省出口量 2.2 万吨，出口量比 2015 年增加 7.59%，位居出口省份第一，占总出口量的 37.80%；浙江省出口额占总出口额的 31.44%。安徽省也是动物毛和羽毛类出口大省，如安徽固镇水系发达，日照充足，水草丰饶，出产全国闻名的"皖西白鹅"，年产皖西白鹅 190 万只，在保障羽绒原毛供应和羽绒产业集群正常运转方面发挥着重要作用。

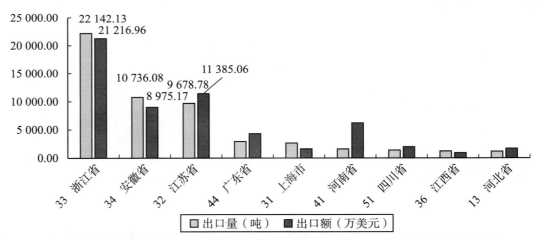

图 6-40　2016 年我国动物毛和羽毛类主要出口省份出口量和出口额（出口量 > 1 000 吨）

3. 按口岸进行分类分析。2015 年我国通过 29 个口岸进口动物毛和羽毛类物品，有 6 个口岸的进口量超过 5 000 吨，分别是上海海关、南京海关、杭州海关、天津海关、青岛海关和呼和浩特海关（见图

6－41），这 6 个海关的进口量占总进口量的 96.66%，进口额占总进口额的 96.93%。上海海关、南京海关和杭州海关的进口量最大，这与进口省份江苏省和浙江省的进口量大有关，与进口大省距离近是海关进口量大的直接原因。另外，天津海关、青岛海关及呼和浩特海关的进口量大的直接原因也是因为天津市、山东省和内蒙古的进口量大。从各省份进口量排序和海关进口量排序看，我国动物毛和羽毛类物品各省份进口可能更倾向于从各自省份海关进口。动物为毛和羽绒生产企业临近鹅鸭养殖基地，可以对羽绒质量有一个很好的把控；同时临近出口的海关，节约了运输成本。

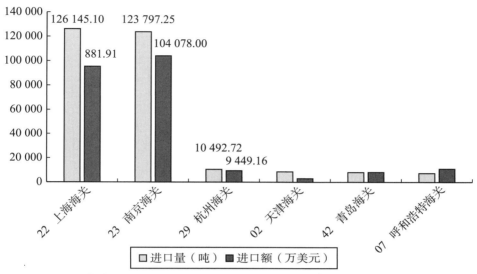

图 6－41　2015 年我国动物毛和羽毛类主要进口口岸进口量和进口额（进口量 >5 000 吨）

　　2015 年我国通过 29 个口岸出口动物毛和羽毛类物品，有 9 个口岸的出口量超过 1 000 吨（见图6－42），这 9 个海关的出口量占总出口量的 94.68%，出口额占总出口额的 89.60%。上海海关、宁波海关和南京海关的出口量最大，这与出口省份浙江省、江苏省和安徽省的出口量大有关。上海海关的出口量占总出口量的 47.71%，出口额占总出口额的 50.98%。

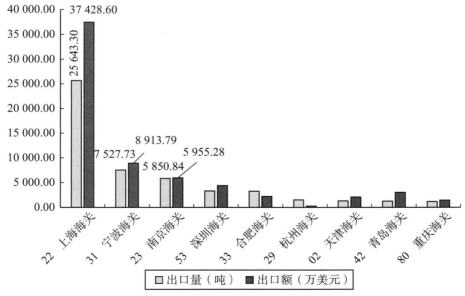

图 6－42　2015 年我国动物毛和羽毛类主要出口口岸出口量和出口额（出口量 >1 000 吨）

2016 年我国通过 26 个口岸进口动物毛和羽毛类物品，有 6 个口岸的进口量超过 5 000 吨（见图 6 - 43），分别是上海海关、南京海关、天津海关、呼和浩特海关、青岛海关和杭州海关，2016 年各海关进口量和排名与 2015 年基本类似，上海海关和南京海关进口量近似相等，两个海关的进口量占总进口量的 84.66%，可见上海海关和南京海关在动物毛和羽毛类进口贸易中的重要位置。

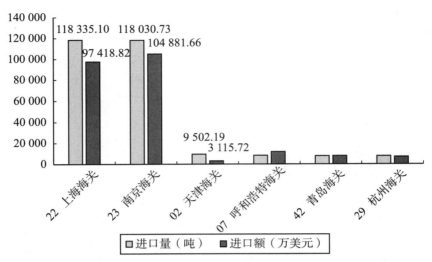

图 6 - 43　2016 年我国动物毛和羽毛类主要进口口岸进口量和进口额（进口量 > 5 000 吨）

2016 年我国通过 31 个口岸出口动物毛和羽毛类物品，有 10 个口岸的出口量超过 1 000 吨，这 10 个海关的出口量占总出口量的 97.27%，出口额占总出口额的 92.23%。出口量最大的仍是上海海关，从 2015 ~ 2016 年的动物毛和羽毛类物品进出口分析可以发现，上海海关是这两年进出口量均最大的口岸。上海海关是我国历史最悠久的海关之一，近年来，随着上海口岸发展步伐的加快，上海口岸监管的业务量以每年 20% 左右的速度递增，口岸的年进出口货值和税收流量约占全国的 1/4①，各项主要业务指标位列全国海关首位（见图 6 - 44）。

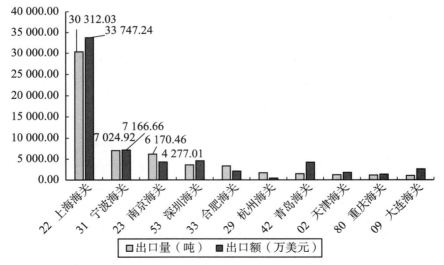

图 6 - 44　2016 年我国动物毛和羽毛类主要出口口岸出口量和出口额（出口量 > 1 000 吨）

---

① http：//shanghai. customs. gov. cn。

第三节　动物骨类资源进出境分析

一、动物骨类的利用现状

骨约占动物体重的10% ~ 20%，是一种营养价值非常高的肉类加工副产品。在我国，脊椎动物的骨骼作为药用的历史悠久。鲜骨所含营养素非常丰富，其蛋白质和脂肪含量与肉类相似。骨骼中的蛋白质90%为胶原、骨胶原及软骨素，有加强皮层细胞代谢和防止衰老的作用。骨中含有构成蛋白质的所有氨基酸，且比例均衡、必需氨基酸水平高，属于优质蛋白。骨头脂肪酸中含有人体最重要的必需脂肪酸亚油酸和其他多种脂肪酸，可作为优质食用油。

动物鲜骨的开发起步较晚，20世纪80年代方才在世界上受到重视。现已逐步成为一种独特的新食源，且在工业、医药、农业上也得以应用。现今，世界各国对骨资源的开发都相当重视，尤以日本、美国、丹麦、瑞典等国在鲜骨食品的开发研究方面最为活跃，走在世界前列。

骨类产品的品种也多种多样，有骨胶、明胶、骨油、水解动物蛋白HAR、蛋白胨、钙磷制剂等及其产品，如食用骨油和食用骨蛋白等；全骨利用产品主要有骨泥、骨糊和骨浆，可作为肉类替代品，或添加到其他食品中制成骨类系列食品，如骨松、骨味素、骨味汁、骨味肉、骨泥肉饼干、骨泥肉面条等等。

我国是世界畜禽生产和消费大国，畜禽鲜骨资源丰富，骨类深加工制品产业虽然起步不久，但已显示出极强的生命力。利用现代生物工程技术（如酶技术等）和科学生产工艺，使骨骼中的各种营养成分尽可能地释放出来，是这一产业的发展趋势。骨素、骨泥等骨类制品符合天然、绿色和可持续发展的食品工业的发展理念。因此，畜禽制品的开发利用，既可充分利用资源，减少环境污染，又可提高畜禽加工副产品的附加值，对于开发新型、天然、绿色的营养食品添加剂，提高肉品加工企业的综合效益，具有广阔的应用前景。

世界软体动物的进出口数量和金额都是不断上升的，从1976 ~ 2009年世界软体动物贸易情况来看，1980 ~ 1989年世界软体动物发展最为迅速；亚洲、欧洲、美洲的贸易总量较大，软体动物贸易量靠前的国家（或地区）主要是中国、日本、西班牙、意大利、美国、中国香港、韩国、法国、泰国等；进出口量较大的物种是鱿鱼、墨鱼和章鱼及其他海洋软体动物。

二、数据描述

本书重点收集了与动物繁殖材料相关的8个HS编码数据，数据包含8个HS编码2015 ~ 2016年我国与其他国家的交易额交易量、我国在不同口岸的交易额和交易量、我国不同省份对外贸易量等。8个HS编码涉及生物种类包括牛、羊、龟、鲸、珊瑚、软体、甲壳或棘皮动物、墨鱼以及其他未列明动物等。

三、数据分析

（一）总量分析

2015年和2016年，我国动物骨类资源的进口量高于出口量，进口额高于出口额（见图6 - 45）。2015年我国动物骨类进口量是出口量的3.69倍，进口额是出口额的4.43倍；2016年进口量是出口量的4.25倍，进口额是出口额的4.10倍。

与2015年相比，我国动物骨类资源的进出口量和进出口额稍有下降。其中2016年的进口量占2015年的98.51%；2016年的出口量是2015年的85.61%；进出口额的变化与进出口量变化相似。2016年进口额比2015年降低了9.51%，2016年出口额比2015年降低了2.03%。

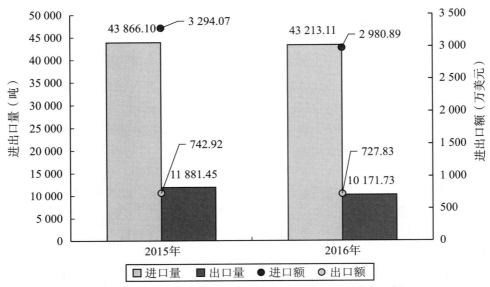

图6-45　2015~2016年我国动物骨类进出口量和进出口额

2015年我国进口5种、出口4种动物骨类资源（见图6-46和图6-47），其中珊瑚及类似品及软体、甲壳或棘皮动物壳、墨鱼骨（05080090）的进口量和出口量均最大，2015年珊瑚及类似品及软体、甲壳或棘皮动物壳、墨鱼骨（05080090）进口量占总进口量的63.17%，2015年珊瑚及类似品及软体、甲壳或棘皮动物壳、墨鱼骨（05080090）的出口量占总出口量的98.83%（见图6-50）。

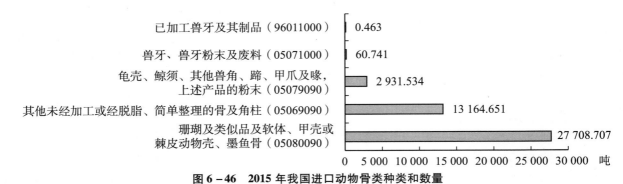

图6-46　2015年我国进口动物骨类种类和数量

图6-47　2015年我国出口动物骨类种类和数量

如图6-48和图6-49所示，2016年我国进出口动物骨类资源，与2015年相比增加了其他骨粉及骨废料（05069019）。珊瑚及类似品及软体、甲壳或棘皮动物壳、墨鱼骨（05080090）的进出口量仍占主导。2016年珊瑚及类似品及软体、甲壳或棘皮动物壳、墨鱼骨（05080090）进口量占总进口量的72.16%，2015年珊瑚及类似品及软体、甲壳或棘皮动物壳、墨鱼骨（05080090）的出口量占总出口量的97.62%（见图6-50）。

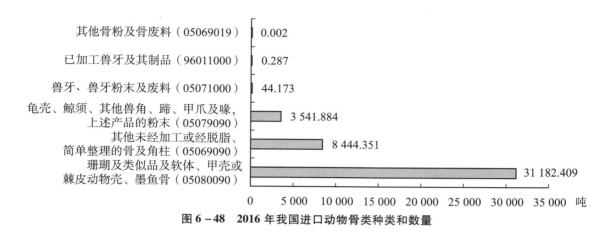

图6-48　2016年我国进口动物骨类种类和数量

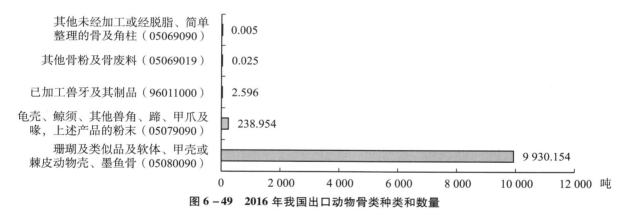

图6-49　2016年我国出口动物骨类种类和数量

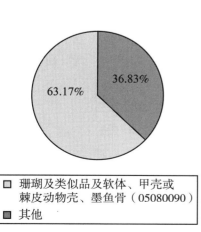

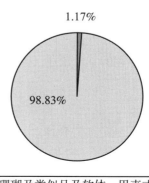

2015年进口量占比　　　　　　　　　　　　2015年出口量占比

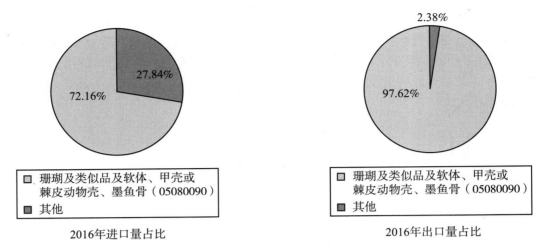

图 6 - 50　2015 ~ 2016 年我国编号 05080090 类物品进出口量占比

（二）变化分析

从进口量同比变化来看（见图 6 - 51），6 类进口物品中，3 类进口量同比增加，3 类进口量同比减少。其中其他骨粉及骨废料（05069019）2015 年无进口，2016 年进口量为 2 千克。其他同比变化均在 40% 以内。

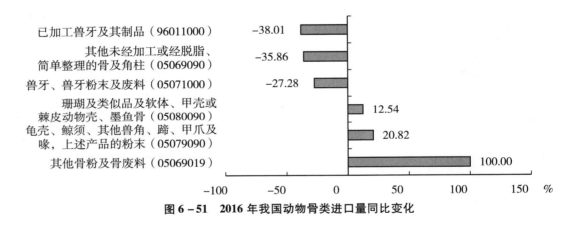

图 6 - 51　2016 年我国动物骨类进口量同比变化

从进口额的同比变化来看（见图 6 - 52），2 类物品进口额同比增加，4 类物品包括龟壳、鲸须、其他兽角、蹄、甲爪及喙，上述产品的粉末（05079090）；兽牙、兽牙粉末及废料（05071000）；其他未经加工或经脱脂、简单整理的骨及角柱（05069090）；已加工兽牙及其制品（96011000）进口额同比减少。

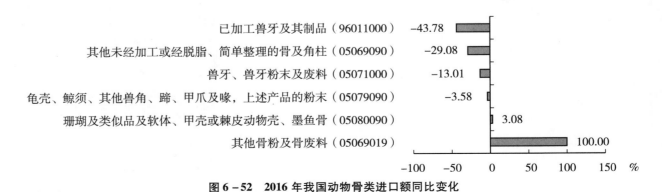

图 6 - 52　2016 年我国动物骨类进口额同比变化

从 2016 年出口量同比变化分析（见图 6 - 53），5 类出口物品中其他骨粉及骨废料（05069019）；龟壳、鲸须、其他兽角、蹄、甲爪及喙，上述产品的粉末（05079090）；已加工兽牙及其制品（96011000）出口量同比增加，其他骨粉及骨废料（05069019）在 2015 年无出口，2016 年出口量为 25 千克。珊瑚及类似品及软体、甲壳或棘皮动物壳、墨鱼骨（05080090）；其他未经加工或经脱脂、简单整理的骨及角柱（05069090）出口量同比减少。

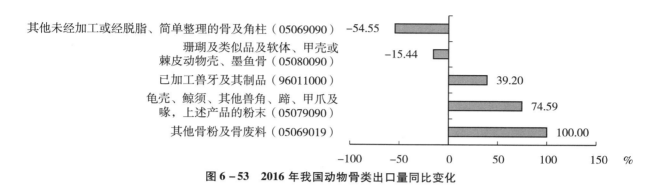

图 6 - 53　2016 年我国动物骨类出口量同比变化

2016 年出口额与出口量同比变化相比，其他未经加工或经脱脂、简单整理的骨及角柱（05069090）出口量同比减少 15.44%，但出口额同比增长 59.57%（见图 6 - 54）。

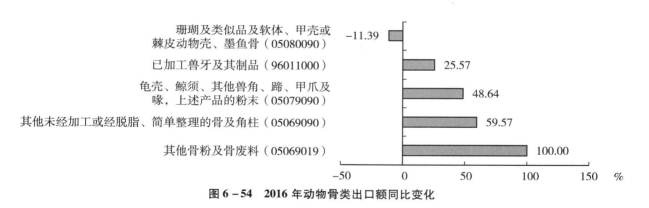

图 6 - 54　2016 年动物骨类出口额同比变化

（三）分类分析

1. 按国家（地区）进行分类分析。2015 年我国动物骨类资源主要出口 35 个国家（地区），出口量超过 50 吨的有 7 个，7 个国家（地区）的出口量总和占 2015 年总出口量的 98.34%。出口韩国的动物骨类资源最多，韩国的出口量占总出口量的 82.36%。2015 年出口韩国的动物骨类物品只有一类，即珊瑚及类似品及软体、甲壳或棘皮动物壳、墨鱼骨（05080090），出口量达 9 785.93 吨，出口额为 188.40 万美元（见图 6 - 55）。

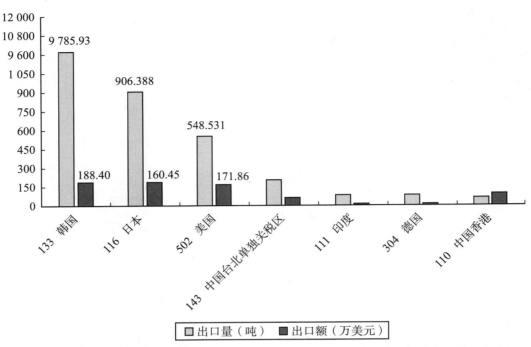

图 6 – 55　2015 年我国动物骨类物品主要出口国家（地区）出口量和出口额（出口量 > 50 吨）

2015 年我国动物骨类物品从日本、澳大利亚、孟加拉国等 63 个国家（地区）进口。9 个国家的进口量超 1 000 吨（见图 6 – 56），11 个国家的进口额超 100 万美元（见图 6 – 57）。从日本的进口量最大，日本的进口量占总进口量的 29.15%；澳大利亚的进口额最大，澳大利亚的进口额占总进口额的 19.9%。

2015 年我国从澳大利亚进口的动物骨类物品有三类（见图 6 – 58）：龟壳、鲸须、其他兽角、蹄、甲爪及喙，上述产品的粉末（05079090）；其他未经加工或经脱脂、简单整理的骨及角柱（05069090）；珊瑚及类似品及软体、甲壳或棘皮动物壳、墨鱼骨（05080090）；其他未经加工或经脱脂、简单整理的骨及角柱（05069090）的进口量占澳大利亚总进口量的 63.52%，龟壳、鲸须、其他兽角、蹄、甲爪及喙，上述产品的粉末（05079090）占澳大利亚总进口额的 56.51%。

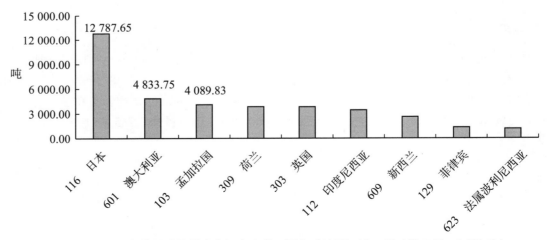

图 6 – 56　2015 年我国动物骨类资源主要进口国家（地区）进口量（进口量 > 1 000 吨）

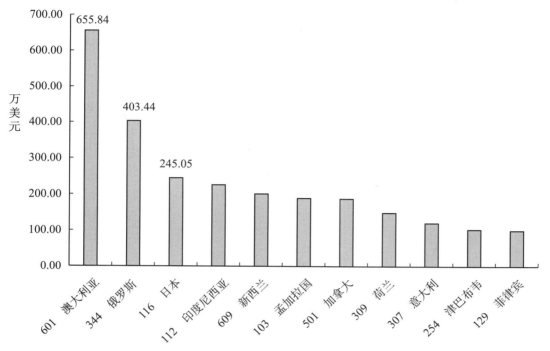

图 6 – 57 2015 年我国动物骨类资源主要进口国家（地区）进口额（进口额 ＞100 万美元）

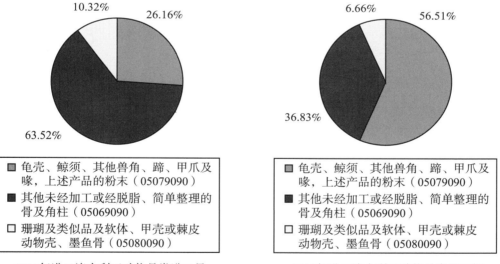

图 6 – 58 2015 年进口澳大利亚动物骨类物品统计

2015 年我国从日本进口两种动物骨类资源，分别是珊瑚及类似品及软体、甲壳或棘皮动物壳、墨鱼骨（05080090）和已加工兽牙及其制品（96011000）。其中珊瑚及类似品及软体、甲壳或棘皮动物壳、墨鱼骨（05080090）的进口量占从日本总进口量的 99.99％，进口额占比 99.65％（见表 6 – 4）。

表 6 - 4   2015 年进口日本动物骨类物品统计

序号	物品名称	进口量/吨（占比）	进口额/万美元（占比）
1	珊瑚及类似品及软体、甲壳或棘皮动物壳、墨鱼骨（05080090）	12 787.622（99.99%）	244.185（99.65%）
2	已加工兽牙及其制品（96011000）	0.026（0.01%）	0.869（0.35%）

2016 年我国向 28 个国家（地区）出口动物骨类资源，出口量超过 50 吨的国家（地区）有 8 个（见图 6 - 59），出口额超过 100 万美元的有 5 个（见图 6 - 60），韩国的出口量和出口额最大，出口量为 8 185.93 吨，出口额为 213.75 万美元。出口韩国的动物骨类占总 2016 年总出口量 80.48%。

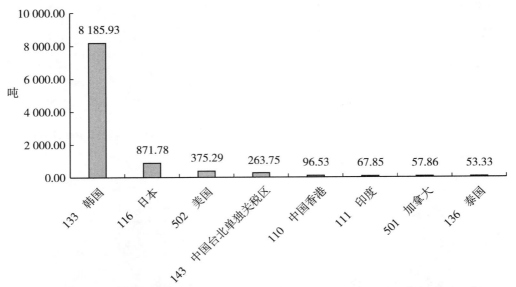

图 6 - 59　2016 年我国动物骨类资源主要出口国家（地区）的出口量（出口量 > 50 吨）

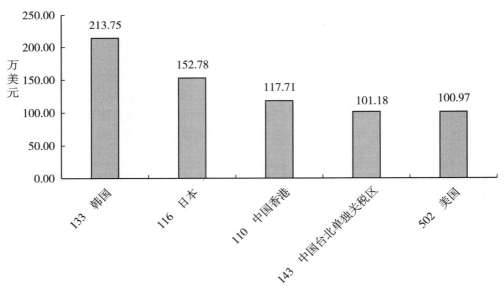

图 6 - 60　2016 年我国动物骨类资源主要出口国家（地区）出口额（出口额 > 100 万美元）

与 2015 年相比，2016 年出口韩国的动物骨类资源增加了龟壳、鲸须、其他兽角、蹄、甲爪及喙，上述产品的粉末（05079090），但该类资源出口量只占出口韩国动物骨类出口量的 0.02%，出口韩国的动物骨类资源仍以珊瑚及类似品及软体、甲壳或棘皮动物壳、墨鱼骨（05080090）为主导，出口量占比 99.98%，出口额占比 99.06%（见表 6-5）。

表 6-5　　　　　　　　　　　2016 年出口韩国动物骨类物品统计

序号	物品名称	出口量/吨（占比%）	出口额/万美元（占比%）
1	龟壳、鲸须、其他兽角、蹄、甲爪及喙，上述产品的粉末（05079090）	2（0.02）	2（0.94）
2	珊瑚及类似品及软体、甲壳或棘皮动物壳、墨鱼骨（05080090）	8 183.931（99.98）	211.747（99.06）

2016 年我国共从 55 个国家（地区）进口动物骨类资源，进口量大于 1 000 吨的有 9 个国家（见图 6-61），进口额大于 100 万美元的有 9 个国家（地区）（见图 6-62），进口量排前两位的与 2015 年相同，为日本和澳大利亚。2016 年我国从日本进口的动物骨类资源只有一种，珊瑚及类似品及软体、甲壳或棘皮动物壳、墨鱼骨（05080090），该类物品进口量为 18 986.79 吨，占总进口量的 43.93%。2016年，动物骨类资源进口额最大排名前三的国家分别为澳大利亚、俄罗斯和日本。

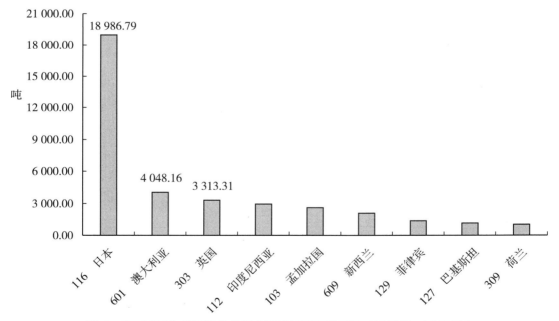

图 6-61　2016 年我国动物骨类主要进口国家进口量（进口量 >1 000 吨）

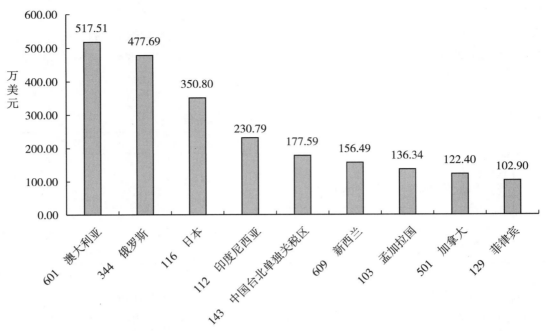

图 6－62　2016 年我国动物骨资源主要进口国家（地区）进口额（进口额 >100 万美元）

2. 按省份进行分类分析

从省份看，2015 年我国有 22 个省份进口了动物骨类资源，进口量超过 1 000 吨的有 7 个（见图 6－63），辽宁省进口量最多，为 12 304.85 吨，辽宁省的进口量占总进口量的 28.05%。

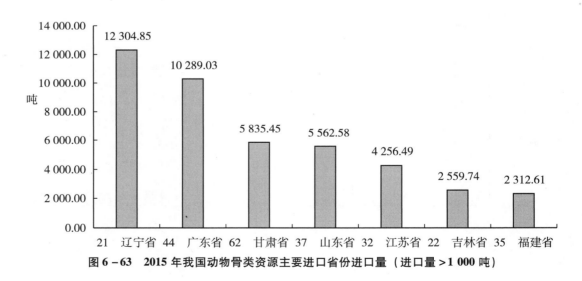

图 6－63　2015 年我国动物骨类资源主要进口省份进口量（进口量 >1 000 吨）

2015 年我国出口动物骨类的省份共 14 个，出口量超过 100 吨的有 7 个（见图 6－64），辽宁省的出口量最大，占总出口量的 72.7%，主要出口的动物骨类物品为珊瑚及类似品及软体、甲壳或棘皮动物壳、墨鱼骨（05080090）。

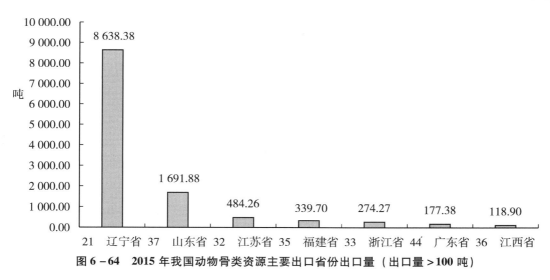

图6-64　2015年我国动物骨类资源主要出口省份出口量（出口量 >100 吨）

对2015年辽宁省进出口动物骨类资源分析发现，辽宁省2015年进口动物骨类资源2类，出口3种，进出口额和进出口量最大的均为珊瑚及类似品及软体、甲壳或棘皮动物壳、墨鱼骨（05080090）（见表6-6）。

表6-6　　　　　　　　　　　　　2015年辽宁省进出口动物骨类资源统计

序号	物品名称	进口量（吨）	进口额（万美元）	出口量（吨）	出口额（万美元）
1	龟壳、鲸须、其他兽角、蹄、甲爪及喙，上述产品的粉末（05079090）	0.40	3.11	465.78	104.76
2	珊瑚及类似品及软体、甲壳或棘皮动物壳、墨鱼骨（05080090）	8 637.99	181.19	11 838.69	196.19
3	兽牙、兽牙粉末及废料（05071000）	/	/	0.38	10.14

2016年我国进口动物骨类资源的省（区、市）共23个，进口量超过1 000吨的共7个，分别是辽宁省、广东省、山东省、吉林省、江苏省、福建省、河北省（见图6-65）；2016年我国出口动物骨类资源的省（区、市）共17个，比2015年增加3个；出口量超过100吨的有7个（见图6-66），辽宁省的进出口量仍最大，进口量占总进口量的39.02%，出口量占总出口量的69.74%。

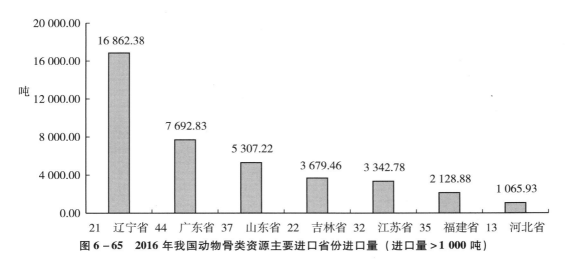

图6-65　2016年我国动物骨类资源主要进口省份进口量（进口量 >1 000 吨）

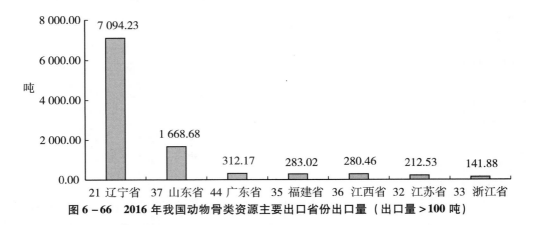

图 6-66　2016 年我国动物骨类资源主要出口省份出口量（出口量 >100 吨）

3. 按口岸进行分类分析。2015 年我国从 26 个海关进口动物骨类资源，从 19 个口岸出口动物骨类物品。进口量超过 1 000 吨的口岸有 9 个（见图 6-67），出口量超过 100 吨的口岸有 7 个（见图 6-68）。大连海关的进出口量均最大，这与省份分析中辽宁省的交易量大相一致。

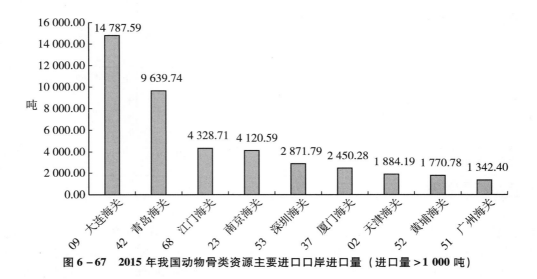

图 6-67　2015 年我国动物骨类资源主要进口口岸进口量（进口量 >1 000 吨）

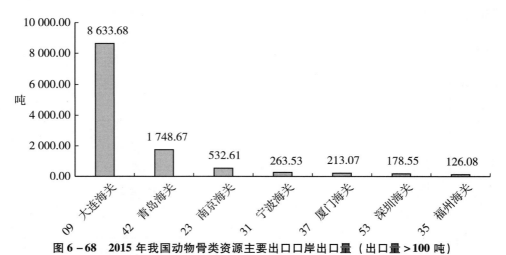

图 6-68　2015 年我国动物骨类资源主要出口口岸出口量（出口量 >100 吨）

2016 年我国从 26 个海关进口动物骨类资源，从 19 个口岸出口动物骨类资源，进出口海关与 2015 年一致。进口量超过 1 000 吨的口岸数与 2015 年相比减少 2 个（见图 6 - 69），出口量超过 100 吨的口岸有 7 个（见图 6 - 70），分别为大连海关、青岛海关、深圳海关、南京海关、福州海关、厦门海关、宁波海关。大连海关的进出口量均最大，这与省份分析中，辽宁省的交易量大的结果相一致。

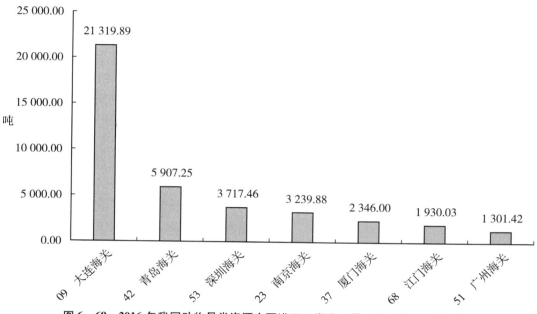

图 6 - 69　2016 年我国动物骨类资源主要进口口岸进口量（进口量 > 1 000 吨）

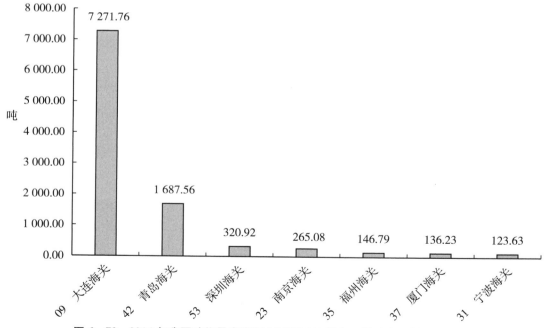

图 6 - 70　2016 年我国动物骨类资源主要出口口岸出口量（出口量 > 100 吨）

第四节　动物繁殖材料

一、动物繁殖材料的发展现状

人工授精已成为当今发展畜牧业、养殖业等的重要手段之一，它的优越性在于可以提高优良动物品种的利用率，加快优良遗传性状的传递，扩大传递范围。人工授精为选择理想遗传性能的种畜提供了机会，可以大大减少种畜的饲养头数，大量节约饲料和管理费用及不受时间、地域和种畜生命的限制等优点。

精液在低温条件下可长期保存，国外已有使用保存一年的冻精配种成功的事例在防止动物疫病传播方面，精液比活动物传播疾病的风险小，且精液在长距离运输上也比活动物方便，以上这些优点推动精液尤其是冻精国际贸易的发展。在美国、加拿大、澳大利亚、新西兰以及欧洲一些畜牧业发达国家，猪、牛、羊等家畜的冻精生产、人工授精已经形成产业化，是家畜精液的主要输出国。

与进口活动物相比，引进国外优良种猪精液最大的好处在于传播疾病的风险小、运输方便、运输成本低；其次通过引进精液进行人工授精还有提高优良品种年用率、加快优良遗传性状传递、扩大传递范围等优点。

但是《中华人民共和国动物防疫法》规定："动物产品包括生皮、原毛、精液、胚胎、种蛋以及未经加工的胴体、脂、脏器、血液、绒、骨、角、头、蹄等。"又规定："动物防疫监督机构按照国家标准和国务院畜牧兽医行政管理部门规定的行业标准、检疫管理办法和检疫对象依法对动物、动物产品实施检疫。"这些规定明确了动物精液、胚胎和种蛋均属动物产品，应当由动物防疫监督机构依法对其安全性进行检疫监督。由于动物精液、胚胎和种蛋是可繁衍后代的特殊动物产品，对受体和后代的健康直接产生影响，保证其安全性更具有特别重要的意义。

为了保证动物精液的安全性，国际贸易上各国遵循动植物卫生协议（SPS 协议）和国际动物卫生组织（OIE）主持制定的标准、准则和建议。

SPS 协议表明为了动植物的健康和安全，实施动植物检疫制度的必要性，但是更强调动植物检疫对贸易的不利影响降到最低程度，不应构成对国际贸易的变相限制，并把协定中的等同原则、透明度等引申到协议中，成为动植物检疫应遵循的规则。

OIE 作为一个世界性的动物卫生组织，负责向各国政府通报全世界动物疫病发生和发展的信息，以及控制这些疫病的办法在动物疫病监测和控制方面，制定法典和标准审查动物和动物产品贸易的卫生规定，在成员国间协调。

国内目前与动物检疫有关的法律法规主要包括《中华人民共和国动物防疫法》（以下简称《防疫法》）、《中华人民共和国进出境动植物检疫法》及其实施条例（以下简称《检疫法》）等。《防疫法》是国家动物防疫工作的根本大法。该法明确规定我国对动物疫病实行预防为主的方针，对动物疫病的控制和扑灭、动物检疫制度、动物防疫监督等内容做了明确规定。

二、数据描述

本书重点收集了与动物繁殖材料相关的 7 个 HS 编码数据，数据包含 7 个 HS 编码 2015～2016 年我国与其他国家的交易额交易量、我国在不同口岸的交易额和交易量、我国不同省份对外贸易量等。7 个 HS 编码涉及生物种类包括牛、鱼、鸡等其他动物的精液、胚胎或受精用的禽蛋等。

三、数据分析

（一）总量分析

2015 年和 2016 年，我国动物繁殖材料的进口量低于出口量，进口额远高于出口额（见图 6 – 71）。2015 年的进口量是出口量的 0.6 倍，进口额是出口额的 9.3 倍；2016 年进口量是出口量的 0.7 倍，进口额是出口额的 7.9 倍。

与 2015 年相比，我国动物繁殖材料进出口量有明显降低，进口额略微降低，出口额有略微增长。其中，2016 年动物繁殖材料的进口量为 1 843.264 吨，同比降低 14.50%；2015 年我国动物繁殖材料的出口量为 3 612.039 吨，2016 年的出口量为 2 589.996 吨，2016 年的出口量是 2015 年的 0.7 倍。从进出口额看，2016 年的进口额为 3 456.2244 万美元，同比降低 8.53%，2016 年的出口额达到 438.8163 万美元，是 2015 年出口额的 1.08 倍。

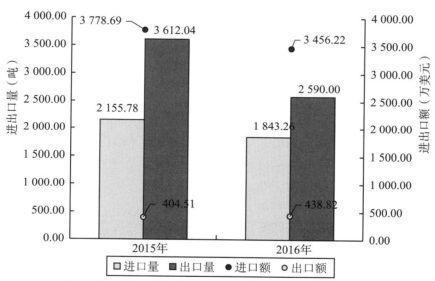

图 6 – 71　2015～2016 年动物繁殖材料进出口量和进出口额

2015 年我国出口动物繁殖材料有六种，分别为动物精液（牛的精液除外）（05119910）、动物胚胎（05119920）、牛的精液（05111000）、受精鱼卵（05119111）、孵化用受精鸡蛋（04071100）、其他鱼产品（05119119）（见图 6 – 72）。其中其他鱼产品出口量占比量大，占出口总量的 98.94%。

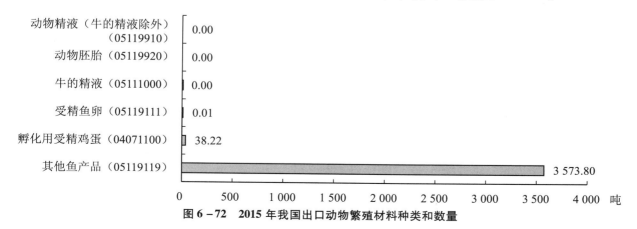

图 6 – 72　2015 年我国出口动物繁殖材料种类和数量

　　2015 年我国进口动物繁殖材料种类共六种，其中其他鱼产品进口量大，2015 年其他鱼产品进口量为 2 146.085 吨，动物精液（牛的精液除外）最少，为 0.026 吨（见图 6 - 73）。

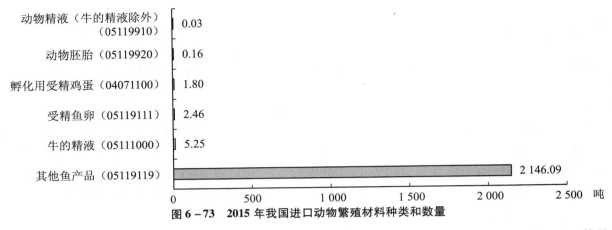

图 6 - 73　2015 年我国进口动物繁殖材料种类和数量

　　与 2015 年相比，我国 2016 年出口动物繁殖材料种类少了一种牛的精液，其他五类物品出口数量有略微变化，其他鱼产品仍旧为出口主要物品（见图 6 - 74）。

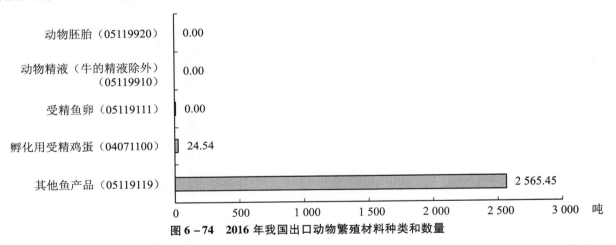

图 6 - 74　2016 年我国出口动物繁殖材料种类和数量

　　2016 年我国进口动物繁殖材料种类与 2015 年相比少了孵化用受精鸡蛋，进口量最大的仍为其他鱼产品，进口量为 1 836.262 吨。动物精液（牛的精液除外）的进口量仍然最少，为 0.041 吨（见图 6 - 75）。

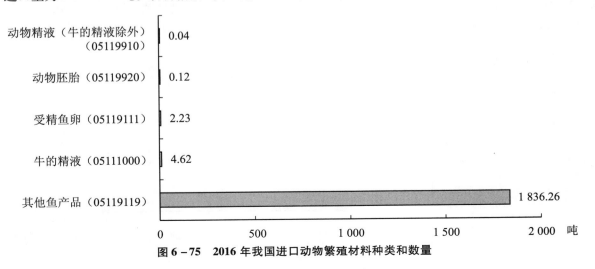

图 6 - 75　2016 年我国进口动物繁殖材料种类和数量

其他鱼产品在2015～2016年的进出口量中占比最大，无论进口量还是出口量，占比均超过98%（见图6－76）。

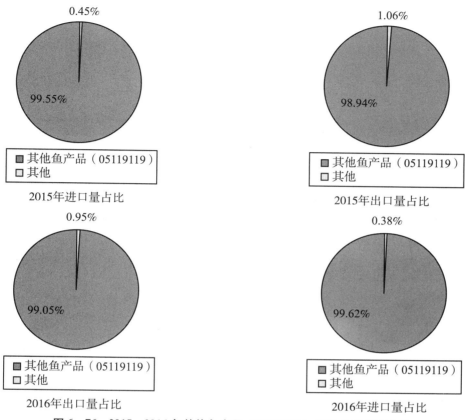

图6－76　2015～2016年其他鱼产品（05119119）类物品进出口占比

（二）变化分析

2015～2016年动物繁殖材料进口量同比变化来看，6类进口物品中只有1类同比增长，5类同比下降。动物精液（牛的精液除外）（05119910）同比增长了57.69%（见图6－77）。

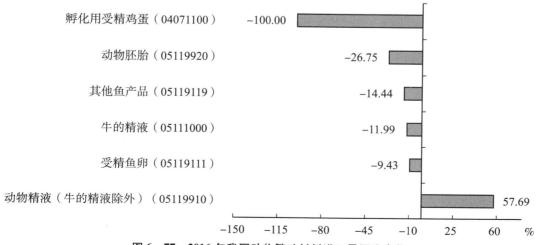

图6－77　2016年我国动物繁殖材料进口量同比变化

　　2016 年动物繁殖材料进口额同比变化来看，有 2 类物品进口额同比增长，4 类物品进口额同比下降，变化幅度均在 1 倍以内。其中动物胚胎的进口额同比增长 3.11%，可能与进口的具体种类差异有关（见图 6 - 78）。

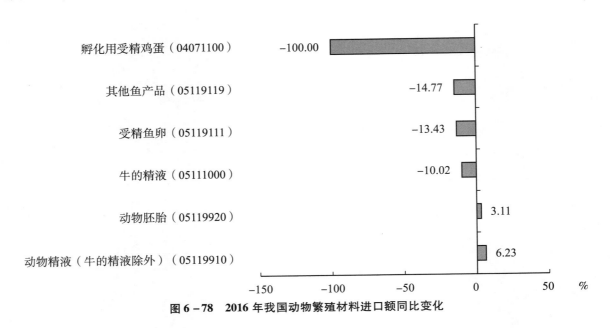

图 6 - 78　2016 年我国动物繁殖材料进口额同比变化

　　如图 6 - 79 所示，2016 年动物繁殖材料出口量同比变化图，在出口的六类动物繁殖材料中，动物胚胎和动物精液（牛的精液除外）无增长变化，其他四类出口量均是下降趋势，其中 2016 年我国不再出口牛的精液（05111000），受精鱼卵（05119111）出口量同比下降 71.43%。

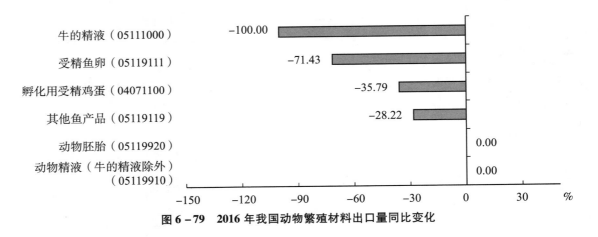

图 6 - 79　2016 年我国动物繁殖材料出口量同比变化

　　从 2016 年动物繁殖材料进口额同比变化来看（见图 6 - 80），有 3 类物品进口额同比增长，3 类物品进口额同比下降，其中其他鱼产品（05119119）出口量同比下降了 28.22%（见图 6 - 79），而进口额同比增长了 10.41%（见图 6 - 80）；动物精液（牛的精液除外）和动物胚胎进口量无变化，但进口额却同比分别增长了 502.05% 和 2011.82%，这应与进口的具体种类差异有关。

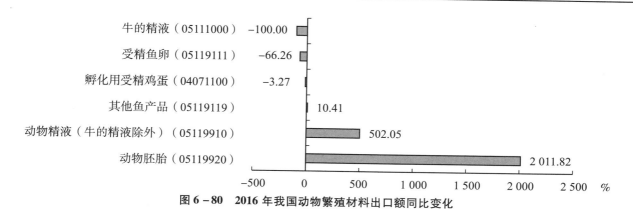

图6-80　2016年我国动物繁殖材料出口额同比变化

（三）分类分析

1. 按国家（地区）进行分类分析。2015年我国动物繁殖材料共出口15个国家（地区），出口量在10吨以上的有7个（见图6-81），其中日本的出口量和出口额最大，出口量2 053.97吨，出口额269.09万美元，日本的出口量占总出口量的56.86%，出口额占总出口额的66.52%。

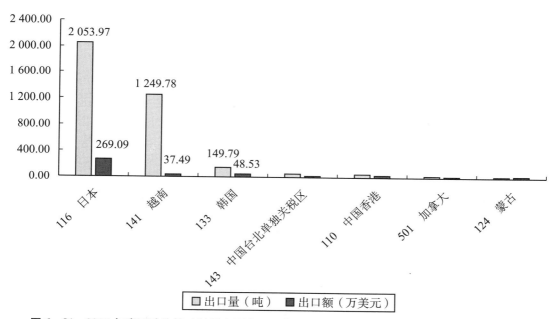

图6-81　2015年我国动物繁殖材料主要出口国家（地区）出口量和出口额（出口量>10吨）

2015年我国动物繁殖材料从28个国家（地区）进口，进口量大于1吨的有16个国家（地区）（见图6-82），从这16个国家（地区）的进口量占总进口量的99.93%，16个国家（地区）的进口额占总进口额的91.33%。从日本的进口量最大，达到554.39吨，从美国的进口额最大，达到2 289.79万美元，但美国的进口量较少，进口量是日本的0.80%，进口额却是越南的45.88倍。

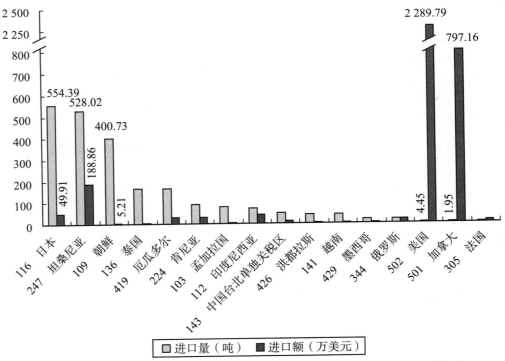

图 6 – 82　2015 年我国动物繁殖材料主要国家（地区）进口量和进口额（进口量 > 1 吨）

对美国和日本的进口量和进口金额进行占比分析（见图 6 – 83 和图 6 – 84），我国主要从美国进口动物精液（牛的精液除外）、动物胚胎、牛的精液、受精鱼卵，从日本主要进口动物精液（牛的精液除外）、其他鱼产品。其中牛的精液（05111000）进口量占美国动物繁殖材料进口量的 73.54%，进口额占美国动物繁殖材料进口额的 84.46%。其他鱼产品（05119119）进口量几乎占日本繁殖材料进口量的 100%，进口额占日本繁殖材料进口额的 99.93%。造成美国与日本进口量、进口额差异的原因可能与牛的精液的单价比进口其他鱼产品高有关。

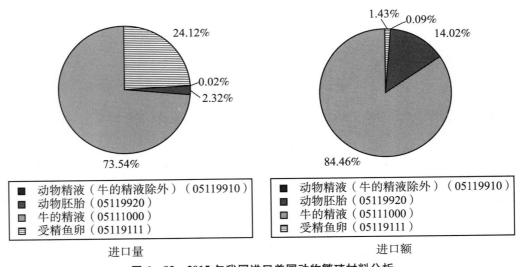

图 6 – 83　2015 年我国进口美国动物繁殖材料分析

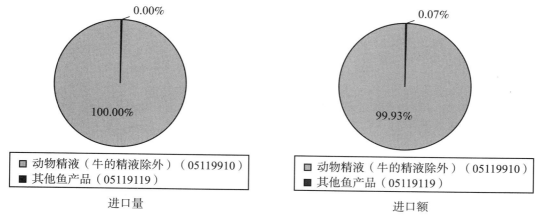

图 6 - 84　2015 年我国进口日本的动物繁殖材料分析

2016 年我国向 12 个国家（地区）出口动物繁殖材料，比 2015 年出口国家（地区）数少 3 个，增加了中国澳门、南非、乌拉圭，少了越南、加拿大、蒙古、老挝、法国、捷克。出口量排第一的国家与 2015 年相同，依旧是日本（见图 6 - 85）。

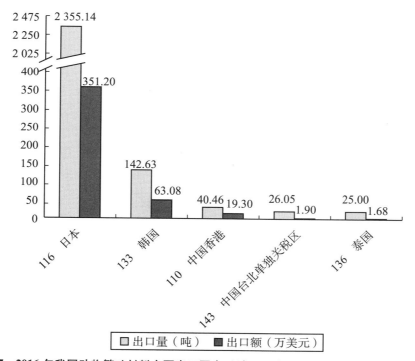

图 6 - 85　2016 年我国动物繁殖材料主要出口国家（地区）出口量和出口额（出口量 > 10 吨）

2016 年我国向 24 个国家（地区）进口动物繁殖材料，与 2015 年相比，进口国家（地区）数减少了 4 个，2016 年进口国家（地区）变动统计见表 6 - 7。2016 年进口量超过 10 吨的国家共 12 个，12 个国家的进口量占总进口量的 99.88%，进口额占总进口额的 77.63%。进口量排名前三的国家分别是日本、坦桑尼亚、孟加拉国；进口额排名前三的国家分别美国、坦桑尼亚和日本（见图 6 - 86）。

表 6 - 7　　　　　　　　2015 年和 2016 年进口动物繁殖材料国家（地区）统计

类别	2016 年和 2015 年均有进口交易的国家（地区）	2015 年有交易，2016 年无交易	2015 年无交易，2016 年有交易	国家（地区）数
国家（地区）	116 日本、247 坦桑尼亚、103 孟加拉国、141 越南、429 墨西哥、419 厄瓜多尔、112 印度尼西亚、143 中国台北单独关税区、426 洪都拉斯、224 肯尼亚、502 美国、344 俄罗斯、501 加拿大、302 丹麦、304 德国、601 澳大利亚、327 波兰、305 法国、322 冰岛、609 新西兰、303 英国、307 意大利	109 朝鲜、136 泰国、328 罗马尼亚、402 阿根廷、142 中国、315 奥地利	312 西班牙、309 荷兰	2015 进口国家（地区）数 28 个；2016 进口国家（地区）数 24 个

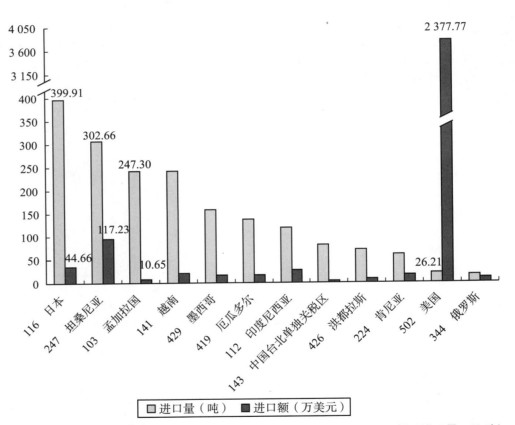

图 6 - 86　2016 年我国动物繁殖材料主要进口国家（地区）进口量和进口额（进口量 > 10 吨）

2016 年我国主要从日本进口物品种类没有变。2016 年我国从美国进口物品增加其他鱼产品，从进口量来看，美国重点进口动物繁殖材料由牛的精液改为其他鱼产品，其他鱼产品占美国总动物繁殖材料进口量的 82.10%，牛的精液进口量占美国动物繁殖材料进口量的 12%。从进口额来看，美国重点进口动物繁殖材料仍为牛的精液。其他鱼产品进口额占美国动物繁殖材料总进口额的 0.09%，牛的精液进口额占总进口额的 80.63%（见图 6 - 87）。

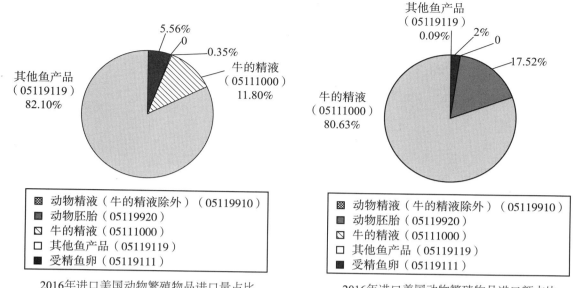

图6－87　2016年进口美国动物繁殖材料数量和金额占比分析

2. 按省份进行分类分析。从省份看，2015年我国共14个省份进口动物繁殖材料，进口量1吨以上的有9个（见图6－88）。上海市的进口量最大，为743.86吨，占总进口量的34.51%，北京市的进口额最大，为2 302.82万美元，占总进口额的60.94%。

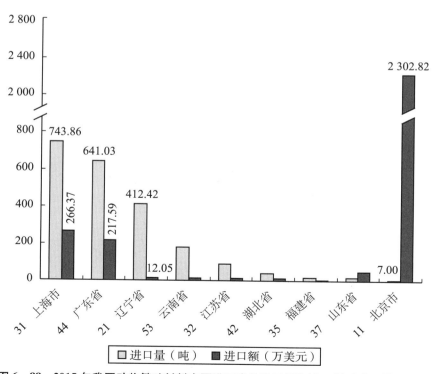

图6－88　2015年我国动物繁殖材料主要进口省份进口量和进口额（进口量＞1吨）

2015年我国出口的动物繁殖材料主要来自11个省份，出口量超过10吨的有7个（见图6－89），广东省的出口量和出口额最大，分别占总出口量和总出口额的66.33%和74%。辽宁省和广西的动物繁殖材料出口量分别排名第二和第三。

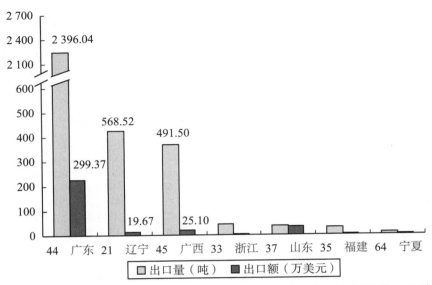

图 6 - 89　2015 年我国动物繁殖材料主要出口省份出口量和出口额（出口量 > 10 吨）

　　2016 年我国共 17 个省份进口动物繁殖材料，进口量 10 吨以上的有 8 个（见图 6 - 90），与 2015 年相比进口量超过 10 吨的省份数减少 1 个。2016 年上海市进口动物繁殖材料的进口量最大，为 556.11吨，占总进口量的 30.17%。2016 年北京市动物繁殖材料的进口额最大为 1 964.42 万美元，占总进口额的 56.84%。

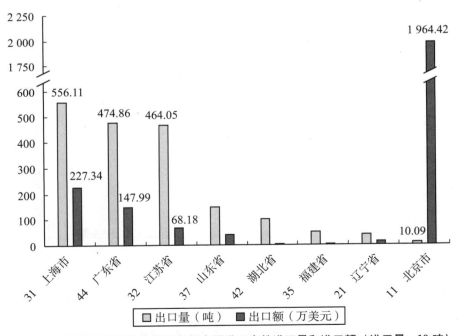

图 6 - 90　2016 年我国动物繁殖材料主要进口省份进口量和进口额（进口量 > 10 吨）

　　对动物繁殖材料进出口省份进行汇总发现（见表 6 - 8），2015 年进行进口动物繁殖材料交易的有

16 个省（区、市），出口交易的有 11 个省（区、市）；2016 年进口动物繁殖材料交易的有 17 个，出口交易的有 12 个。2016 年比 2015 年进出口交易动物繁殖材料均增加 1 个省份，整体变动不大。

表 6 - 8　　　　　　　　　　　　　2015～2016 年动物繁殖材料进出口省份统计

类别	进口交易的省份	出口交易的省份
2015 年	31 上海市、44 广东省、21 辽宁省、53 云南省、32 江苏省、42 湖北省、35 福建省、37 山东省、11 北京市、15 内蒙古自治区、65 新疆维吾尔自治区、12 天津市、13 河北省、23 黑龙江、51 四川省、14 山西省（共 16 个）	44 广东省、21 辽宁省、45 广西、33 浙江省、37 山东省、35 福建省、64 宁夏回族自治区、11 北京市、31 上海市、32 江苏省、51 四川省（共 11 个）
2016 年	31 上海市、44 广东省、32 江苏省、37 山东省、42 湖北省、35 福建省、21 辽宁省、11 北京市、51 四川省、53 云南省、15 内蒙古自治区、65 新疆维吾尔自治区、52 贵州省、13 河北省、14 山西省、12 天津市、41 河南省（共 17 个）	44 广东省、21 辽宁省、45 广西、46 海南省、37 山东省、33 浙江省、35 福建省、32 江苏省、64 宁夏回族自治区、31 上海市、11 北京市、51 四川省（共 12 个）

对北京市 2015 年的动物繁殖材料进口资源进行分析，进口量最大的为牛的精液，进口量占北京市总进口量的 56.03%，牛的精液进口额占北京市总进口额的 81.98%。孵化用受精鸡蛋的进口量占比 25.07%，但进口额只占北京市总进口额的 0.13%，反映孵化用受精鸡蛋的价格较低（见图 6 - 91）。

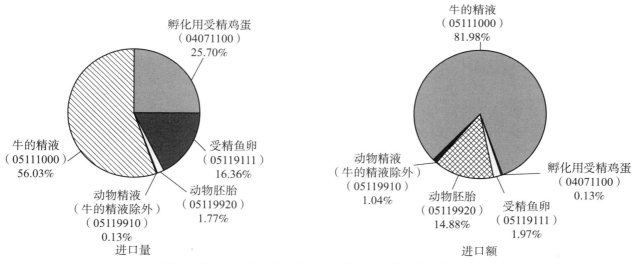

图 6 - 91　2015 年北京市进口动物繁殖材料数量和金额分析

2015 年上海市 99% 以上的进口动物繁殖材料均为其他鱼产品，但其他鱼产品的进口额只占总进口额的 39.09%，牛的精液进口量占上海进口量的 0.09%，进口额占上海市进口额的 37.38%。动物胚胎也存在上述情况。说明牛的精液、动物胚胎价格比其他鱼产品高（见图 6 - 92）。

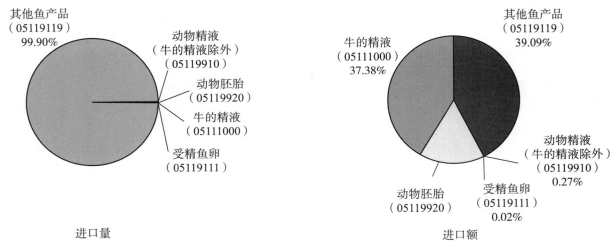

图 6 - 92　2015 年上海市进口动物繁殖材料数量和金额分析

2016 年北京市进口的动物繁殖材料增加其他鱼产品，其他鱼产品进口量占比一半以上，牛的精液进口量占比缩小至 39.94%，但进口额牛的津液占 87.23%（见图 6 - 93）。2016 年上海市的进口物品的进口量占比差异不大，进口额占比中，牛的精液进口额占比有所增加（见图 6 - 94）。

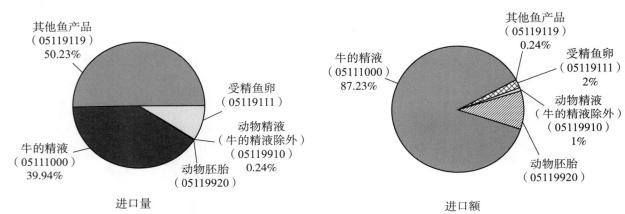

图 6 - 93　2016 年北京市进口动物繁殖材料数量和金额分析

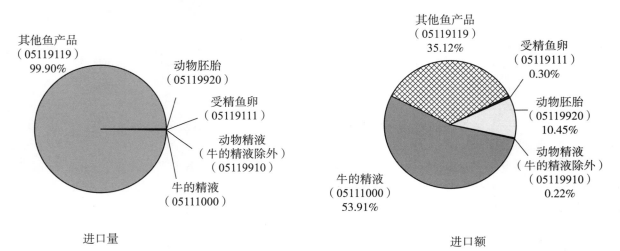

图 6 - 94　2016 年上海市进口动物繁殖材料数量和金额分析

3. 按口岸进行分类分析。2015 年我国动物繁殖材料口岸出口量超过 10 吨的有 9 个，分别是湛江海关、大连海关、南宁海关、宁波海关、汕头海关、厦门海关、青岛海关、济南海关、呼和浩特海关。其中，湛江海关动物繁殖材料的出口量和出口额均最大，出口量达 2 349.52 吨，出口额超过 270 万美元（见图 6 – 95）。

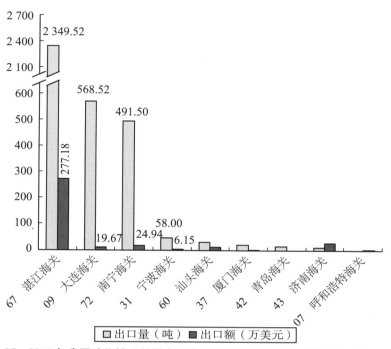

图 6 – 95　2015 年我国动物繁殖材料主要出口口岸出口量和出口额（出口量 ＞10 吨）

2015 年我国动物繁殖材料口岸进口量超过 1 吨的有 11 个，分别是上海海关、广州海关、长春海关、汕头海关、昆明海关、武汉海关、厦门海关、青岛海关、湛江海关、大连海关、北京海关。其中上海海关动物繁殖材料的进口量最大，进口量为 830.21 吨，北京海关的进口额最高，达到 3 291.95 万美元（见图 6 – 96），北京海关动物繁殖材料进口额是上海海关的 17.6 倍。

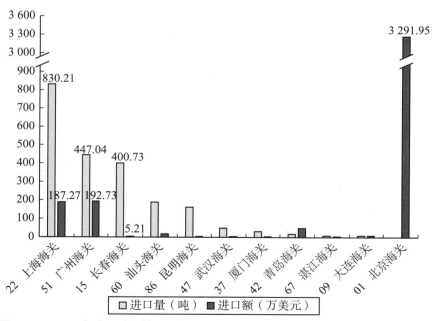

图 6 – 96　2015 年我国动物繁殖材料主要进口口岸进口量和进口额（进口量 ＞1 吨）

　　2016 年我国动物繁殖材料口岸出口量超过 10 吨的有 10 个，分别是湛江海关、大连海关、南宁海关、汕头海关、济南海关、青岛海关、杭州海关、宁波海关、厦门海关、呼和浩特海关，与 2015 年相比增加了杭州海关（见图 6-97）。2016 年湛江海关的动物繁殖材料出口量和出口额仍为最大，出口量为 1 206.50 吨，出口额为 270.01 万美元，与 2015 年相比，2016 年湛江海关动物繁殖材料出口量下降近 50%，出口额基本没变。

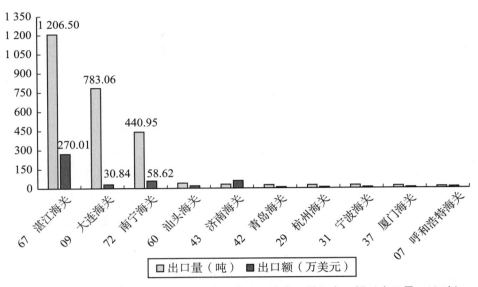

图 6 - 97　2016 年我国动物繁殖材料主要出口口岸出口量和出口额（出口量 > 10 吨）

　　2016 年我国动物繁殖材料口岸进口量超过 1 吨的有 9 个，分别是上海海关、广州海关、青岛海关、湛江海关、武汉海关、汕头海关、厦门海关、大连海关、北京海关（见图 6 - 98）。2016 年动物繁殖材料进口量最大的仍为上海海关，进口量为 1 019.93 吨，与 2015 年相比增加了 189.72 吨；进口额最大的口岸与 2015 年相同，即北京海关，进口额为 3 097.72 万美元。

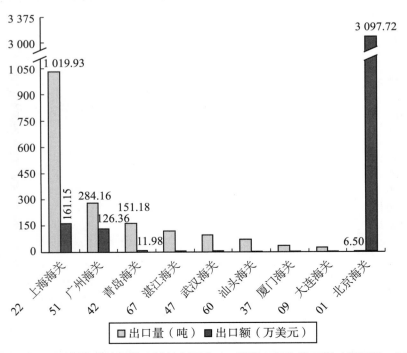

图 6 - 98　2016 年我国动物繁殖材料主要进口口岸进口量和进口额（进口量 > 1 吨）

第五节　海洋和观赏动物类

一、海洋生物资源多样性

（一）海洋生态系统多样性

我国海洋生态系统，按类型分主要有滨海湿地生态系统、珊瑚礁生态系统、上升流生态系统和深海生态系统。滨海湿地生态系统主要包括盐沼生态系统、河口生态系统和红树林生态系统。盐沼生态系统主要由芦苇等多种盐生草本植物，以及大量的潮间带底栖生物组成，为众多的候鸟提供了食物和栖息地。珊瑚礁生态系统分布于中国南海，以造礁石珊瑚为主，其生物多样性极为丰富，各种海绵动物、腔肠动物、软体动物、甲壳动物及棘皮动物共同组成一个复杂而脆弱的生态系统。海洋上升流生态系统主要位于中国东南海域，由地形、风漂流或水团边界等多种成因，由于底层营养物质上升，导致其初级生产力较高，常常形成主要渔场区，其生物多样性指数高于邻近海域。深海生态系统分布在中国东海和南海的海槽或深海盆中，主要有一些构造特别、适应于深水生活的动物所组成，生物多样性较为贫乏。

（二）海洋物种多样性

我国海域现已记录海洋生物 22 561 种，分别隶属于原核生物、原生生物、真菌、植物、动物 5 个生物界，分属 44 门，其中海洋鱼类约占世界总数的 14%，蔓足类约占 24%，昆虫约占 20%，红树植物约占 43%，海鸟约占 23%，头足类约占 14%，造礁珊瑚物种约占印度—西太平洋区总数的 1/3。中国海洋生物中有许多是中国特有种或世界珍稀物种，如国家一级保护动物中华鲟、中华白海豚、红珊瑚等。

（三）海洋遗传多样性

遗传多样性是物种和生态系统多样性的基础，是生命进化和适应的前提，更是评价自然生物资源的重要依据。我国海水鱼类相关研究起始于 20 世纪 70 年代，较早的系统研究报道是关于中国近海带鱼的分种、种群生化鉴别及其遗传多样性水平分析。随着分子标记技术发展及应用，鱼类种质资源及遗传分化研究已经取得了一些进展，目前已完成了 1 000 多种鱼类的全线粒体基因组系列，开展了几十种海水经济鱼种群体内及群体间遗传变异的研究，部分学者还对重要经济鱼类种质资源和分子系统学进行了广泛的研究。

二、海洋生物多样性面临的威胁

随着人类对海洋资源的开发利用强度日益加剧，越来越多的海洋生物面临灭绝的威胁，在满足快速发展对海洋生物资源需求的同时，保障海洋生物多样性面临诸多问题和严峻挑战。

一是利用过度。海洋生物资源的过度开发利用，是导致海洋生物多样性减少的直接原因。近年来，随着我国渔船数量和吨位的急速增长，网具也越来越先进，海洋捕捞能力大幅度提高，但也对生物资源造成致命的破坏和打击，过度捕捞导致整个生态系统食物链发生改变，脆弱生物濒临灭绝。此外，过度捕捞还导致耐污生物及污染生物大量繁殖，从而使一些经济海洋生物病害流行，导致海洋物种进一步减少。

二是海洋污染。随着我国经济社会的进一步发展，沿海地区开发强度持续加大，工业和生活污水的排放将大量污染物携带入海，加上航运业的排污、无序的水产养殖以及海洋原油泄漏等造成的污染，使我国近岸海域海水污染日趋严重，沉积物质量恶化，生物质量低劣，生物多样性降低，赤潮频繁，严重制约了我国近岸海域海洋功能的正常发挥，影响了我国近岸海洋生态系统健康。

三是生境破坏。由于大规模的海洋开发利用活动没有得到有效控制，许多海洋工程的兴建，严重恶化了生物的生存环境，造成海洋生态系统结构失衡，典型生态系统遭到严重破坏，使得原有野生物种栖息地大量丧失。

四是外来物种入侵。全球庞大的海运网是外来物种入侵的主要途径，加上一些养殖种类的引入，外来入侵物种侵占了本地物种的生存环境，排挤本地物种，使本地的鱼、虾、贝等大量死亡。同时，外来入侵物种的引进还带来外来的病原生物，诱发我国海洋生物病害大规模流行。

三、海洋生物多样性保护

中国政府历来重视海洋生物多样性保护，并积极参与国际社会生物多样性保护行动。中国于1989年实施《野生动物保护法》，并公布了《国家重点保护野生动物名录》，相继出台了《海洋环境评价法》《渔业法》《海域使用管理法》《领海及毗邻区法、自然保护区条例》《海洋自然保护区管理办法》等法律法规都作了若干有关或有利于保护海洋生物多样性的规定。随着国家法律的逐渐健全和完善，沿海地方性的法律法规也相继出台。中国在海洋生物多样性保护方面编制了多个行动计划，如《中国海洋生物多样性保护行动计划》和《中国湿地保护行动计划》等。

开展海洋生物多样性保护，永续利用海洋生物资源，是我国海洋可持续发展战略的要求所在，完善现有保护体系，建立合理海洋生物多样性保护管理模式，是我国生物多样性保护工作的重要任务。由于各种原因，目前我国海洋生物多样性下降的趋势依然严峻，加强海洋生物多样性保护管理势在必行。需严格制定我国濒危海洋生物的分级标准，进行全国海洋生物本底调查，设立更多的海洋自然保护区和特别保护区，完善海洋保护体系，严格按照生物多样性保护以及自然保护区管理的法律法规，依法管理。建立海洋生物多样性管理机构及法规之间的协调机制，将海洋生物多样性保护管理纳入部门地方经济社会发展规划，完善管理区管理机构，加强保护区管理能力建设，强化各项监管措施，普及公众知识，以人民大众的力量来共同保护我国的海洋，保护濒危海洋生物。保护海洋生物多样性任重而道远，不仅对于我国社会经济持续发展，对子孙后代同样具有重要意义。

四、数据描述

为了解我国海洋和观赏动物生物遗传资源进出境的现状，分析海洋和观赏动物生物资源在进出境的特点和问题，进而逐步对生物遗传资源的现状、价值、流失风险等内容进行研究，报告收集了海洋和观赏动物生物资源进出口的海关数据。

本书重点收集了与海洋和观赏动物类相关的8个HS编码数据，数据包含8个HS编码2015～2016年我国与其他国家的交易额交易量、我国在不同口岸的交易额和交易量、我国不同省份对外贸易量等。8个HS编码涉及生物种类有：鲸、海豚、鼠海豚、海牛、儒艮、海豹、海狮、海象、观赏鱼、鲀、食用爬行动物、未列名爬行动物等，共12种。

五、数据分析

（一）总量分析

2015 年和 2016 年，我国海洋和观赏动物的进口量高于出口量，进口额远高于出口额（见图 6 - 99）。2015 年的进口量是出口量的 3.9 倍，进口额是出口额的 8.5 倍；2016 年进口量是出口量的 2.2 倍，进口额是出口额的 5.3 倍。

与 2015 年相比，我国海洋和观赏动物进出口量和进出口额均大幅度增长。其中，2016 年海洋和观赏动物的进口量为 1 470.206 吨，同比增长 55.22%；2015 年我国海洋和观赏动物的出口量为 243.065 吨，2016 年的出口量为 673.456 吨，2016 年的出口量是 2015 年的 2.77 倍。从进出口额看，2016 年的进口额为 5 046.8811 万美元，同比增长 62.94%，2016 年的出口额达到 955.6551 万美元，是 2015 年出口额的 2.62 倍（见图 6 - 99）。

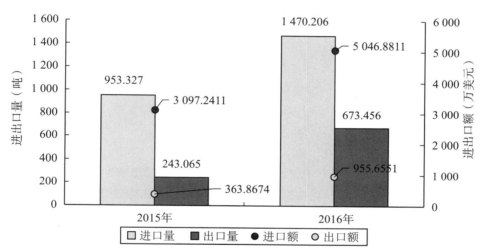

图 6 - 99　2015～2016 年我国海洋和观赏动物进出口量和进出口额

2015 年我国出口海洋和观赏动物有 4 类（见图 6 - 100），分别为其他观赏鱼（03011900）、未列名爬行动物（01062090）、活鲀（03019992）、食用爬行动物（01062020）。其中食用爬行动物和活鲀出口量占比量大，分别占出口总量的 53.78%、37.81%。

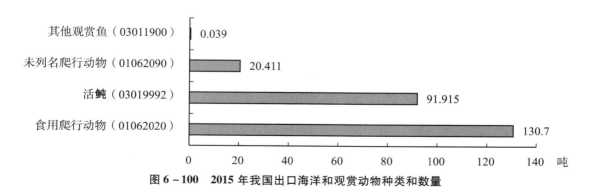

图 6 - 100　2015 年我国出口海洋和观赏动物种类和数量

与 2015 年相比，我国 2016 年出口海洋和观赏动物种类相同（见图 6 - 101），4 类物品出口数量均有所增加，食用爬行动物和活鲀仍旧为出口主要物品。

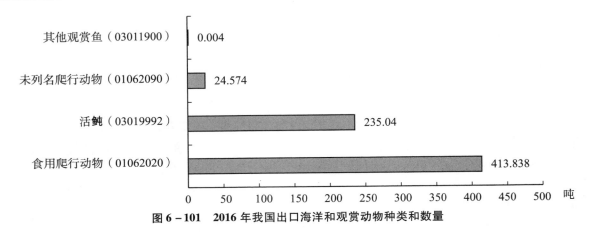

图 6 – 101　2016 年我国出口海洋和观赏动物种类和数量

2015 年我国进口海洋和观赏动物种类共 7 种（见图 6 – 102），其中食用爬行动物和未列名爬行动物进口量大，2015 年食用爬行动物进口量为 513.914 吨，未列名爬行动物的进口量为 374.857 吨，其他海豹、海狮及海象（改良种用除外）（01061229）最少，为 1.479 吨。

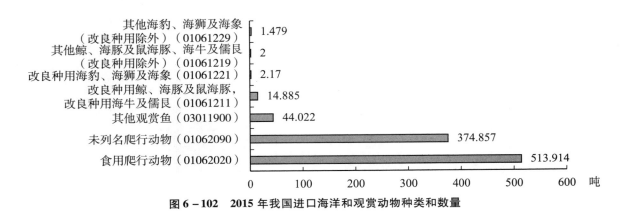

图 6 – 102　2015 年我国进口海洋和观赏动物种类和数量

2016 年我国进口海洋和观赏动物种类与 2015 年相同（见图 6 – 103），进口量最大的仍为食用爬行动物，进口量为 1 154.718 吨。其他鲸、海豚及鼠海豚、海牛及儒艮（改良种用除外）（01061219）的进口量仍然最少，为 2 吨。2015～2016 年，活鲀只有出口，无进口。

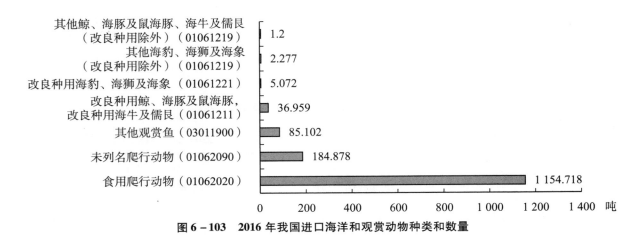

图 6 – 103　2016 年我国进口海洋和观赏动物种类和数量

食用爬行动物在 2015～2016 年的进出口量中占比最大，无论进口量还是出口量，占比均超过 50%，其中 2016 年的出口中，食用爬行动物占 78.54%（见图 6 - 104）。

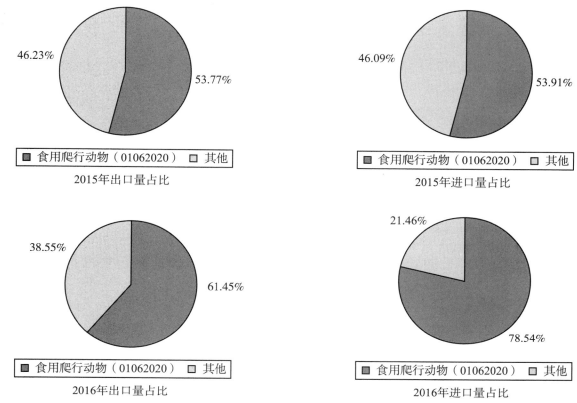

46.23%　53.77%

食用爬行动物（01062020）　其他

2015年出口量占比

46.09%　53.91%

食用爬行动物（01062020）　其他

2015年进口量占比

38.55%　61.45%

食用爬行动物（01062020）　其他

2016年出口量占比

21.46%　78.54%

食用爬行动物（01062020）　其他

2016年进口量占比

图 6 - 104 食用爬行动物在 2015～2016 年我国海洋和观赏动物中进出口占比

（二）变化分析

从 2015～2016 年我国海洋和爬行动物进口量同比变化来看，7 类进口物品中有 5 类同比增长，2 类同比下降（见图 6 - 105）。其中食用爬行动物（01062020），改良种用海豹、海狮及海象（010612221），改良种用鲸、海豚及鼠海豚等（01061211）的同比增长 124.69%～148.30%，增长幅度相对较大。未列名爬行动物进口量同比下降最多，下降 50.68%。

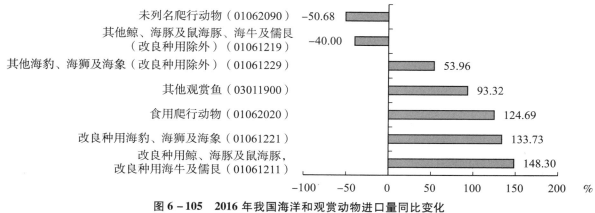

未列名爬行动物（01062090）	-50.68
其他鲸、海豚及鼠海豚、海牛及儒艮（改良种用除外）（01061219）	-40.00
其他海豹、海狮及海象（改良种用除外）（01061229）	53.96
其他观赏鱼（03011900）	93.32
食用爬行动物（01062020）	124.69
改良种用海豹、海狮及海象（01061221）	133.73
改良种用鲸、海豚及鼠海豚，改良种用海牛及儒艮（01061211）	148.30

-100　-50　0　50　100　150　200　%

图 6 - 105 2016 年我国海洋和观赏动物进口量同比变化

从我国海洋和观赏动物进口额同比变化来看，有 4 类物品进口额同比增长，3 类物品进口额同比下降，变化幅度均在 1 倍以内（见图 6 - 106）。其中改良种用海豹、海狮及海象的进口量同比增加 133.73%（见图 6 - 105），进口额同比下降 38.83%，可能与进口的具体种类差异有关。

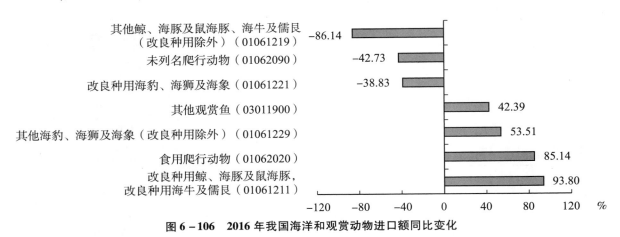

图 6 - 106 2016 年我国海洋和观赏动物进口额同比变化

在出口的 4 类海洋和观赏动物物品中，食用爬行动物、活鲀、未列名爬行动物出口量同比增加，其中食用爬行动物出口量同比增加 216.63%，活鲀出口量同比增加 155.71%，未列名爬行动物出口量增加较少，只有 20.40%，其他观赏鱼出口量同比下降 89.74%（见图 6 - 107）。

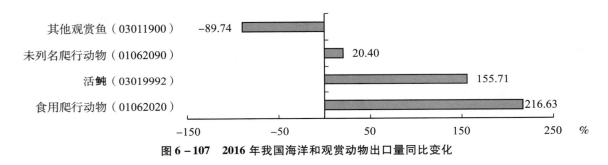

图 6 - 107 2016 年我国海洋和观赏动物出口量同比变化

我国海洋和观赏动物出口额的同比变化趋势与出口量大体相同。食用爬行动物和活鲀出口额的同比增加量分别为 207.46% 和 181.73%（见图 6 - 107 和图 6 - 108）。

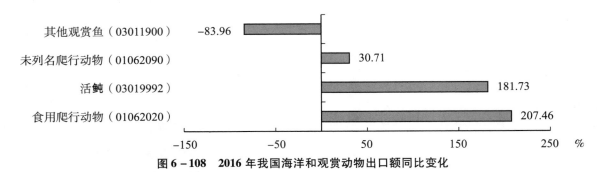

图 6 - 108 2016 年我国海洋和观赏动物出口额同比变化

（三）分类分析

1. 按国家（地区）进行分类分析。2015 年我国海洋和观赏动物出口 22 个国家（地区），出口量在 1 吨以上的有 9 个国家（地区）（见图 6 - 109），其中出口韩国的海洋和观赏动物出口量和出口额最大，出口量 146.57 吨，出口额 211.94 吨，向韩国的出口量占总出口量的 60.30%，出口额占总出口额的 58.25%。

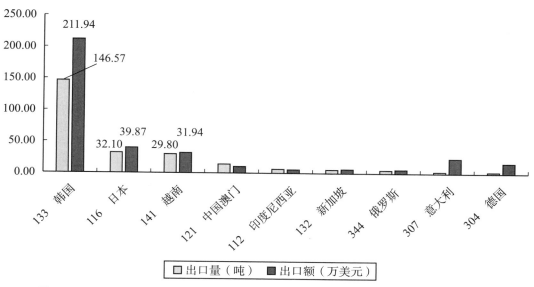

图 6 – 109　2015 年我国海洋和观赏动物主要出口国家出口量和出口额（出口量 > 1 吨）

　　2015 年我国海洋和观赏动物从 24 个国家（地区）进口，进口量大于 10 吨的有 8 个国家（地区）（见图 6 – 110），8 个国家（地区）的进口量占总进口量的 98.46%，8 个国家（地区）的进口额占总进口额的 90.93%。从越南的进口量最大，达到 237.56 吨，从俄罗斯的进口额最大，达到 2 051.06 万美元，但俄罗斯的进口量较少，进口量是越南的 5.13%，进口额却是越南的 17.66 倍。

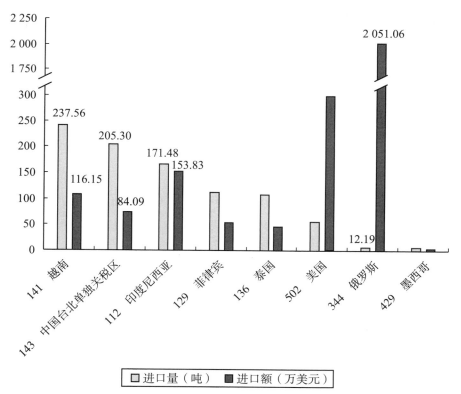

图 6 – 110　2015 年海洋和观赏动物国家（地区）进口量和进口额（进口量 > 10 吨）

对俄罗斯和越南的海洋和观赏动物进口量和进口金额进行占比分析，我国主要从俄罗斯进口改良种用海豹、海狮及海象（01061221）、改良种用鲸、海豚及鼠海豚；改良种用海牛及儒艮（01061211）（见图6-111），从越南主要进口食用爬行动物和未列明爬行动物，造成俄罗斯与越南进口量、进口额差异的原因可能是爬行动物的单价比进口改良种用海豹、海狮、海象、鲸、海豚及鼠海豚等物品低（见图6-112）。

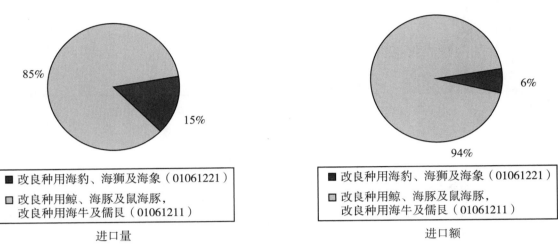

图6-111　2015年俄罗斯进口海洋和观赏动物类数量和金额分析

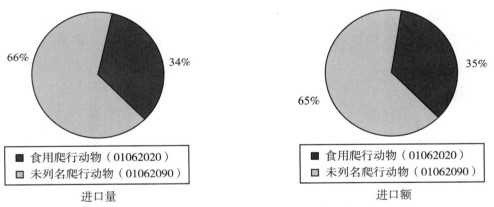

图6-112　2015年越南进口海洋和观赏动物类数量和金额分析

　　2016年我国向22个国家（地区）出口海洋和观赏动物，与2015年出口国家（地区）数相同，但是增加了卢森堡、菲律宾和约旦，没有向格鲁吉亚、西班牙和荷兰出口。出口量排前三位的与2015年相同，依旧是韩国、日本和越南（见图6-113）。

　　2016年我国向30个国家（地区）进口海洋和观赏动物资源。2016年进口量超过10吨的国家（地区）共8个（见图6-114），8个国家（地区）的进口量占总进口量的98.82%，进口额占总进口额的94.60%。从进口国家分析看，最大进口量和最大进口额国家（地区）与2015年相同，2016年最大进口量国家为越南，最大进口额国家仍为俄罗斯。

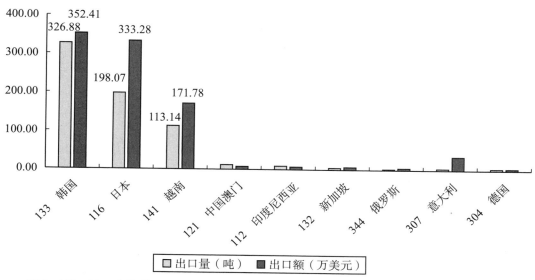

图 6-113　2016 年海洋和观赏动物主要出口国家（地区）出口量和出口额（出口量 >1 吨）

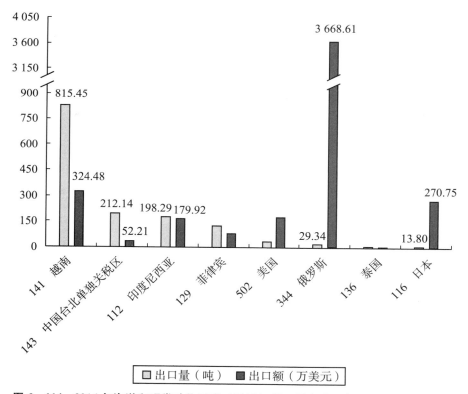

图 6-114　2016 年海洋和观赏动物国家（地区）进口量和进口额（进口量 >10 吨）

分析 2015～2016 年我国海洋和观赏动物资源进出口国家（地区），2015 年和 2016 年均有进口交易的有 19 个国家（地区），2015 年有交易、2016 年无交易的有 5 个国家（地区），2015 年无交易 2016 年有交易的 11 个国家（地区），具体见表 6-9。

表 6 - 9　　　　　　　　2015 ~ 2016 年我国海洋和观赏动物资源进出口国家（地区）比较

类别	2016 年和 2015 年均有进口交易的国家（地区）	2015 年有交易，2016 年无交易的国家（地区）	2015 年无交易，2016 年有交易的国家（地区）	国家（地区）数
国家（地区）	601 澳大利亚、502 美国、501 加拿大、444 乌拉圭、434 秘鲁、429 墨西哥、344 俄罗斯、312 西班牙、304 德国、246 苏丹、143 中国台北单独关税区、141 越南、136 泰国、134 斯里兰卡、133 韩国、132 新加坡、129 菲律宾、116 日本、112 印度尼西亚	413 哥伦比亚、301 比利时、253 赞比亚、233 莫桑比克、107 柬埔寨	445 委内瑞拉、410 巴西、326 挪威、252 刚果（金）、231 毛里求斯、229 马里、224 肯尼亚、217 埃塞俄比亚、215 埃及、122 马来西亚 110 中国香港	2015 年进口国家（地区）24 个；2016 年进口国家（地区）30 个

　　2016 年我国主要从越南进口物品种类没有变，食用爬行动物占比有所增加（见图 6 - 115）。2016 年我国从俄罗斯进口物品增加其他鲸、海豚及鼠海豚、海牛及儒艮（改良种用除外）（01061219），但从俄罗斯主要进口物品仍为改良种用鲸、海豚及鼠海豚，改良种用海牛及儒艮（01061211），占俄罗斯进口量的 84.22%，进口额占总进口额的 99.05%（见图 6 - 116）。

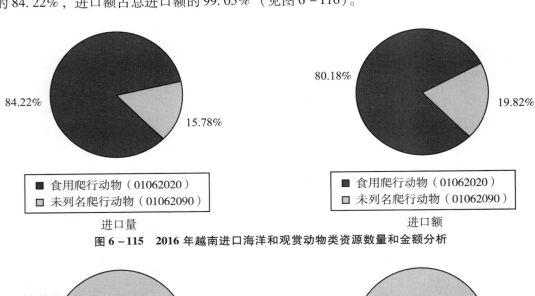

图 6 - 115　2016 年越南进口海洋和观赏动物类资源数量和金额分析

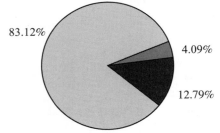
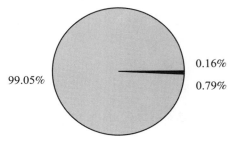

图 6 - 116　2016 年俄罗斯进口海洋和观赏动物类资源数量和金额分析

2. 按省份进行分类分析。从省份看，2015 年我国共 16 个省份进口海洋和观赏动物，进口量 10 吨以上的有 6 个（见图 6 - 117）。广东省的进口量和进口额最大，广东省的进口量为 346.38 吨，占总进口量的 36.33%，广东省的进口额为 2 231.92 万美元，占总进口额的 72.06%。

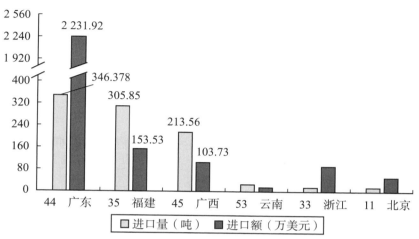

图 6 - 117　2015 年我国海洋和观赏动物主要进口省份进口量和进口额（进口量 > 10 吨）

2015 年我国出口的海洋和观赏动物主要来自 9 个省份，分别为河北省、浙江省、广西壮族自治区、广东省、上海市、海南省、辽宁省、江苏省、安徽省。河北省、浙江省、广西壮族自治区、广东省和上海市的海洋和观赏动物出口量在 10 吨以上。河北省的海洋和观赏动物出口量和出口额最大，分别占总出口量和总出口额的 36.05% 和 38.28%（见图 6 - 118）。

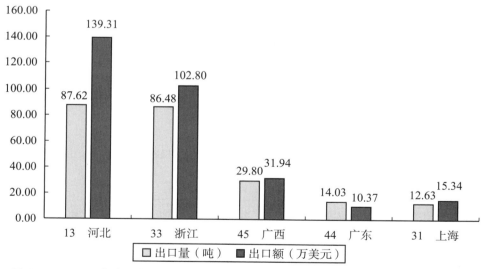

图 6 - 118　2015 年我国海洋和观赏动物主要出口省份出口量和出口额（出口量 > 10 吨）

2016 年我国共 18 个省份进口海洋和观赏动物，进口量 10 吨以上的有 7 个，与 2015 年相比进口量超过 10 吨的省份数增加 1 个。广西的海洋和观赏动物进口量最大，为 815.45 吨，占总进口量的 55.49%，辽宁省的海洋和观赏动物进口额为 3 510.99 万美元，占总进口额的 69.48%（见图 6 - 119）。

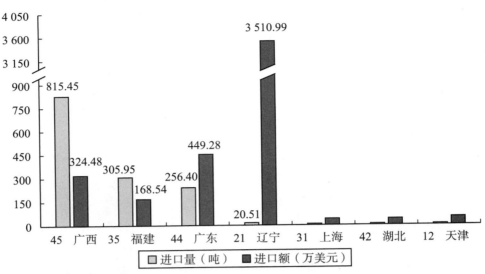

图 6 – 119　2016 年海洋和观赏动物省份进口量和进口额（进口量 > 10 吨）

2016 年共有 9 个省份出口海洋和观赏动物，包括广西壮族自治区、河北省、浙江省、山东省、上海市、广东省、辽宁省、海南省、安徽省。其中广西壮族自治区取代河北省成为海洋和观赏动物出口量和出口额最大的省份（见图 6 – 120）。

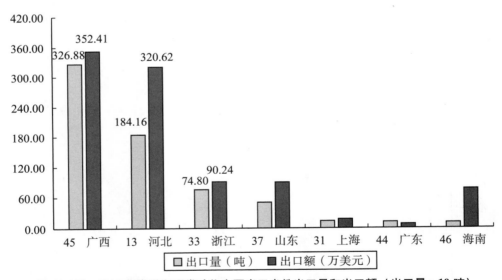

图 6 – 120　2016 年海洋和观赏动物主要出口省份出口量和出口额（出口量 > 10 吨）

3. 按口岸进行分类分析。2015 年我国通过广州、厦门、南宁等 16 个口岸进口海洋和观赏动物，进口量超过 10 吨的有广州海关、厦门海关、南宁海关、昆明海关、上海海关 5 个口岸（见图 6 – 121）。通过广州海关进口海洋和观赏动物资源最多，厦门海关的进口量位居第二，南宁海关第三，广州海关的海洋和观赏动物进口量为 355.49 吨，进口额为 2 223.36 万美元。

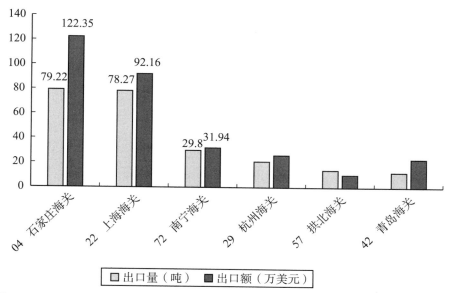

图 6 - 121　2015 年我国海洋和观赏动物主要进口口岸进口量和进口额（进口量 > 10 吨）

2015 年我国主要通过石家庄、上海和南宁等 10 个口岸出口海洋和观赏动物资源（见图 6 - 122）。石家庄海关、上海海关和南宁海关的进口量排名前三，石家庄海关海洋和爬行动物进口量为 79.22 吨，出口额为 122.35 万美元。

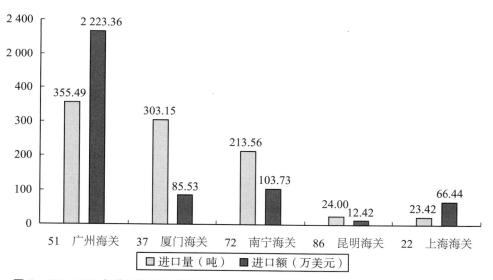

图 6 - 122　2015 年我国海洋和观赏动物主要出口口岸出口量和出口额（出口量 > 10 吨）

2016 年我国海洋和观赏动物出口量超过 10 吨的口岸有南宁海关、青岛海关、石家庄海关、上海海关、杭州海关、拱北海关共 6 个（见图 6 - 123）。其中南宁海关的海洋和观赏动物出口量最多，出口量为 326.88 吨，是 2015 年出口量最多的石家庄海关出口量的 4 倍多。

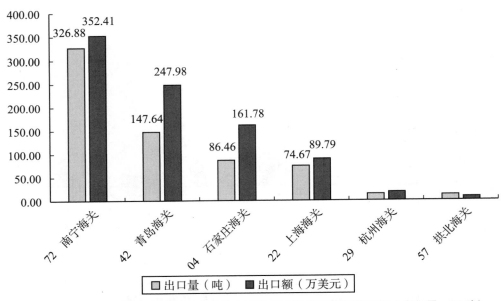

图 6 – 123　2016 年我国海洋和观赏动物主要出口口岸出口量和出口额（出口量 > 10 吨）

2016 年我国海洋和观赏动物进口量超过 10 吨的口岸有 8 个（见图 6 – 124），分别为南宁海关、厦门海关、广州海关、上海海关、北京海关、哈尔滨海关、大连海关、武汉海关。其中通过南宁海关进口海洋和观赏动物的进口量最大，进口量为 815.45 吨，进口额为 2 223.36 万美元，进口额与 2015 年广州海关的进口额相当。

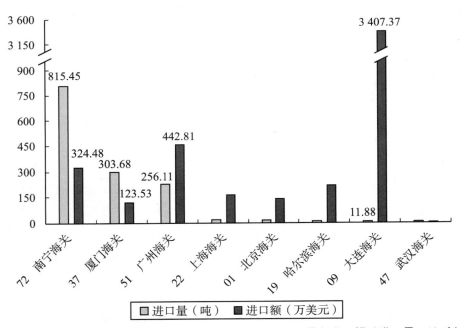

图 6 – 124　2016 年我国海洋和观赏动物主要进口口岸进口量和进口额（进口量 > 10 吨）

附　录

表1

农业生物资源分类

序号	HS 编码	货物名称	分类	用途分类
1	101210090	其他改良种用马	畜禽	种用
2	101301090	改良种用的其他驴	畜禽	种用
3	101309090	非改良种用其他驴	畜禽	种用
4	102210000	改良种用家牛（种牛）	畜禽	种用
5	102290000	非改良种用家牛（种牛）	畜禽	种用
6	102310090	改良种用其他水牛	畜禽	种用
7	102390090	非改良种用其他水牛	畜禽	种用
8	102901090	其他改良种用牛（种牛）	畜禽	种用
9	102901090	其他改良种用牛（水牛）	畜禽	种用
10	102901090	其他改良种用牛（牦牛）	畜禽	种用
11	102909090	非改良种用其他牛（种牛）	畜禽	种用
12	102909090	非改良种用其他牛（水牛）	畜禽	种用
13	102909090	非改良种用其他牛（牦牛）	畜禽	种用
14	103100090	其他改良种用的猪	畜禽	种用
15	104101000	改良种用的绵羊	畜禽	种用
16	104201000	改良种用的山羊（种山羊）	畜禽	种用
17	105111000	不超过185克的改良种用鸡（肉种鸡）	畜禽	种用
18	105111000	不超过185克的改良种用鸡（蛋种鸡）	畜禽	种用
19	105119000	不超过185克的其他鸡（改良种用的除外）（其他用途鸡）	畜禽	非种用
20	105131000	不超过185克的改良种用鸭	畜禽	种用
21	105139000	不超过185克的其他鸭（改良种用的除外）	畜禽	非种用
22	105141000	不超过185克的改良种用鹅	畜禽	种用
23	105941000	超过185克改良种用鸡（肉种鸡）	畜禽	种用
24	105941000	超过185克改良种用鸡（蛋种鸡）	畜禽	种用
25	105991000	超过185克的其他改良种用家禽（其他饲养鸡形目禽鸟）	畜禽	种用
26	105991000	超过185克的其他改良种用家禽（鹅）	畜禽	种用
27	105991000	超过185克的其他改良种用家禽（鸭）	畜禽	种用
28	105991000	超过185克的其他改良种用家禽（其他饲养雁形目禽鸟）	畜禽	种用

序号	HS 编码	货物名称	分类	用途分类
29	105991000	超过 185 克的其他改良种用家禽（鸽）	畜禽	种用
30	105991000	超过 185 克的其他改良种用家禽（其他饲养禽鸟）	畜禽	种用
31	105999100	超过 185 克的非改良种用鸭	畜禽	种用
32	105999200	超过 185 克的非改良种用鹅	畜禽	种用
33	106141090	改良种用家兔及其他改良种用野兔	畜禽	种用
34	106391090	其他改良种用的鸟	畜禽	种用
35	106411000	改良种用蜂	畜禽	种用
36	407110090	孵化用受精的其他鸡的蛋	畜禽	种用
37	407190090	其他孵化用受精禽蛋（鸭种蛋）	畜禽	种用
38	407190090	其他孵化用受精禽蛋（鹅种蛋）	畜禽	种用
39	407190090	其他孵化用受精禽蛋（鸵鸟种蛋）	畜禽	种用
40	407190090	其他孵化用受精禽蛋（火鸡种蛋）	畜禽	种用
41	407190090	其他孵化用受精禽蛋（鸽种蛋）	畜禽	种用
42	407190090	其他孵化用受精禽蛋（其他种蛋）	畜禽	种用
43	511100090	其他牛的精液（牛精液）	畜禽	种用
44	511100090	其他牛的精液（其他精液）	畜禽	种用
45	511911190	其他受精鱼卵（其他受精卵）	畜禽	种用
46	511911990	其他鱼的非食用产品（包括鱼肚）（受精卵）	畜禽	种用
47	511991090	其他动物精液（牛的精液除外）（猪精液）	畜禽	种用
48	511991090	其他动物精液（牛的精液除外）（绵羊精液）	畜禽	种用
49	511991090	其他动物精液（牛的精液除外）（山羊精液）	畜禽	种用
50	511991090	其他动物精液（牛的精液除外）（马精液）	畜禽	种用
51	511991090	其他动物精液（牛的精液除外）（其他精液）	畜禽	种用
52	511992090	其他动物胚胎（牛胚胎）	畜禽	种用
53	511992090	其他动物胚胎（猪胚胎）	畜禽	种用
54	511992090	其他动物胚胎（马胚胎）	畜禽	种用
55	511992090	其他动物胚胎（绵羊胚胎）	畜禽	种用
56	511992090	其他动物胚胎（山羊胚胎）	畜禽	种用
57	511992090	其他动物胚胎（其他胚胎）	畜禽	种用
58	106131090	其他改良种用骆驼及其他骆驼科动物（其他饲养偶蹄动物）	畜禽	种用
59	106139090	其他骆驼及其他骆驼科动物（其他饲养偶蹄动物）	畜禽	种用
60	106191090	其他改良种用哺乳动物（其他饲养奇蹄动物）	畜禽	种用
61	106191090	其他改良种用哺乳动物（其他饲养偶蹄动物）	畜禽	种用
62	106191090	其他改良种用哺乳动物（其他饲养食肉动物）	畜禽	种用
63	106191090	其他改良种用哺乳动物（其他饲养啮齿动物）	畜禽	种用
64	106191090	其他改良种用哺乳动物（其他饲养兔形目动物）	畜禽	种用

序号	HS 编码	货物名称	分类	用途分类
65	106191090	其他改良种用哺乳动物（其他饲养哺乳动物）	畜禽	种用
66	106199090	其他哺乳动物（其他饲养奇蹄动物）	畜禽	种用
67	106199090	其他哺乳动物（其他饲养偶蹄动物）	畜禽	种用
68	106199090	其他哺乳动物（其他饲养食肉动物）	畜禽	种用
69	106199090	其他哺乳动物（其他饲养啮齿动物）	畜禽	种用
70	106199090	其他哺乳动物（其他饲养兔形目动物）	畜禽	种用
71	106199090	其他哺乳动物（其他饲养哺乳动物）	畜禽	种用
72	106901990	其他改良种用动物（其他饲养奇蹄动物）	畜禽	种用
73	106901990	其他改良种用动物（其他饲养偶蹄动物）	畜禽	种用
74	106901990	其他改良种用动物（其他饲养食肉动物）	畜禽	种用
75	106901990	其他改良种用动物（其他饲养啮齿动物）	畜禽	种用
76	106901990	其他改良种用动物（其他饲养兔形目动物）	畜禽	种用
77	106901990	其他改良种用动物（其他饲养哺乳动物）	畜禽	种用
78	106909090	其他动物（其他饲养奇蹄动物）	畜禽	种用
79	106909090	其他动物（其他饲养偶蹄动物）	畜禽	种用
80	106909090	其他动物（其他饲养啮齿动物）	畜禽	种用
81	106909090	其他动物（其他饲养兔形目动物）	畜禽	种用
82	106909090	其他动物（其他饲养哺乳动物）	畜禽	种用
83	106909090	其他动物（其他饲养食肉动物）	畜禽	种用
84	106149090	其他家兔及野兔	畜禽	食用
85	106392100	食用乳鸽	畜禽	食用
86	106392990	其他食用鸟（其他饲养鸡形目禽鸟）	畜禽	食用
87	106392990	其他食用鸟（其他饲养雁形目禽鸟）	畜禽	食用
88	106392990	其他食用鸟（其他饲养禽鸟）	畜禽	食用
89	106399090	其他鸟（其他饲养鸡形目禽鸟）	畜禽	食用
90	106399090	其他鸟（其他饲养雁形目禽鸟）	畜禽	食用
91	106399090	其他鸟（其他饲养禽鸟）	畜禽	食用
92	105149000	不超过 185 克的其他鹅（改良种用的除外）	畜禽	非种用
93	105949000	超过 185 克其他鸡（改良种用的除外）（其他用途鸡）	畜禽	非种用
94	106419001	赤眼蜂	畜禽	非种用
95	106419090	其他蜂（蜜蜂）	畜禽	非种用
96	106419090	其他蜂［其他昆虫（其他动物）］	畜禽	非种用
97	301991100	鲈鱼种苗（淡水鲈鱼）	水产	种用
98	308901190	活、鲜或冷的其他水生无脊椎动物的种苗（甲壳动物及软体动物除外）	水产	种用
99	106901190	其他改良种用蛙苗（金线蛙苗）	水产	种用
100	106901190	其他改良种用蛙苗（棘胸蛙苗）	水产	种用

序号	HS 编码	货物名称	分类	用途分类
101	106901190	其他改良种用蛙苗（其他蛙苗）	水产	种用
102	301991990	其他鱼苗（其他淡水鱼）	水产	种用
103	301991990	其他鱼苗（金鱼）	水产	种用
104	301991990	其他鱼苗（锦鲤）	水产	种用
105	301991990	其他鱼苗（其他鱼）	水产	种用
106	301991990	其他鱼苗（其他受精卵）	水产	种用
107	306291000	其他甲壳动物种苗（其他甲壳动物）	水产	种用
108	306291000	其他甲壳动物种苗（鳖卵）	水产	种用
109	306291000	其他甲壳动物种苗（龟卵）	水产	种用
110	307411000	墨鱼及鱿鱼种苗［乌贼（墨鱼）］	水产	种用
111	307411000	墨鱼及鱿鱼种苗（鱿鱼）	水产	种用
112	307601090	其他蜗牛及螺种苗，海螺除外（蜗牛）	水产	种用
113	307911090	其他活、鲜、冷的软体动物的种苗（其他淡水贝）	水产	种用
114	307911090	其他活、鲜、冷的软体动物的种苗（珊瑚虫）	水产	种用
115	307911090	其他活、鲜、冷的软体动物的种苗（其他软体及其他水生无脊椎动物）	水产	种用
116	301921090	其他鳗鱼（鳗鲡属）苗（种用鳗鲡）	水产	种用
117	301929090	其他活鳗鱼（鳗鲡属）（种用鳗鲡）	水产	种用
118	308301100	活、鲜或冷的海蜇（海蜇属）的种苗	水产	种用
119	106202029	其他食用龟鳖（包括人工驯养、繁殖的）（乌龟）	水产	食用
120	106202029	其他食用龟鳖（包括人工驯养、繁殖的）［鳖（甲鱼、团鱼）］	水产	食用
121	106202029	其他食用龟鳖（包括人工驯养、繁殖的）（玳瑁）	水产	食用
122	106202029	其他食用龟鳖（包括人工驯养、繁殖的）（鳄龟）	水产	食用
123	106202029	其他食用龟鳖（包括人工驯养、繁殖的）（其他龟鳖）	水产	食用
124	106202090	其他食用爬行动物（包括人工驯养、繁殖的）	水产	食用
125	307419000	其他活、鲜、冷墨鱼及鱿鱼［活的乌贼（墨鱼）］	水产	食用
126	307419000	其他活、鲜、冷墨鱼及鱿鱼（活的鱿鱼）	水产	食用
127	307510000	活、鲜、冷章鱼（活的章鱼）	水产	食用
128	306269090	其他活、干、盐腌或盐渍的带壳或去壳冷水对虾、冷水小虾（包括熏制的带壳或去壳的，不论在熏制前或熏制过程中是否烹煮；蒸过或用水煮过的带壳的）（活的其他甲壳动物）	水产	食用
129	306279090	其他活、干、盐腌或盐渍的带壳或去壳小虾及对虾（包括熏制的带壳或去壳的，不论在熏制前或熏制过程中是否烹煮；蒸过或用水煮过的带壳的）（活的其他甲壳动物）	水产	食用

序号	HS 编码	货物名称	分类	用途分类
130	307609090	其他活、鲜、冷、冻、干、盐腌或盐渍的蜗牛及螺，海螺除外（包括熏制的带壳或去壳的，不论在熏制前或熏制过程中是否烹煮）（活的蜗牛）	水产	食用
131	307719100	活、鲜、冷蛤（活的其他淡水贝）	水产	食用
132	307719100	活、鲜、冷蛤（活的其他软体及其他水生无脊椎动物）	水产	食用
133	308301900	活、鲜或冷的海蜇（海蜇属）（活的海蜇）	水产	食用
134	301999990	其他活鱼（其他鱼）	水产	食用
135	301999200	活的鲀（其他淡水鱼）	水产	食用
136	301999990	其他活鱼（淡水鲈鱼）	水产	食用
137	301999990	其他活鱼（其他淡水鱼）	水产	食用
138	601109199	种用休眠的其他鳞茎、块茎、块根（包括球茎、根颈及根茎）（球根海棠）	苗木花卉	种用
139	601109199	种用休眠的其他鳞茎、块茎、块根（包括球茎、根颈及根茎）［蒜（种用）］	苗木花卉	种用
140	601109199	种用休眠的其他鳞茎、块茎、块根（包括球茎、根颈及根茎）（郁金香球茎）	苗木花卉	种用
141	601109199	种用休眠的其他鳞茎、块茎、块根（包括球茎、根颈及根茎）（睡莲块根）	苗木花卉	种用
142	601109199	种用休眠的其他鳞茎、块茎、块根（包括球茎、根颈及根茎）（其他鳞球块根茎）	苗木花卉	种用
143	601109999	其他休眠的其他鳞茎、块茎、块根（包括球茎、根颈及根茎）（其他鳞球块根茎）	苗木花卉	种用
144	601200099	生长或开花的其他鳞茎及菊苣植物（包括块茎、块根、球茎、根颈及根茎，品目 1212 的根除外）［蒜（种用）］	苗木花卉	种用
145	601200099	生长或开花的其他鳞茎及菊苣植物（包括块茎、块根、球茎、根颈及根茎，品目 1212 的根除外）（甘薯块茎）	苗木花卉	种用
146	601200099	生长或开花的其他鳞茎及菊苣植物（包括块茎、块根、球茎、根颈及根茎，品目 1212 的根除外）（百合球茎）	苗木花卉	种用
147	601200099	生长或开花的其他鳞茎及菊苣植物（包括块茎、块根、球茎、根颈及根茎，品目 1212 的根除外）（郁金香球茎）	苗木花卉	种用
148	601200099	生长或开花的其他鳞茎及菊苣植物（包括块茎、块根、球茎、根颈及根茎，品目 1212 的根除外）（睡莲块根）	苗木花卉	种用
149	601200099	生长或开花的其他鳞茎及菊苣植物（包括块茎、块根、球茎、根颈及根茎，品目 1212 的根除外）（其他鳞球块根茎）	苗木花卉	种用
150	602100090	其他无根插枝及接穗（营养体）	苗木花卉	种用

序号	HS 编码	货物名称	分类	用途分类
151	602201000	食用水果及坚果树的种用苗木（包括食用果灌木种用苗木）（柑桔苗木）	苗木花卉	种用
152	602201000	食用水果及坚果树的种用苗木（包括食用果灌木种用苗木）（海棠苗木）	苗木花卉	种用
153	602201000	食用水果及坚果树的种用苗木（包括食用果灌木种用苗木）（胡桃苗木）	苗木花卉	种用
154	602201000	食用水果及坚果树的种用苗木（包括食用果灌木种用苗木）（梨苗木）	苗木花卉	种用
155	602201000	食用水果及坚果树的种用苗木（包括食用果灌木种用苗木）（李苗木）	苗木花卉	种用
156	602201000	食用水果及坚果树的种用苗木（包括食用果灌木种用苗木）（荔枝苗木）	苗木花卉	种用
157	602201000	食用水果及坚果树的种用苗木（包括食用果灌木种用苗木）（芒果苗木）	苗木花卉	种用
158	602201000	食用水果及坚果树的种用苗木（包括食用果灌木种用苗木）（葡萄苗木）	苗木花卉	种用
159	602201000	食用水果及坚果树的种用苗木（包括食用果灌木种用苗木）（苹果苗木）	苗木花卉	种用
160	602201000	食用水果及坚果树的种用苗木（包括食用果灌木种用苗木）（木瓜苗木）	苗木花卉	种用
161	602201000	食用水果及坚果树的种用苗木（包括食用果灌木种用苗木）（柿苗木）	苗木花卉	种用
162	602201000	食用水果及坚果树的种用苗木（包括食用果灌木种用苗木）（香蕉苗木）	苗木花卉	种用
163	602201000	食用水果及坚果树的种用苗木（包括食用果灌木种用苗木）（杏苗木）	苗木花卉	种用
164	602201000	食用水果及坚果树的种用苗木（包括食用果灌木种用苗木）（枇杷苗木）	苗木花卉	种用
165	602201000	食用水果及坚果树的种用苗木（包括食用果灌木种用苗木）（桃苗木）	苗木花卉	种用
166	602201000	食用水果及坚果树的种用苗木（包括食用果灌木种用苗木）（草莓苗木）	苗木花卉	种用
167	602201000	食用水果及坚果树的种用苗木（包括食用果灌木种用苗木）（樱桃苗木）	苗木花卉	种用
168	602201000	食用水果及坚果树的种用苗木（包括食用果灌木种用苗木）（甘蔗苗木）	苗木花卉	种用

序号	HS 编码	货物名称	分类	用途分类
169	602201000	食用水果及坚果树的种用苗木（包括食用果灌木种用苗木）（木莓苗木）	苗木花卉	种用
170	602201000	食用水果及坚果树的种用苗木（包括食用果灌木种用苗木）（其他果树苗木）	苗木花卉	种用
171	602201000	食用水果及坚果树的种用苗木（包括食用果灌木种用苗木）（其他组培苗）	苗木花卉	种用
172	602209000	其他食用水果、坚果树及灌木（不论是否嫁接）	苗木花卉	种用
173	714909099	含有高淀粉或菊粉的其他类似根茎（包括西谷茎髓，不论是否切片或制成团粒，鲜、冷、冻或干的）	苗木花卉	种用
174	701100000	种用马铃薯	粮食作物	种用
175	713101000	种用干豌豆（不论是否去皮或分瓣）	粮食作物	种用
176	713311000	种用干绿豆（不论是否去皮或分瓣）	粮食作物	种用
177	713331000	种用干芸豆（不论是否去皮或分瓣）	粮食作物	种用
178	713501000	种用干蚕豆（不论是否去皮或分瓣）	粮食作物	种用
179	713601000	种用干木豆（木豆属）（不论是否去皮或分瓣）	粮食作物	种用
180	713901000	种用干豆（不论是否去皮或分瓣）	粮食作物	种用
181	714201100	鲜种用甘薯	粮食作物	种用
182	1001110001	种用硬粒小麦（配额内）	粮食作物	种用
183	1001110090	种用硬粒小麦（配额外）	粮食作物	种用
184	1001910001	其他种用小麦及混合麦（配额内）	粮食作物	种用
185	1001910090	其他种用小麦及混合麦（配额外）	粮食作物	种用
186	1002100000	种用黑麦	粮食作物	种用
187	1003100000	种用大麦	粮食作物	种用
188	1004100000	种用燕麦	粮食作物	种用
189	1005100001	种用玉米（配额内）	粮食作物	种用
190	1005100090	种用玉米（配额外）	粮食作物	种用
191	1006101101	种用籼米稻谷（配额内）	粮食作物	种用
192	1006101190	种用籼米稻谷（配额外）	粮食作物	种用
193	1006101901	其他种用稻谷（配额内）	粮食作物	种用
194	1006101990	其他种用稻谷（配额外）	粮食作物	种用
195	1007100000	种用食用高粱（种用）	粮食作物	种用
196	1008210000	种用谷子	粮食作物	种用
197	1008300000	加那利草子	粮食作物	种用
198	1008401000	种用直长马唐（马唐属）	粮食作物	种用
199	1008501000	种用昆诺阿藜	粮食作物	种用
200	1008601000	种用黑小麦	粮食作物	种用
201	1008901000	其他种用谷物（粟种子）	粮食作物	种用

序号	HS 编码	货物名称	分类	用途分类
202	1008901000	其他种用谷物（荞麦种子）	粮食作物	种用
203	1008901000	其他种用谷物（其他谷物种子）	粮食作物	种用
204	1201100000	种用大豆	粮食作物	种用
205	602909999	其他活植物（种用除外）（水稻组培苗）	粮食作物	种用
206	1202300000	种用花生	经济作物	种用
207	1205101000	种用低芥籽酸油菜籽	经济作物	种用
208	1205901000	其他种用油菜籽	经济作物	种用
209	1207401000	种用芝麻（不论是否破碎）	经济作物	种用
210	1207701000	种用甜瓜的子（包括西瓜属和甜瓜属的子）（西瓜种子）	经济作物	种用
211	1207701000	种用甜瓜的子（包括西瓜属和甜瓜属的子）（甜瓜种子）	经济作物	种用
212	1207910000	罂粟子（不论是否破碎）	经济作物	种用
213	1207991000	其他种用含油子仁及果实（亚麻种子）	经济作物	种用
214	1207991000	其他种用含油子仁及果实（其他油料种子）	经济作物	种用
215	1209210000	紫苜蓿子	经济作物	种用
216	1209230000	羊茅子	经济作物	种用
217	1209240000	草地早熟禾子	经济作物	种用
218	1209299000	其他饲料植物种子（苜蓿属种子，紫苜蓿种子除外）	经济作物	种用
219	1209910000	蔬菜种子（菜豆种子）	经济作物	种用
220	1209910000	蔬菜种子（番茄种子）	经济作物	种用
221	1209910000	蔬菜种子（葱种子）	经济作物	种用
222	1209910000	蔬菜种子（莴苣种子）	经济作物	种用
223	1209910000	蔬菜种子（萝卜种子）	经济作物	种用
224	1209910000	蔬菜种子（黄瓜种子）	经济作物	种用
225	1209910000	蔬菜种子（辣椒种子）	经济作物	种用
226	1209910000	蔬菜种子（南瓜种子）	经济作物	种用
227	1209910000	蔬菜种子（茄子种子）	经济作物	种用
228	1209910000	蔬菜种子（西葫芦种子）	经济作物	种用
229	1209910000	蔬菜种子（苦瓜种子）	经济作物	种用
230	1209910000	蔬菜种子（花椰菜种子）	经济作物	种用
231	1209910000	蔬菜种子（芹属种子）	经济作物	种用
232	1209910000	蔬菜种子（甘蓝种子）	经济作物	种用
233	1209910000	蔬菜种子（其他蔬菜种子）	经济作物	种用
234	1209990090	其他种植用的种子、果实及孢子（其他花卉种子）	经济作物	种用
235	1209990090	其他种植用的种子、果实及孢子（红槭种子）	经济作物	种用
236	1209990090	其他种植用的种子、果实及孢子（糖槭种子）	经济作物	种用
237	1209990090	其他种植用的种子、果实及孢子（崖柏种子）	经济作物	种用
238	1209990090	其他种植用的种子、果实及孢子（珙桐种子）	经济作物	种用

续表

序号	HS 编码	货物名称	分类	用途分类
239	1209990090	其他种植用的种子、果实及孢子（赤桉种子）	经济作物	种用
240	1209990090	其他种植用的种子、果实及孢子（班克松种子）	经济作物	种用
241	1209990090	其他种植用的种子、果实及孢子（晚松种子）	经济作物	种用
242	1209990090	其他种植用的种子、果实及孢子（火炬松种子）	经济作物	种用
243	1209990090	其他种植用的种子、果实及孢子（湿地松种子）	经济作物	种用
244	1209990090	其他种植用的种子、果实及孢子（其他林木种子）	经济作物	种用
245	1209990090	其他种植用的种子、果实及孢子（早熟禾属种子）	经济作物	种用
246	1209990090	其他种植用的种子、果实及孢子（其他牧草种子）	经济作物	种用
247	1209990090	其他种植用的种子、果实及孢子（烟草种子）	经济作物	种用
248	1209990090	其他种植用的种子、果实及孢子（药用植物种子）	经济作物	种用
249	1209990090	其他种植用的种子、果实及孢子（其他经济类植物种子）	经济作物	种用
250	1209990090	其他种植用的种子、果实及孢子（其他瓜果种子）	经济作物	种用
251	1209300090	其他草本花卉植物种子（鹤望兰种子）	经济作物	种用
252	602909999	其他活植物（种用除外）（马铃薯组培苗）	经济作物	种用
253	602909999	其他活植物（种用除外）（葡萄苗组培苗）	经济作物	种用
254	602909999	其他活植物（种用除外）（甘薯组培苗）	经济作物	种用
255	602909999	其他活植物（种用除外）（苹果组培苗）	经济作物	种用

表 2　　　　　　　　　　　　　　　**林业生物资源分类**

序号	HS 编码	货物名称
1	01012100	改良种用马
2	01012900	其他马，改良种用除外
3	01013010	改良种用驴
4	01013090	其他驴，改良种用除外
5	01023100	改良种用水牛
6	01023900	其他水牛，改良种用除外
7	01029010	改良种用其他牛
8	01029090	其他牛，改良种用除外
9	01061310	改良种用骆驼及其他骆驼科动物
10	01061390	其他骆驼及其他骆驼科动物，改良种用除外
11	01061410	改良种用家兔及野兔
12	01061490	其他家兔及野兔，改良种用除外
13	01061910	其他改良种用哺乳动物
14	01061990	未列名哺乳动物，改良种用除外

序号	HS 编码	货物名称
15	01063310	改良种用鸵鸟、鸸鹋
16	01063390	其他鸵鸟、鸸鹋，改良种用除外
17	01063910	其他改良种用鸟
18	01063929	其他食用鸟
19	01063990	未列名鸟
20	01064990	其他昆虫，改良种用除外
21	01069011	改良种用蛙苗
22	01069019	其他改良种用活动物
23	01069090	其他活动物，改良种用除外
24	03076010	蜗牛及螺种苗，海螺除外
25	03076090	活、鲜、冷、冻、干、盐腌、盐渍或熏制的蜗牛及螺
26	03079110	其他带壳或去壳的软体动物的种苗
27	03011100	淡水观赏鱼
28	03011900	其他观赏鱼
29	03019210	鳗鱼（鳗鲡属）苗
30	03019919	其他鱼苗
31	03019999	其他活鱼
32	03089011	其他不属于甲壳动物及软体动物的水生无脊椎动物种苗
33	01031000	改良种用猪
34	01039120	其他猪，10≤重量50 千克，改良种用除外
35	01039200	其他猪，重量≥50kg，改良种用除外
36	01061110	改良种用灵长目动物
37	01061190	其他灵长目动物，改良种用除外
38	01062011	改良种用鳄鱼苗
39	01062019	其他改良种用爬行动物
40	01062020	食用爬行动物
41	01062090	未列名爬行动物
42	01063110	改良种用猛禽
43	01063210	改良种用鹦形目鸟
44	01063290	其他鹦形目鸟，改良种用除外
45	06011091	种用休眠的鳞茎、块茎、块根、球茎、根颈及根茎
46	06011099	未列名休眠的鳞茎、块茎、块根、球茎、根颈及根茎
47	06012000	生长或开花的鳞茎、块茎、块根、球茎、根颈及根茎；菊
48	06021000	无根插枝及接穗植物

序号	HS 编码	货物名称
49	06029091	其他种用苗木
50	06029099	未列名活植物
51	06042090	鲜的制花束或装饰用的不带花及花蕾的植物枝、叶或其他
52	06049090	未列名制花束或装饰用的不带花及花蕾的植物枝、叶或其
53	07149090	鲜、冷、冻或干的竹芋、兰科植物块茎、菊芋及未列名含
54	12093000	草本花卉植物种子
55	12099900	其他种植用种子、果实及孢子
56	44032010	红松和樟子松原木
57	44032020	白松（云杉和冷杉）原木
58	44032030	辐射松原木
59	44032040	落叶松原木
60	44032050	花旗松原木
61	44032090	未列名针叶木原木
62	44034920	奥克曼木 Okoume（奥克榄）原木
63	44034930	龙脑香木 Dipterocarpusspp.（克隆木）
64	44034940	山樟木 Kapur（香木 Dryobalanops spp.）原木
65	44034950	印加木 Intsia spp.（波罗格 Mengaris）原木
66	44034960	大干巴豆木 Koompassia spp.（门格里斯或康派斯）原木
67	44034970	异翅香木 Anisopter spp. 原木
68	44034990	未列名本章子目注释 2 所列热带木原木
69	44039910	楠木原木
70	44039920	樟木原木
71	44039930	红木原木
72	44039950	水曲柳原木
73	44039960	北美硬阔叶木（包括樱桃木、黑胡桃木、枫木）原木
74	44039960	其他温带非针叶木原木
75	44039990	未列名非针叶木原木
76	06011021	种用百合球茎
77	06023010	种用杜鹃
78	06023090	其他杜鹃，不论是否嫁接
79	06024010	种用玫瑰
80	06029092	兰花，种用除外
81	06029093	菊花，种用除外
82	06029094	百合，种用除外
83	06029095	康乃馨，种用除外

表 3　　　　　　　　　　　　　　　　　中医药生物资源分类

序号	HS 编码	货物名称
1	05069090	（中药材及饮片）其他未经加工或经脱脂简单整理的骨及角柱
2	12112010	（中药材及饮片）西洋参
3	12112091	（中药材及饮片）其他鲜人参
4	12119022	（中药材及饮片）天麻
5	12119025	（中药材及饮片）白术
6	12119018	（中药材及饮片）川芎
7	12119037	（中药材及饮片）黄芩
8	12119013	（中药材及饮片）党参
9	25309010	（中药材及饮片）矿物性药材
10	91020000	（中药材及饮片）番红花
11	05079020	（中药材及饮片）鹿茸及粉末
12	09096290	（中药材及饮片）已磨的茴芹子、芫荽子或小茴香子、杜松果
13	12119021	（中药材及饮片）白芍
14	12119039	（中药材及饮片）未列名主要用作药料的植物及某部分
15	12119011	（中药材及饮片）当归
16	12129912	（中药材及饮片）甜杏仁
17	12119099	（中药材及饮片）　主要用作杀虫、杀菌等用途的植物及其部分
18	12119029	（中药材及饮片）茯苓
19	12073090	（中药材及饮片）其他蓖麻子
20	12129996	（中药材及饮片）甜叶菊叶
21	12119026	（中药材及饮片）地黄
22	12119028	（中药材及饮片）杜仲
23	12119023	（中药材及饮片）黄芪
24	05080010	（中药材及饮片）软体、甲壳或棘皮动物及墨鱼骨的粉末废料
25	05080090	（中药材及饮片）珊瑚及类似品及软体、甲壳或棘皮动物壳墨鱼骨
26	12119033	（中药材及饮片）沉香
27	05071000	（中药材及饮片）兽牙、兽牙粉末及废料
28	05061000	（中药材及饮片）经酸处理的骨胶原及骨
29	05100010	（中药材及饮片）黄药
30	05100030	（中药材及饮片）麝香
31	12112020	（中药材及饮片）野山参（西洋参除外）
32	12113000	（中药材及饮片）古柯叶

序号	HS 编码	货物名称
33	12114000	（中药材及饮片）罂粟杆
34	05100020	（中药材及饮片）龙涎香、海狸香、灵猫香
35	13019010	（中药材及饮片）胶黄耆树胶（卡喇杆胶）
36	05079010	（中药材及饮片）羚羊角及其粉末和废料
37	03055910	（中药材及饮片）干海龙、海马
38	09103000	（中药材及饮片）姜黄
39	35030090	（中药材及饮片）鱼胶、其他动物胶
40	12119034	（中药材及饮片）沙参
41	09096190	（中药材及饮片）未磨的茴芹子、艹页蒿子或小茴香子、杜松果
42	12119038	（中药材及饮片）椴树（欧椴）花及叶
43	12119015	（中药材及饮片）菊花
44	09101200	（中药材及饮片）已磨的姜
45	12119027	（中药材及饮片）槐米
46	12119050	（中药材及饮片）主要用作香料的植物及其某部分
47	12119035	（中药材及饮片）青蒿
48	09101100	（中药材及饮片）未磨的姜
49	13019020	（中药材及饮片）乳香、没药及血蝎
50	12129911	（中药材及饮片）苦杏仁
51	12075090	（中药材及饮片）其他芥子
52	12079100	（中药材及饮片）罂粟子
53	13019040	（中药材及饮片）松脂
54	12119091	（中药材及饮片）鱼藤根、除虫菊
55	05079090	（中药材及饮片）龟壳、鲸须、鲸须毛、鹿角及其他角
56	12129994	（中药材及饮片）莲子
57	12119024	（中药材及饮片）大黄、籽黄
58	12119014	（中药材及饮片）黄连
59	12119036	（中药材及饮片）甘草
60	12119017	（中药材及饮片）贝母
61	12079991	（中药材及饮片）牛油树果
62	13019090	（中药材及饮片）未列名树胶、树脂
63	12119012	（中药材及饮片）三七（田七）
64	12119031	（中药材及饮片）枸杞
65	12129919	（中药材及饮片）杏核；桃（包括油桃）、梅或李的核及核仁
66	0906	（中药材及饮片）肉桂及肉桂花

序号	HS 编码	货物名称
67	09071000	（中药材及饮片）未磨的丁香（母丁香、公丁香及丁香梗）
68	12119032	（中药材及饮片）大海子
69	0908	（中药材及饮片）肉豆蔻、肉豆蔻衣及豆蔻
70	12119019	（中药材及饮片）半夏
71	09072000	（中药材及饮片）已磨的丁香（母丁香、公丁香及丁香梗）
72	05100090	（中药材及饮片）为列名配药用腺体及其他动物产品
73	51000400	（中药材及饮片）斑蝥
74	13019030	（中药材及饮片）阿魏
75	12112099	（中药材及饮片）其他未列名人参
76	12119016	（中药材及饮片）冬虫夏草
77	33012999	（提取物）未列名非柑橘属果实精油
78	33019010	（提取物）提取的油树脂
79	13021200	（提取物）甘草液汁及浸膏
80	130213	（提取物）啤酒花液汁及浸膏
81	13021940	（提取物）银杏的液汁及浸膏
82	33012991	（提取物）老鹳草油（香叶油）
83	13021910	（提取物）生漆
84	33012950	（提取物）山苍子油
85	33012960	（提取物）桉叶油
86	29389090	（提取物）其他苷及其盐、醚、酯及其衍生物
87	29391100	（提取物）罂粟秆浓缩物、丁丙诺啡等以及它们的盐
88	13021920	（提取物）印楝素
89	13021100	（提取物）鸦片液汁及浸膏
90	13021930	（提取物）除虫菊或含鱼藤酮植物根茎的液汁及浸膏
91	33012910	（提取物）樟脑油
92	13021990	（提取物）其他植物液汁及浸膏
93	33012930	（提取物）茴香油
94	33011300	（提取物）柠檬油
95	33012500	（提取物）其他薄荷油
96	33012940	（提取物）桂油
97	33011200	（提取物）橙油
98	33012920	（提取物）香茅油
99	33013090	（提取物）其他香膏
100	33011910	（提取物）白柠檬油（酸橙油）
101	33011990	（提取物）其他柑橘属果实的精油
102	33012400	（提取物）胡椒薄荷油
103	33013010	（提取物）鸢尾凝脂（香膏类）

表4　　　　　　　　　　　　　其他类生物资源分类

序号	HS 编码（8 位）	物品名称	生物种类
动物皮革类 HS 编码和物品名称			
1	41012011	经逆鞣处理未剖层的整张牛皮，简单干燥的不超过 8 千克	牛
2	41012019	其他未剖层的整张牛皮，简单干燥的不超过 8 千克，干盐腌的不超过 10 千克，鲜的、湿盐腌的或以其他方法保藏的不超过 16 千克	牛
3	41012020	未剖层的整张马皮，简单干燥的不超过 8 千克，干盐腌的	马
4	41015011	经逆鞣处理的，>16 千克的整张牛皮	牛
5	41015019	其他 >16 千克的整张牛皮	牛
6	41015020	>16 千克的整张马皮	马
7	41019011	其他经逆鞣处理的牛皮	牛
8	41019019	其他牛皮	牛
9	41019020	其他生马皮	马
10	41021000	带毛的绵羊或羔羊生皮	羊
11	41022110	经逆鞣处理的浸酸的不带毛的绵羊或羔羊生皮	绵羊或羔羊
12	41022190	其他浸酸的不带毛的绵羊或羔羊生皮	绵羊或羔羊
13	41022910	其他经逆鞣处理的不带毛的绵羊或羔羊生皮	绵羊或羔羊
14	41022990	其他不带毛的绵羊或羔羊生皮	绵羊或羔羊
15	41032000	爬行动物皮	爬行动物
16	41033000	猪皮	猪
17	41039011	经逆鞣处理的山羊板皮	山羊
18	41039019	其他山羊板皮	山羊
19	41039021	经逆鞣处理的其他山羊皮或小山羊皮	山羊
20	41039029	其他山羊皮或小山羊皮	山羊
21	41039090	其他生皮	其他
22	41041111	全粒面未剖层及粒面剖层蓝湿牛皮	牛
23	41041911	其他蓝湿牛皮	牛
24	41051010	蓝湿绵羊或羔羊皮	绵羊或羔羊
25	41063110	蓝湿猪皮	猪
26	43011000	整张水貂皮	水貂
27	43013000	下列羔羊的整张毛皮：阿斯特拉罕、喀拉科尔、波斯羔羊	阿斯特拉罕、喀拉科尔、波斯羔羊
28	43016000	整张狐皮	狐
29	43018010	整张兔皮	兔
30	43018090	其他整张毛皮	其他
31	43019010	适合加工皮货用的黄鼠狼尾	黄鼠狼
32	43019090	其他适合加工皮货用的头、尾、爪等块、片	其他

	序号	HS 编码（8 位）	物品名称	生物种类
动物皮革类 HS 编码和物品名称	33	43021100	未缝制的整张水貂皮	水貂
	34	43021910	未缝制整张灰鼠、白鼬、貂、狐、獭及猞猁皮	灰鼠、白鼬、貂、狐、獭及猞猁
	35	43021920	未缝制整张兔皮	兔
	36	43021930	未缝制的整张下列羔羊皮：阿斯特拉罕、喀拉科尔、波斯	阿斯特拉罕、喀拉科尔、波斯
	37	43021990	未列名未缝制的整张毛皮	未列明
	38	43022000	未缝制的头、尾、爪及其他块、片	其他
	39	43023010	已缝制整张灰鼠、白鼬、貂、狐、獭及猞猁皮	灰鼠、白鼬、貂、狐、獭及猞猁
	40	43023090	其他已缝制的整张毛皮及其块、片	其他
	41	41041119	其他全粒面未剖层及粒面剖层牛湿革	牛
	42	41041120	全粒面未剖层及粒面剖层马湿革	马
	43	41041919	其他牛湿革	牛
	44	41041920	其他马湿革	马
	45	41044100	全粒面未剖层及粒面剖层牛、马干革（坯革）	牛、马
	46	41044910	其他机器带用牛、马干革（坯革）	牛、马
	47	41044990	其他牛、马干革（坯革）	牛、马
	48	41051090	其他绵羊或羔羊湿革	绵羊或羔羊
	49	41053000	绵羊或羔羊干革（坯革）	绵羊或羔羊
	50	41062100	山羊或小山羊湿革（包括蓝湿皮）	山羊或小山羊
	51	41062200	山羊或小山羊干革（坯革）	山羊或小山羊
	52	41063190	其他猪湿革	猪
	53	41063200	猪干革（坯革）	猪
	54	41064000	经鞣制的不带毛爬行动物皮及其坯革	爬行动物
	55	41069100	其他动物湿革（包括蓝湿皮）	其他
	56	41069200	其他动物干革（坯革）	其他
	57	41071110	整张全粒面未剖层牛皮革	牛
	58	41071120	整张全粒面未剖层马皮革	马
	59	41071210	整张粒面剖层牛皮革	牛
	60	41071220	整张粒面剖层马皮革	马
	61	41071910	其他机器带用整张牛、马皮革	牛、马
	62	41071990	其他整张牛、马皮革	牛、马
	63	41079100	全粒面未剖层革（整张革除外）	牛、马
	64	41079200	粒面剖层革（整张革除外）	牛、马
	65	41079910	机器带用牛、马皮革（整张革除外）	牛、马
	66	41079990	未列名牛、马皮革	牛、马

续表

	序号	HS 编码（8 位）	物品名称	生物种类
动物皮革类HS编码和物品名称	67	41120000	鞣制或半硝后加工的不带毛的绵羊或羔羊皮革，包括羊皮	绵羊或羔羊
	68	41131000	经鞣制或半硝处理后加工的山羊或小山羊皮革	山羊
	69	41132000	经鞣制或半硝处理后加工的猪皮革	猪
	70	41133000	经鞣制或半硝处理后加工的爬行动物皮革	爬行动物
	71	41139000	经鞣制或半硝处理后加工的其他动物皮革	其他
	72	41141000	油鞣皮革（包括结合鞣制的油鞣皮革）	未说明
	73	41142000	漆皮及层压漆皮；镀金属皮革	未说明
	74	41151000	以皮革或皮革纤维为基本成分的再生皮革，成块、成张或成条，不论是否成卷	未说明
	75	41152000	皮革或再生皮革的边角废料（不适宜作皮革制品）、皮革粉	未说明
动物毛和羽毛类HS编码和物品名称	76	05021010	猪鬃	猪
	77	05021020	猪毛	猪
	78	05021030	猪鬃或猪毛的废料	猪
	79	05029011	制刷用山羊毛	山羊
	80	05029019	未列名制刷用兽毛	未列明
	81	05029020	獾毛及其他制刷用兽毛的废料	獾及其他
	82	05119940	马毛及废马毛、不论是否制成有或无衬垫的毛片	马
	83	51011100	未梳含脂剪羊毛	羊
	84	51011900	其他未梳含脂羊毛	羊
	85	51021100	未梳喀什米尔山羊绒毛	喀什米尔山羊
	86	51021910	未梳兔毛	兔
	87	51021920	未梳其他山羊绒	山羊
	88	51021930	未梳骆驼毛、骆驼绒	骆驼
	89	51021990	其他未梳动物细毛	其他
	90	51022000	未梳动物粗毛	兔、喀什米尔山羊、山羊、骆驼
	91	51031010	羊毛落毛	羊
	92	51031090	其他动物细毛的落毛	其他
	93	67010000	带羽毛或羽绒的鸟皮等，羽毛、羽绒及其制品	鸟
	94	96039010	羽毛掸	未列明
	95	05051000	填充用羽毛、羽绒	未列明
	96	05059010	羽毛或不完整羽毛的粉末及废料	未列明
	97	05059090	其他羽毛、带有羽毛或绒的鸟皮及鸟其他部分	鸟

	序号	HS 编码（8 位）	物品名称	生物种类
动物骨类HS编码和物品名称	98	05061000	经酸处理的骨胶原及骨（无数据）	未列明
	99	05069011	含牛、羊成分的骨粉及骨废料（无数据）	牛、羊
	100	05069019	其他骨粉及骨废料（2015 年无数据）	未列明
	101	05069090	其他未经加工或经脱脂、简单整理的骨及角柱	未列明
	102	05071000	兽牙、兽牙粉末及废料	未列明
	103	05079090	龟壳、鲸须、其他兽角、蹄、甲爪及喙，上述产品的粉末	龟、鲸
	104	05080090	珊瑚及类似品，软体、甲壳或棘皮动物壳，墨鱼骨	珊瑚、软体、甲壳或棘皮动物、墨鱼
	105	96011000	已加工兽牙及其制品	未列明
动物繁殖材料类HS编码和物品名称	106	05111000	牛的精液	牛
	107	05119111	受精鱼卵	鱼
	108	05119119	其他鱼产品	其他
	109	05119910	动物精液（牛的精液除外）	除牛外，其他
	110	05119920	动物胚胎	未列明
	111	04071100	孵化用受精鸡蛋	鸡
	112	04071900	其他孵化用受精禽蛋	其他禽
海洋和观赏动物类HS编码和物品名称	113	01061211	改良种用鲸、海豚及鼠海豚，改良种用海牛及儒艮	鲸、海豚及鼠海豚、海牛、儒艮
	114	01061219	其他鲸、海豚及鼠海豚、海牛及儒艮（改良种用除外）	鲸、海豚及鼠海豚、海牛、儒艮
	115	01061221	改良种用海豹、海狮及海象	海豹、海狮及海象
	116	01061229	其他海豹、海狮及海象（改良种用除外）	海豹、海狮及海象
	117	03019992	活鲀	鲀
	118	01062020	食用爬行动物	食用爬行动物
	119	01062090	未列名爬行动物	未列名爬行动物

参 考 文 献

［1］马克平：《保护生物学、保护生态学与生物多样性科学》，载于《生物多样性》2016 年第 2 期。

［2］安妮·拉瑞德里、马特奥－理查德、梅斯等：《生物多样性与生态系统服务科学：2012～2020 多样性展望》，载于《环境可持续现状》2012 年第 1 期。

［3］杜乐山等：《生态系统与生物多样性经济学（TEEB）研究进展》，载于《生物多样性》2016 年第 6 期。

［4］陈军、钱玉山：《生物多样性与贸易自由化》，载于《能源环境保护》2005 年第 6 期。

［5］薛达元：《〈名古屋议定书〉的主要内容及其潜在影响》，载于《生物多样性》2011 年第 1 期。

［6］徐靖、李俊生、薛达元等：《〈遗传资源获取与惠益分享的名古屋议定书〉核心内容解读及其生效预测》，载于《植物遗传资源学报》2012 年第 5 期。

［7］薛达元：《实现〈生物多样性公约〉惠益共享目标的坚实一步：中国加入〈名古屋议定书〉的必然性分析》，载于《生物多样性》2013 年第 6 期。

［8］武建勇、薛达元、赵富伟等：《从植物遗传资源透视〈名古屋议定书〉对中国的影响》，载于《生物多样性》2013 年第 6 期。

［9］刘旭霞、张亚同：《论农业遗传资源权的保护》，载于《知识产权》2016 年第 8 期。

［10］杨光、徐靖、池秀莲、臧春鑫、阙灵：《〈名古屋遗传资源议定书〉对我国中医药发展的影响》，载于《中国中药杂志》2018 年第 2 期。

［11］王艳翚、宋晓亭：《〈生物多样性公约〉对中医药保护作用之考量》，载于《时珍国医国药》2016 年第 12 期。

［12］林森：《野生动物保护若干理论问题研究》，中央民族大学，2013 年。

［13］李宏涛、杜譞、程天金、李述贤：《我国环境国际公约履约成效以及"十三五"履约重点研究》，载于《环境保护》2016 年第 10 期。

［14］黄宏文、张征：《中国植物引种栽培及迁地保护的现状与展望》，载于《生物多样性》2012 年第 5 期。

［15］张丽烟：《中国动物园迁地保护及保护教育现状分析》，东北林业大学，2008 年。

［16］马晓晶、郭娟、唐金富等：《论中药资源可持续发展的现状与未来》，载于《中国中药杂志》2015 年第 10 期。

［17］黄小晶：《农业产业政策理论与实证探析》，载于暨南大学博士论文，2002 年。

［18］骆世明：《农业生物多样性利用的原理与技术》，化学工业出版社 2010 年版。

［19］李鹰：《中国畜禽育种敢问路在何方》，载于《畜禽业》2005 年第 5 期。

［20］郝晓燕、韩一军、姜楠：《中韩农产品贸易互竞互补性研究》，载于《世界农业》2017 年第 3 期。

［21］李慧、刘海清：《世界主要谷物产量与贸易分析及对中国的启示》，载于《农业展望》2016 年第 12 期。

［22］韩洁、高道、田志宏：《中国农作物种子进出口贸易状况分析》，载于《世界农业》2015 年第 11 期。

［23］朱廷朴：《中国花木产业的"丝绸之路经济带"畅想》，载于《中国花卉园艺》2017 年第 18 期。

［24］叶初升、邹欣：《农产品出口多样性、普遍性与农业增长》，载于《中国农村经济》2016 年第 3 期。

［25］李一丁、武建勇：《澳大利亚生物遗传资源获取与惠益分享法制现状、案例与启示》，载于《农业资源与环境学报》2017 年第 1 期。

［26］张建国、吴静和：《现代林业论》，载于《林业经济问题》1996 年第 3 期。

［27］徐期瑚：《梅州市现代林业建设规划》，载于《广东林业科技》2008 年第 2 期。

［28］王海燕：《论现代林业发展与生态文明建设》，载于《山西农经》2017 年第 18 期。

［29］张永利：《现代林业发展理论及其实践研究》，西北农林科技大学，2004 年。

［30］陈哲华、苏晨辉、刘旭、谭开源：《广东省林业综合效益评价》，载于《广东林业科技》2015 年第 4 期。

［31］娄治平、赖仞、苗海霞：《生物多样性保护与生物资源永续利用》，载于《中国科学院院刊》2012 年第 3 期。

［32］方嘉禾：《世界生物资源概况》，载于《植物遗传资源学报》2010 年第 2 期。

［33］范悦、宋维明：《中国主要木质林产品出口增长因素分析》，载于《绿色中国》2010 年第 12 期。

［34］臧文佩、孙若愚：《观赏鱼的国际贸易现状分析及国内观赏鱼产业的不足与展望》，载于《现代商业》2015 年第 12 期。

［35］陈焕亮、卢晓东：《中药资源学》，辽宁大学出版社 1998 年版。

［36］段金鏖、周荣汉：《中药资源学》，中国中医药出版社 2013 年版。

［37］魏建和、屠鹏飞、李刚等：《我国中药农业现状分析与发展趋势思考》，载于《中国现代中药》2015 年第 17 期。

［38］杜鹃、马小军、李学东：《半夏不同种质资源 AFLP 指纹系谱分析及其应用》，载于《中国中药杂志》2006 年第 31 期。

［39］张本刚、张昭：《药用植物生物多样性的特点及保护对策》，载于《医学研究通讯》1999 年第 28 期。

［40］文苗苗、李桂双、张龙进等：《黄芩种质资源 ISSR 遗传多样性的分析及评价》，载于《植物研究》2012 年第 32 期。

［41］黄璐琦、郭兰萍、胡娟等：《道地药材形成的分子机制及其遗传基础》，载于《中国中药杂志》2008 年第 33 期。

［42］吴波、李永波、绕建波等：《基于 ITS2 条形码的桔梗药材遗传多样性研究》，载于《中国中药杂志》2015 年第 40 期。

［43］王利松、贾渝、张宪春：《中国高等植物多样性》，载于《生物多样性》2015 年第 23 期。

［44］张惠源、赵润怀、袁昌齐等：《我国的中药资源种类》，载于《中国中药杂志》1995 年第 20 期。

［45］李玲、孙明玉、周涛等：《中国天然药物资源的研究现状与发展趋势》，载于《中国中医药现代远程教育》2017 年第 15 期。

［46］陈士林、黄林芳、王瑀等：《中药资源生物多样性保护问题及对策》，载于《中医药信息》

2005 年第 22 期。

[47] 钟方丽：《林下参化学成分及其生物活性的研究》，吉林大学博士学位论文，2008 年。

[48] 万燕晴：《基于化学成分的黄芪药材质量评价研究》，山西大学硕士学位论文，2015 年。

[49] 阙灵、杨光、缪剑华等：《中药资源迁地保护的现状及展望》，载于《中国中药杂志》2016 年第 41 期。

[50] 黄和平、王键、黄璐琦等：《何首乌资源现状及保护对策》，载于《海峡药学》2013 年第 25 期。

[51] 黄明进、王文全、魏胜利：《我国甘草药用植物资源调查及质量评价研究》，载于《中国中药杂志》2010 年第 35 期。

[52] 李标、魏建和、王文全等：《推进国家药用植物园体系建设的思考》，载于《中国现代中药》2013 年第 15 期。

[53] 陈宗良、孙世彧、黄晓刚：《皮革鉴定的方法与展望》，载于《皮革科学与工程》2010 年第 3 期。

[54] 晓婷：《皮革的介绍》，载于《中国纤检》2013 年第 19 期。

[55] 孙伯良、周凌：《中国皮革业国际竞争力的实证分析》，载于《生产力研究》2009 年第16 期。

[56] 李晓燕、姜楠：《革命——盘点 2016 中国皮革行业关键字》，载于《中国皮革》2017 年第 1 期。

[57] 陈国平：《我国皮革行业进入深度调整期——中国皮革行业 2016 经济运行情况发布》，载于《中国皮革》2017 年第 5 期。

[58]《看待中国毛皮动物养殖行业需要客观公正》，载于《特种经济动植物》2015 年第 5 期。

[59] 许龙江：《皮革》，载于《科学大众》1958 年第 1 期。

[60] 杨伊宏：《爬行动物与制革》，载于《皮革科技》1988 年第 3 期。

[61] 张伟强：《绿色贸易壁垒下中国皮革产业发展浅析》，载于《西部皮革》2016 年第 4 期。

[62] 刘敏婕：《动物福利视角下的毛皮动物取皮方式法律规制》，东北林业大学硕士论文，2013 年。

[63] 刘汉玲：《动物福利壁垒对我国动物源产品出口贸易的影响及对策研究》，安徽大学硕士论文，2013。

[64] 华彦、张伟、黄秋香：《动物毛皮文化与裘皮利用的关系》，载于《中国皮革》2010 年第 7 期。

[65] 曹兵海、曹建民、孙宝忠：《牛皮进口关税调减对我国肉牛产业的影响分析》，载于《中国畜牧杂志》2014 年第 24 期。

[66] 田美：《中国皮革工业现状分析及发展对策》，载于《中国皮革》2008 年第 1 期。

[67]《2015 年终盘点》，载于《国防科技工业》2015 年第 12 期。

[68] 刘元军、王雪燕：《羽毛角蛋白在纺织染整中的应用》，载于《针织工业》2012 年第 11 期。

[69] 从浩、王晓凡、王海滨：《近年来国内外家畜养殖、产品加工及综合利用进展》，载于《肉类工业》2010 年第 9 期。

[70] 李夏玲：《中澳畜产品贸易状况实证分析》，载于《黑龙江畜牧兽医》2015 年第 2 期。

[71] 姚澜：《我国羽绒企业出口营销策略研究》，安徽财经大学硕士论文，2017 年。

[72] 李夏玲：《中澳畜产品贸易状况实证分析》，载于《黑龙江畜牧兽医》2015 年第 2 期。

[73] 徐大勇、孟繁香：《骨泥的开发利用和营养成分分析》，载于《肉品卫生》1989 年第 7 期。

[74] 许锡春：《畜骨在食品开发中的发展前景》，载于《肉类研究》1999 年第 2 期。

[75] 杨桂平、李庆天：《论述骨味食品的开发．中国畜产与食品》，载于 1997 年第 3 期。

[76] 杨迎伍、张利、李正国：《畜骨的营养价值、开发现状及发展前景》，载于《食品科技》2002

年第 1 期。

　　［77］罗通彪：《畜禽鲜骨的开发利用》，载于《食品研究与开发》2003 年第 5 期。

　　［78］张敬友：《进境猪精液风险分析》，南京农业大学硕士论文，2005 年。

　　［79］虞塞明、李静、张宾国：《动物精液、胚胎和种蛋安全性的检疫监督》，载于《黑龙江畜牧兽医》2002 年第 11 期。